Eine Hommage –
in Dankbarkeit für 65 Jahre Erleben
unserer Urhühner

PETER BERTHOLD

AUER HUHN

EIN URVOGEL VERSCHWINDET

KOSMOS

INHALT

EINE HOMMAGE

Kaiser, Könige, Herzoge, Fürsten und eine Heerschar von Baronen und Freiherren – sie alle haben sich ihm Jahrhunderte lang voller Leidenschaft gewidmet, oft mehr als ihren Mätressen, ihm, dem zum Hochwild geadelten, vor Bauern und Bürgern sorgsam abgeschirmten gefiederten König unserer einstigen Märchenwälder: dem Urhahn. Der kapitale Kronenhirsch und der Auerhahn – als eine Art Krone der Schöpfung unter den Vögeln –, das waren durch Jahrhunderte hindurch die lebendigen Denkmale unserer einst urigen heimischen Waldungen, und beide waren in höchstem Maße begehrt als Trophäen und Wildbret. Was dem biederen Volk etwa der Maientanz und das Oktoberfest bedeuteten, das waren den Hohen Herren die Hahnenbalz im April/Mai und die Hirschbrunft im September/Oktober – und darauf wurde oft das ganze Jahr über hingefiebert[16].

Kein Wunder, dass später Millionen von Herrschern über unsere Wälder – Förster, Wildhüter und Jäger – diesen einzigartigen Vogel wie einen kostbaren Schatz gänzlich für sich in Anspruch nahmen.

Doch auch dieser mächtigen „grünen Armee“ ist es nicht gelungen – auch nicht mit der später einsetzenden engen Zusammenarbeit mit Naturschützern und Wissenschaftlern – den stetigen Rückgang der Bestände dieses wundervollen Vogels aufzuhalten. Dabei war Bestandsrückgang bereits im 19. Jahrhundert im Gange, ging zunächst sehr langsam vonstatten, und man hätte damit eigentlich viel Zeit für Faktorenanalysen gehabt. Und heute, nachdem das Auerhuhn vom Harz bis zum Alpenvorland und vom Pfälzer Wald bis zum Elbsandsteingebirge längst ausgestorben ist, steht es kurz davor, sich auch aus einer seiner letzten beiden Hochburgen in Deutschland zu verabschieden, nämlich, neben den Alpen mit noch rund 250 Hähnen[53], aus dem Schwarzwald, dem größten Mittelgebirge Deutschlands mit der einst stärksten Mittelgebirgspopulation und jetzt nur noch etwa 130 Hähnen. Das passt in das Zeitalter von uns Hühnermördern, die wir derzeit nicht nur die letzten Birkhühner aus unseren Mooren, die letzten Rebhühner aus unseren Feldfluren, sondern nun auch die allerletzten Hasel- und Auerhühner aus unseren Wäldern exterminieren. Bevor das im Schwarzwald der Fall ist, soll unserem Urhuhn hier ein bleibendes Denkmal gesetzt – eine Hommage zuteilwerden, sorgfältig beschreibend und würdigend. Auch wenn das Urhuhn kein Urvogel in Bezug auf die Evolution ist – einer der urigsten Vertreter unserer gesamten Vogelwelt mit ihren derzeit rund 10 000 Arten ist es allemal.

Zu dieser letzten Ehrung fühle ich mich sowohl verpflichtet als auch berufen, denn schließlich war es mir vergönnt, 65 Jahre lang alljährlich Auerhühner beobachten zu können, so intensiv, wie es nur ganz wenigen möglich war, und nicht selten konnte ich mit ihnen zusammen sein wie ein Hahn unter Hähnen und Hennen oder wie unter Vertrauten. Der Weg dafür war vorgezeichnet durch eine Art Waldweihe in meiner Jugend, die Suche nach einem Märchenwald, mein Hang, zu leben wie ein Waldschrat und die glückliche Fügung, dass mich meine Schulausbildung an den Rand des Schwarzwaldes verschlug. Später war es möglich, nach Jahrzehnten von Feldbeobachtungen, auch zehn Jahre lang mit einer idealen Gruppe von wissenschaftlichen und technischen Mitarbeitern schutzrelevante Fragen an Auerhühnern im Labor, im Freiland sowie an in Volieren gehaltenen und dort auch gezüchteten Vögeln durchzuführen, was alles zusammen tiefe Einblicke in die Biologie dieser einzigartigen Vögel ermöglichte. Auf sehr solider Basis vieler von anderen und von uns erarbeiteten Grundlagen konnte ich dadurch auch viele Jahre als Anwalt für unsere Waldhühner fungieren. Dass wir sie trotz aller Bemühungen als Brutvogelart nicht nur in Bälde im Schwarzwald, sondern auch in zersplitterten Restpopulationen in den Alpen und im Bayerischen Wald verlieren werden, hat viele Gründe – sie werden hier sorgsam analysiert.

Die Auerhuhn-Hommage, die ich unserem Urvogel schuldig bin, damit er nicht sang- und klanglos verschwindet, wird keine wissenschaftliche Art-Monografie, sondern vielmehr ein lebendiger Erlebnisbericht durch mehr als ein halbes Jahrhundert hindurch, mit vielen markanten Details zu Biologie und Ökologie der Waldhühner, zu Waldbau, Klimaveränderungen, unserem menschlichen Verhalten und anderem mehr, gewürzt mit einigen Anekdoten. Und – was manch einen wohl überraschen mag: Sie wird nicht enden mit einem wehmütigen oder anklagenden, sondern mit einem eher heiter-hoffnungsfrohen Ausblick – zumindest für Auerhühner!

Hahnenmonat 2021
Peter Berthold

WALD – EIN FASZINIERENDER LEBENSRAUM

Schon von frühester Kindheit an bin ich auf Wald geprägt worden. Als ich gerade mal sechs Wochen alt war, mussten meine Eltern nach den Vorgaben des Großdeutschen Reiches von meiner Geburtsstadt Zittau in Sachsen ins Sudetenland umsiedeln, wo mein Vater als Polizist seinen Dienst in Wiesenberg-Reutenhau anzutreten hatte – einem kleinen Dorf am Rande des Altvatergebirges in einer Landschaft geprägt von Bergwiesen und riesigen Waldungen. Dort bin ich sozusagen in Waldluft aufgewachsen, zumal auch unser Haus an einen Park mit Baumbestand angrenzte – bis 1945, als meine Mutter und ich nach Ende des Krieges Ende Mai von tschechischen Behörden vertrieben wurden. Das hieß für meine Mutter und mich – mein Vater war damals noch auf verlorenem Posten im Krieg – 14 Tage Fußmarsch durch Schlesien zurück nach Zittau, rund 350 Kilometer weit mit den notwendigsten Habseligkeiten auf einem Leiterwägelchen. Wir hatten das Glück, in die großelterliche Wohnung am Stadtrand einziehen zu können – und für mich konnte die Entwicklung zum Waldschrat beginnen, wie vom Kosmos-Verlag auf der Titelseite meines Lebenslaufes „Mein Leben für die Vögel“ formuliert[9]. Unsere Bleibe lag nämlich am Rande des Westparks, eigentlich ein sumpfiger Auwald mit Teichen, Fluss und Mühlgraben, voller Leben von Flusskrebsen, Fischen, Ringelnattern bis zu artenreicher Vogelwelt mit Bläss-, Reb- und Teichhühnern, Eisvögeln, Pirolen und vielem mehr. In dieses Eldorado tauchte ich wochentags ein, sooft ich konnte, um im Buch der Natur lesen zu lernen.

Am Wochenende aber ging es meistens ins eigentliche Paradies – zu meiner Großmutter väterlicherseits – ins benachbarte Olbersdorf, unmittelbar am Rande des Zittauer Gebirges. Und mit ihr, die mit den tiefen Bergwäldern, die hinter dem Dorf begannen, wie verwoben war, sodass sie meiner Meinung nach der Dichter des Waldes, Adalbert Stifter, als die Waldlerin beschrieben hätte, wurde auch ich sozusagen ein Waldwesen. Wald war ihr wie Lebensraum und Lebensquell, und so sammelten wir hier Leseholz und Zapfen, kämmten dort Heidel- und Preiselbeeren von den Zwergsträuchern und füllten mancherorts ganz Körbe voller köstlicher Speisepilze. Sie konnte sich trotz ihres fortgeschrittenen Alters auch über Stock und Stein geschickt und leise bewegen, wie eine Norne in skandinavischen Wäldern, und hatte Grenzwächter, Zöllner, Förster oder auch harmlosere Waldgänger meist längst entdeckt, bevor sie uns wahrnehmen konnten. Wenn wir – etwa zur Mittagsrast mit Kartoffelsalat und Spiegelei aus dem Rucksack – irgendwo zwischen Felsbrocken, Beerensträuchern und Farnen im Licht- und Schattenspiel der Bäume ruhten, dann schienen bisweilen ihre langen silbergrauen Haarsträhnen mit den Bartflechten alter Baumgestalten zu verschmelzen. Diese Bilder wurden später in mir wieder ganz besonders lebendig, als ich beim Lesen von David Friedrich Weinlands „Rulaman“ der alten Parre begegnet bin.

Damals aber war dieses Ruhen im Walde in oft vollkommener Stille, über halbe Tage ohne jedes Motorengeräusch, in der man etwa das Knacken von in der Sonne trocknenden Zapfenschuppen als laut empfand, nicht nur ein Eintauchen in die Seele des Waldes – ich fühlte mich dann wahrlich wie ein Teil des Waldes, vollkommen geborgen in seinem Schoße. Dieses Gefühl der Waldweihe hat sich tief und unauslöschlich in meine Seele eingebrannt. Dadurch wurde mir Wald wie zu einer Heimat, die ich überall finden kann, wo es herrlichen Wald gibt, ganz unabhängig von der Region, in der er sich befindet. Und diese Waldheimat muss ich auch ganz regelmäßig aufsuchen, um darin Kraft zu tanken, und so hätte ich auch auf Dauer nirgendwo leben können, wo ich nicht Wald immer in meiner Nähe gehabt hätte. In Zeiten von Existenznöten und Überlebensängsten habe ich mir immer vorgestellt, wie ich notfalls im Walde Holz machen und damit einen wenn auch bescheidenen Lebensunterhalt verdienen könnte. Wenn ich heute, mit 82 Jahren, in einem eigenen kleinen Walde noch immer unser gesamtes Brennholz machen kann – vom Bäume fällen, sägen und hacken bis zu ofengerechten Scheiten –, dann empfinde ich stets besonders innig dieses herrliche Gefühl meiner Waldheimat, meines Waldes als Lebensquell.

Diese tiefe Verbundenheit zum Wald hat mich schließlich auch unbeirrt meinen Märchenwald suchen und schließlich finden lassen und dabei auch seinen gefiederten König: den Urhahn! Daraus wurde über Jahrzehnte eine Art Lebensgemeinschaft, über die ich in den folgenden Kapiteln berichten werde.

MEIN TRAUM VOM MÄRCHENWALD

So schön, aufregend, geheimnisvoll und „unermesslich“ die Wälder des Zittauer Gebirges für mich als kleinen Steppke auch waren, so sehr verblassten sie später mehr und mehr zu einem insgesamt recht artenarmen, überlaufenen und in erster Linie auf Holzertrag ausgerichteten Wirtschaftswald, zumeist mit „Stangenplantagen“-Charakter. Eine erste Ahnung von einem sagenumwobenen Märchenwald mit alten knorrigen Baumgestalten bekam ich durch einen Film: „Das kalte Herz“, nach dem Märchen von Wilhelm Hauff in der berühmten deutschen DEFA-Produktion von 1950, den ich noch in Zittau bestaunen konnte. Mich faszinierte daran vor allem der herrliche Wald, von dem es hieß: „In den Tiefen des Schwarzwaldes …“ (wenn auch ganz anderswo aufgenommen, nämlich im Thüringer Wald). Kaum zu glauben: In diesem Film sah ich meinen ersten Auerhahn – lange bevor ich eine Abbildung von ihm in einem Vogelbuch zu Gesicht bekam! Für den Film wurde nämlich ein ausgestopfter Auerhahn so als bewegliches Präparat eingesetzt, dass er sogar fliegend den armen Köhlerburschen Peter von einer grässlichen Schlange befreien konnte, die ihm der Herzen raubende Holländer-Michel an den Hals gehext hatte! Und diesen sagenhaften auerhuhnträchtigen Schwarzwald sollte ich auf wundersame Weise bald in Wirklichkeit kennenlernen dürfen! Dabei hatte ich Glück gehabt: In einer Neufassung des Films von 2014 ist der Auerhahn durch einen Raben ersetzt – für ein Märchen verblüffend realistisch.

1953 mussten meine Mutter und ich nämlich abermals flüchten, diesmal von Ost- nach Westdeutschland, um dort in Baden-Württemberg auf der Schwäbischen Alb mit meinem Vater wieder als Familie in einer freiheitlich-demokratischen Gesellschaft zusammenzukommen, die es seinerzeit in Zittau nicht gab. Mich begeisterten die im Vergleich zum Zittauer Gebirge riesigen artenreichen Laub-Nadel-Mischwälder, vor allem an den Hängen des Albabfalls, mit vergleichsweise vielen seltenen Tieren wie Restpopulationen von Haselhuhn und Wanderfalke, einem letzten Uhu im Donautal, verbreitet Wildschweinen und Rudeln von Gämsen und Mufflons auf der Balinger Alb. Aber sie hatten dennoch nicht viel zu bieten von dem, was seit dem DEFA-Film vom urigen, fast verwunschen wirkenden Schwarzwald in meinem Kopf herumgeisterte. Vor ihm stand ich dann, und in ihn hinein konnte ich schließlich meine ersten Schritte tun: 1954 – unweit von Nagold.

Nach Nagold kam ich der Schule wegen. Im Westen Deutschlands begann der Weg zum Abitur auf dem Gymnasium nach der vierten Klasse Volksschule, im Osten hingegen nach Abschluss der gesamten Grundschule. In Nagold bot ein „Aufbaugymnasium mit Heim" Ostlern wie mir die Chance, nach fünf Jahren „Drill" zeitgleich mit westdeutschen Oberschülern die Reifeprüfung abzulegen.

Nagold war Grenzstädtchen zwischen den lichten offenen Gäuflächen mit Feldern, Hecken, Halbtrockenrasen und Schafweiden im Osten, und Streuobstwiesen, lieblichem Laubwald und dem anschließenden „dunklen Tann" des Schwarzwaldes gen Westen. Steht man etwa auf dem Nagold benachbarten Egenhäuser Kapf, dem letzten Muschelkalkvorsprung vor den ausgedehnten Buntsandsteinflächen zur Rheinebene hin, blickt man Richtung Freudenstadt und Bad Wildbad über die sogenannte Nagold-Enz-Platte auf schier endlos erscheinende dunkle Nadelwälder, bei stärkerer Bewölkung fast schwarz erscheinend und an die Wälder Kanadas oder der sibirischen Taiga erinnernd – den Schwarzwald.

Ich brauchte von Nagold aus nur ein Stück die Waldach, einen in den Fluss Nagold mündenden Bach, bis oberhalb von Beihingen hinauf zu radeln, um im Gebiet der Ruine Mandelberg in den „tief dunklen Tann" eintauchen zu können. Da stand er nun – hoch aufgewachsene Fichten und Weißtannen, dicht bei dicht, das Waldesinnere auch bei voller Sonne düster, sodass nur wenige Sonnenstrahlen den fast kahlen, feuchten, nasskalten Waldboden erreichen und da und dort ein paar Placken vom Wellenblättrigen Schiefbüchsen- oder vom Weißmoos etwas aufhellen konnten. Ein schaurig-schöner Bergwald, mit seiner düster-feuchten Kühle fast etwas das unheimliche Flair einer Gruft aufkommen lassend: Sollte das der seit meiner Kindheit erträumte Märchenwald sein? Zum Glück nicht! Hier war ich vielmehr, wie später noch wird darzustellen sein, in vom Menschen flächendeckend angelegte Monokulturen von Fichten-Tannen-„Stangenplantagen" geraten. Aber: Bei der nun einsetzenden Suche nach dem gefiederten König des Waldes – dem Urhahn – sollte ich schon im nächsten Jahr auch meinen Märchenwald noch finden!

DER ABENTEUERLICHE WEG ZUM „URHAHN“

Als ich 1954, fünfzehnjährig, nach Nagold kam, kannte ich bereits 75 Vogelarten, die ich in Zittau und Umgebung, auf der Schwäbischen Alb und auf Radtouren zum Bodensee und in die Alpen kennengelernt hatte. Nun, an den Rand des Schwarzwaldes gelangt, standen auf meiner Wunschliste neue Erwartungen – ganz obenauf einer der faszinierendsten Vögel der Welt: der „Urhahn“. Von ihm hieß es, der Schwarzwald sei berühmt für sein reiches Vorkommen – gar als sein Verbreitungsschwerpunkt in den Mittelgebirgen Deutschlands. Wohlan also – wo mochte er stecken?

Von Forstleuten und anderen erfuhr ich, dass es „früher“, in der Zeit der Holzflößerei, nun leider nicht mehr zu datieren, auch im Amtsbezirk Nagold neben seltenen Waldeulen wie Raufuß- und Sperlingskauz sowie Waldschnepfen und Ziegenmelkern noch Hasel- und Auerhühner gegeben habe, wovon Letztere auch gejagt, Trophäen aber als Beleg wohl nicht mehr vorhanden seien. Im Zuge intensivierter Waldwirtschaft, zunehmendem Tourismus usw. habe sich das Auerhuhn mehr und mehr in die Waldungen des Hochschwarzwaldes zurückgezogen, und das nächste derzeit bekannte Vorkommen liege wohl im Gebiet von Oberkollwangen – also nur 20 Kilometer nordwestlich, zwischen Wildberg und Bad Wildbad. Also schrieb ich im Herbst 1954 an den dortigen Bürgermeister und fragte an, ob die Möglichkeit bestünde, im Frühjahr 1955 unter Führung eines Försters oder Jägers an einem Balzplatz im Bereich seiner Gemeinde Auerhühner zu beobachten. Antwort kam – lustigerweise auf einer Postkarte mit eingedruckter Briefmarke, die bereits verfallen war, sodass ich erst einmal Strafporto entrichten musste. Und das auch noch vergebens, denn die Antwort war negativ: Der Balzplatz sei inzwischen verwaist, und wo sonst Beobachtungsmöglichkeiten bestünden, müsse ich selbst erkunden. Wie ich später von den Auerhuhn-Spezialisten Klaus Roth und Karl-Eugen Schroth erfuhr, war ein Balzplatz im Raum Oberkollwangen noch bis 1999 (!) besetzt, aber ich war dort seinerzeit offenbar unerwünscht und abgewimmelt worden. Also war der nächste Anlauf fällig.

Ich hatte das große Glück, dass einer meiner Nagolder Klassenkameraden – Wilfried Haas – meine naturkundlichen Interessen teilte, und zudem war sein Vater, Dr. Gerhard Haas, Lehrer in Bad Buchau und „Chefornithologe" am berühmten Federsee. Dort gab es seinerzeit, wie auch im Wurzacher Ried, noch einen Restbestand von Birkhühnern, die alljährlich von vielen Interessenten aufgesucht und bestaunt wurden – so auch von Oberforstrat Walter Ebert aus Enzklösterle, der sich dafür regelmäßig mit Kollegen vom „Silbernen Bruch" in Buchau traf. Vom „Hasenvater" angesprochen, sagte er uns zu, dass wir im Frühjahr 1955 zu ihm zu einer Auerhahnbeobachtung kommen dürften!

So radelten wir dann in der zweiten Aprilhälfte an einem Samstagnachmittag nach der Schule die rund 30 Kilometer von Nagold nach

Enzklösterle wie verabredet. Walter Ebert – Forstmann alter Schule mit einem gewissen militärischen Auftreten – erklärte uns kurz die dreiteilige Balzstrophe des Auerhahns: erst Knappen, schneller werdend bis zum zweiten Teil – dem Hauptschlag –, auf den dann drittens das Wetzen folgt. Und wisset, fügte er bedeutsam hinzu, beim Wetzen ist der Hahn wie liebestoll praktisch taub und blind – und deshalb könne man ihn in dieser Phase, mit jeweils drei Schritten „anspringen", um ihn etwa zu schießen oder aus der Nähe zu beobachten. Dann setzte er sich auf eine Bank am Ende der Birkenallee des Forsthauses, bedeutete uns, die Allee etwa 50 Meter hinunterzugehen – er würde dann einen Hahn imitieren, und wir sollten beim Wetzen das Drei-Schritte-Anspringen üben. Gehorsam platzierten wir nach dem „telak, telak, telaktelak … tock!" beim anschließenden „gschigschigschi …" unsere drei Schritte, bis er uns plötzlich zurief: „Halt – verpatzt, verpatzt – Hahn verpatzt!" Er hatte nämlich nach einer der Strophen nach dem Hauptschlag kein Wetzen erklingen lassen, aber wir waren trotzdem losgesprungen, da das Wetzen ja nur kurze Zeit dauert und man sich für die drei Schritte beeilen muss. Der Forstmann hatte uns also ausgetrickst, und danach genoss er es ganz offensichtlich, uns zu belehren, dass Hähne bisweilen nach dem Hauptschlag nicht wetzen – wohl aus Sicherheitsgründen, um zu prüfen, ob die Luft rein ist, und das müsse man unbedingt sofort bemerken und wie angewurzelt stehen bleiben, denn ein einziger Schritt in dieser Situation würde ihn verraten und der Hahn würde polternd davonstieben – wäre also verpatzt. Für uns hieß es zurück, Übung von vorn, und nach weiteren Dreisprüngen hatten wir die Reifeprüfung zum Hahn-Anspringen bestanden.

Abends pirschten wir etwa anderthalb Stunden vor Einbruch der Dunkelheit Richtung Hohloh hinauf, nach den letzten Häusern noch knapp eine Stunde, und bezogen seitlich von hohen Fichten, gedeckt hinter Randfichten, Posten. Hier sollten um die bürgerliche Dämmerung herum – also beim letzten Büchsenlicht für Jäger – Auerhähne Schlafbäume beziehen, um am nächsten Morgen in der Nähe zu balzen. Kurz nach 20 Uhr rauschte tatsächlich polternd ein Hahn in eine der Randfichten, worgte, wobei er urig klingende gutturale Laute hervorbrachte, wechselte noch ein paarmal geräuschvoll mit den Flügeln schlagend seinen Standort im Geäst – dann war es still im Walde.

Wir schlichen etwa eine halbe Stunde später von dannen, um den Hahn nicht zu „vertreten“ und radelten nach Rückkehr zum Forsthaus zurück nach Nagold. Um ehrlich zu sein: Das Erlebte ließ uns nicht gerade himmelhoch jauchzen, auch waren wir nicht zu einem morgendlichen Spektakel mit Bodenbalz, Flattersprüngen und stundenlangem Gesang der Hähne eingeladen worden, wie die Hahnenbalz in der Literatur beschrieben wird, die wir inzwischen beschafft hatten, aber immerhin: Wir hatten erstmals unter einem lebendigen Auerhahn gestanden und nicht nur unter einem Stopfpräparat in einem Forst- oder Gasthaus „Zum Auerhahn“. Und viel viel wichtiger: Förster Ebert hatte uns erzählt vom berühmten Auerhahnenstein bei Kaltenbronn unweit oberhalb unseres Beobachtungsplatzes, in dessen Bereich Carl Friederich Großherzog von Baden „am 22. April 1797 Morgens 3 Auerhahnen“ erlegte, wie die Inschrift des Steines besagt, sowie von den Hochmoorseen Hohloh-, Horn- und Wildsee, in deren Umfeld Hähne an etlichen Plätzen in großer Zahl balzen sollten! Dies erfahren zu haben war das eigentliche Geschenk des Besuches in Enzklösterle. Nun hieß es, auf zu neuen Ufern, und als ich tief in der Nacht glückselig in meinem Seminarbett den Auerhähnen nachträumte, wusste ich noch nicht, wie nah ich nun auch meinem Märchenwalde war!

WILDSEE UND – DER MÄRCHENWALD

Am 30. April 1955 war es soweit: Wir bekamen von unserer Schule offiziell die Erlaubnis, nach dem Unterricht gegen 14 Uhr mit dem Fahrrad auf Exkursion zum rund 40 Kilometer entfernten Wildseemoor bei Kaltenbronn aufzubrechen und dort auch im Freien übernachten zu dürfen – natürlich nach vielerlei Ermahnungen, uns im lebensgefährlichen Hochmoor ja absolut vorsichtig zu verhalten!

Zum Radeln wählten wir die kürzeste Strecke über Wart nach Bad Wildbad und von dort über den Sommerberg und Grünhütte zum Moor. Der Aufstieg hinter Wildbad führte durch ähnlich dunklen Fichtenhochwald, wie wir ihn im benachbarten Enzklösterle schon kennengelernt hatten – den typischen „Schwarz"-Wald eben. Aber dann, nach der Weißensteinhütte, tat sich der Himmel auf: Die Bäume schrumpften förmlich zu immer niedrigerer Höhe, standen mehr und mehr lückig, und alsbald lag vor uns ein märchenhafter Waldweiher, der – es war gegen 19 Uhr abends – unter einem rötlichen Himmel mit leichter Gewitterstimmung in einem Farbenmeer von Tiefschwarz über Olivgrün-Braun bis zu Lichtblau-Weiß und Rotgelb spiegelte. Das war eigentlich unbeschreiblich, wie ein Himmelsauge, und dazuhin auf dem Rücken der Berge in fast 1000 Metern Höhe auch wie direkt unter dem Himmel. Diese Pracht, umgeben von niedrigen, urig-knorzigen Baumgestalten von Moor- und Waldkiefern sowie Fichten, die zum Teil wie in Holz erstarrte Waldgeister anmuteten, half uns über eine gewisse Enttäuschung hinweg, dass der erwartete Wild-„See" eigentlich nur ein größerer Teich war, mit gerademal etwas über einem Hektar Wasserfläche. Und die seines benachbarten Horn-„Sees" belief sich gar nur auf knapp einen halben Hektar. Aber der Wald! Einfach ein Märchenwald, der an Bilder von urigen Wäldern in Skandinavien, Kanada oder Sibirien erinnerte und eine unbeschreibliche Ausstrahlung hatte. Und dazu kam ein würziger, für Hochmoore typischer Geruch, den man nie mehr vergisst, wenn man einmal richtig in ein solches Moor „eingetaucht" ist.

Fast unnötig zu sagen, dass wir seinerzeit auf dem Haupt-Pionierweg zum Wildsee (der von 1870 bis 1895 von badischen Pionieren angelegt wurde[49]) keiner Menschenseele begegnet sind. Heute hingegen ist er bei gutem Wetter meist „verrummelt", wurde bereits zwei Jahre nach unserem Besuch mit Bohlen ausgelegt und dann später auch noch mit Leitplanken ausgerüstet, um die allein von Kaltenbronn aus an manchen Tagen über 1000 heranströmenden Besucher zu lenken. Damals war es in der vollkommenen Waldeinsamkeit kein Problem, ein Nachtlager einzurichten. Wir stellten etwas westlich vom Wildsee in Ufernähe in einem dichteren Waldbereich mit jüngeren Fichten, vom Weg nicht einsehbar, unsere Fahrräder mit zwei Metern Abstand voneinander auf, legten Äste darüber, die wir mit Fichtenreisig abdeckten, und hatten so rasch eine kleine Waldhütte errichtet. Bettstatt war der feuchte Moosboden, den wir mit Reisig auslegten, um im Trockenen zu ruhen. Schon kurz nach 20 Uhr legten wir uns in unserer Fahrrad-Regenkleidung – im Hinblick auf eventuellen Regen, der allerdings ausblieb – und in Decken zur Ruhe und schliefen rechtschaffen müde alsbald ein.

Nachts hörten wir gegen zwei Uhr etwas Gejohle von Kaltenbronn her – wohl von einem nächtlichen Gelage in den 1. Mai hinein – und vom See her ein paar rufende Stockenten. Kurz vor fünf waren wir wieder auf den Beinen – und nun ging's auf Erkundungstour. Wir folgten dem neueren Pionierweg (der nach späterer Auskunft von Forstamtmann Erwin Merkel im Forstamt Kaltenbronn im Dritten Reich angelegt wurde), der vom Westufer des Sees in südlicher Richtung ins seinerzeit weitgehend offene Moor hinausführte, reichlich einen Kilometer weit, bis er wieder Hochwald und einen Waldweg erreicht, von dem aus das Schwarzbachtal zum Kegeltal hin steil abfällt. Damals trennte dieser Pionierweg den westlichen Bereich des Hochmoors mit vielen Moorkiefern (*Pinus mugo*) vom östlichen mit weitgehend offener Moorfläche. Heutzutage ist, wie unten beschrieben, das gesamte Moor stark mit Kiefern und Fichten zugewachsen und der Pionierweg kaum noch zu erkennen. Aber in topografischen Karten ersieht man seinen Verlauf noch sehr gut – er folgt nämlich der dortigen Kreisgrenze durchs Moor zwischen den Landkreisen Calw und Rastatt und damit auch zwischen Baden und Württemberg.

Dieser Pionierweg war beileibe kein Weg, sondern eine Art Schneise, die in gerader Linie durch Moorkiefergruppen hindurchgehauen worden war und in deren Verlauf man versucht hatte, einen Entwässerungsgraben zum Schwarzbach hin anzulegen. Von den seinerzeit und auch noch später immer wieder abgehackten Latschen lagen noch knorrige bleiche Stammstücke am Schneisenrand, die wie Skelettreste von Mammuts oder ähnlichen Großtieren

Moorkiefern oder -spirken, im Vordergrund Waldkiefer, historische Aufnahme[49]

Aus dem Legforchen-Urwald, aufgenommen 1917[49]

Ein 2,5 Meter tiefer Moorsee oder »Kolk«, am Seeufer schwimmendes Torfmoos, im Vordergrund Wollgrasbüschel, Aufnahme des Wildseemoors von 1906[49]

der Nacheiszeit aussahen. Auf ihnen sonnten sich auf dem Rückweg zwei Kreuzottern – eine normal gefärbte und eine fast schwarze „Moor"-Otter. Die Oberfläche des Schneisen-Weges war ein leuchtend grüner Teppich aus Torfmoosen, bei dessen Betreten man bei jedem Schritt mindestens knöcheltief in anstehendes Wasser einsank. Und von der Anlage des Entwässerungsgrabens her gab es zahlreiche noch mehr oder weniger offene Gumpen, in die man – wie in späteren Jahren mehrfach erfahren – bei einem Fehltritt durchaus bis zur Brust einsinken konnte.

Wir folgten damals dem Schneisenverlauf sehr vorsichtig bis zum Beginn des allmählich zum Hochwald ansteigenden Waldbereichs am Südrand des Moores – und dort fanden wir: ein Paradies, einen wahrhaften Märchenwald! Dieses paradiesische Waldgebiet erreichten wir, als wir vom Pionierweg in östlicher Richtung einschwenkten, und alsbald vor uns ein weiterer sogenannter Kolk lag, also eine neben Wild- und Hornsee dritte offene, noch nicht verlandete Wasserfläche, auch Moorauge genannt. Dieser Kolk maß zwar im Durchmesser nur etwa 25 Meter, hatte sich aber ebenso wie seine beiden größeren Verwandten im offenen Hoch- oder Regenmoor, das das Wildseemoor darstellt, in seiner einige Meter mächtigen Torfschicht offengehalten. Und dieser kleine Kolk bildete das Zentrum einer nahezu unbeschreiblich schönen Idylle. Wenn man sich ihm so weit wie möglich bis auf wenige Meter näherte, stand man auf einem Schwingrasen, wie die Botaniker und Moorspezialisten sagen, d. h. auf einer auf freiem Wasser aufschwimmenden Pflanzendecke aus Torf- und Braunmoosen, Seggen, Binsen und anderen Pflanzen, die wie eine filzige Matte wirkt. Bewegt man sich darauf rhythmisch auf und ab, breiten sich über die Matte Wellen aus – der ganze Rasen schwingt, und daher der Name.

Den dem Kolk nahen Schwingrasen bildeten vor allem verschiedene wurzellose Torfmoosarten, die ihre an kleine Nadelbäumchen erinnernden Triebspitzenköpfchen in herrlichen Farben von leuchtend Meer- und Olivgrün über Weißlich-Gelb (der Bleichmoospolster) bis zu Blut- und Violettrot erstrahlen ließen. Hier wäre ein Aquarellmaler in höchste Verzückung geraten und bei einem eventuellen Freudensprung natürlich durch den Schwingrasen durchgebrochen, was schon vielen Moorbegehern passiert ist. Wenn das geschah, wurde man jedoch nicht, wie oft berichtet, von bösen Moorgeistern unweigerlich langsam in die Tiefe gezogen und vom Moor verschluckt, sondern man muss sich dann langsam – und sicher oft mühsam – wieder auf festen Untergrund hocharbeiten, was aber meistens möglich ist. Ranga Yogeshwar hat uns vor Jahren in der Sendung „Quarks" im Selbstversuch anschaulich vor Augen geführt, dass man als ins Moor Eingebrochener nicht einfach dem Tode geweiht ist, sondern sich eigentlich immer wieder herauswinden kann, solange man sich nicht in Panik geraten lässt.

Wir sind seinerzeit nicht eingebrochen, sondern haben im Kolkbereich noch eine hochinteressante kleine fleischfressende Pflanze entdeckt, den Rundblättrigen Sonnentau, und uns danach dem Wald zugewandt. Und der begann zu unserem Erstaunen bereits auf dem Schwingrasen, keine 50 Meter vom Kolk entfernt. Dort standen zunächst ganz vereinzelt winzige, nicht einmal einen halben Meter hohe an Bonsai-Pflanzen erinnernde Bäumchen, zumeist Moorkiefern, aber auch einige Waldkiefern und Fichten. Von der Nähe betrachtet zeigte sich, dass es sich dabei nicht um vor kurzem gekeimte Jungpflanzen handelte, sondern vielmehr um in Zwergwuchs vergreiste Pflanzen, die zum Teil schon viele Jahre auf dem Buckel haben mochten (in der Tat bis über 50, wie ich später aus einer speziellen Studie erfuhr [49]). Aber in diesem extrem nährstoffarmen und im Wurzelbereich ganzjährig kalten Milieu hatten Bäumchen, auch wenn sie zunächst erfolgreich erkeimt waren, kaum Chancen, tief zu wurzeln und nährstoffreiche Bodenschichten zu erreichen. Und so starben in dieser Kampfzone für Gehölze – damals noch, vor der inzwischen eingetretenen Austrocknung infolge der Klimaerwärmung – fast alle Bäumchen rasch wieder ab, und die Moorfläche blieb offen.

Nur 100 Meter weiter sah es bereits ganz anders aus. Dort standen schon baumähnlichere Gewächse, allerdings durchweg in Strauchform, bald bis etwa mannshoch, und jedes in eigener, teils bizarrer Gestalt mit querliegendem Stamm, verwundenen Ästen, extremen Gabelungen und anderem mehr. Das waren Berg- oder Moorkiefern, deren Synonyme Latschen, Latschen-, Krüppel-, Krummholzkiefer oder Legföhre eigentlich alles über ihre Vielgestaltigkeit aussagen. Letzteres kommt daher, dass die Bäume im moorigen Untergrund nicht fest wurzeln können und durch hohe Schneelast fast jeden Winter erneut zumindest teilweise zu Boden gedrückt werden. Die dicht dunkelgrün bis zum Boden hinunter benadelten Strauch-Baum-Gestalten, die auch „Kuscheln" heißen, erinnerten etwas an vielgestaltigen Wacholder von Bergheiden. Manche dieser Moorkiefergruppen waren so üppig dicht gewachsen, dass sie praktisch undurchdringlich waren. Wegen ihrer vielgestaltigen Schönheit und ihrer üppig-dichten Benadelung werden sie heutzutage in Zuchtformen auch gern in Gärten angepflanzt.

Wiederum etwa 100 Meter weiter in Richtung südlicher Moorrandwald wechselte das Bild abermals: Nun tauchten zwischen den Moorauch erste Waldkiefern auf, wenn hier auch recht niedrig und von ebenfalls fast durchweg bizarrer Gestalt mit breiten lichten Kronen, ausladend waagerechten Ästen und viel „Krummholz". Auch ihnen merkte man an, dass sie sich in dieser Kampfzone für Bäume schwergetan hatten, in Jahrzehnten wenigstens an die zehn, fünfzehn Meter Höhe zu erreichen. Bald hinter ihnen schloss sich dann der Moorrand-Kiefern-Fichtenwald an, der 20 und mehr Meter an Höhe erreichte, auch einige Moorbirken und Weißtannen einschloss, und im Randbereich noch viele Lücken und kleine Blänken aufwies, bis er in hinteren Bereichen sich schließlich zum dichten Schwarz-Wald schloss.

Insgesamt lag vor uns ein Wald, der vom offenen Hochmoor mit seinem Kolk von einzelnen bonsaiartigen Baumwinzlingen über allmählich höher werdende und dichter stehende, zunächst strauchartige Baumgestalten allmählich mit mehr und mehr eingestreuten Hochstämmen an Höhe gewann und schließlich bis zum zuerst lückigen und danach geschlossenen Hochwald aufstieg. Dieser Pionierwald auf dem verlandenden Hochmoor hatte also zwei Gradienten: zum Moorrand hin allmählich höher und zum anderen zunehmend dichter werdend.

Und bei der Bodenbedeckung gab es einen weiteren Gradienten: in der Halb- oder Zwergstrauchgesellschaft, vor allem von Arten der Heidekrautgewächse. Schon im äußeren Schwingrasenbereich tauchten zwischen Torfmoosen kleine aufrechtstehende Pflänzchen mit schmalen, unterseits silbrig-weißen Blättchen und hellrosa Blütenglöckchen auf – der Sumpfrosmarin. Ebenfalls rosa Blüten zierten ein weiteres zartes, auf dem Moosteppich kriechendes, reich verzweigtes Pflänzchen – die Moosbeere. Und an ihrem Netzwerk fanden sich einzelne recht große, tiefrote kugelige Früchte, die den Winter unter dem Schnee überdauert hatten, die angenehm säuerlich-fruchtig schmecken und aus denen vor allem in Skandinavien und Russland köstliche Säfte und Konfitüren hergestellt werden. Im Latschenbereich schlossen sich niederliegende immergrüne Halbsträucher mit sehr kleinen, ebenfalls rötlichen Blüten an, aus denen glänzend schwarze Beeren hervorgehen – Krähenbeeren. Waldwärts, an mehr trockenen Standorten, etwa um Waldkiefern herum, fanden sich zum Teil größere Gruppen von an Blau- oder Heidelbeeren erinnernde Halbsträucher, deren Zweige jedoch braun und nicht grün und die Blätter bläulich gefärbt waren – Rauschbeeren, die später der Heidelbeere ähnliche Früchte tragen. Im lückigen Hochwald dann sprossten viele Heidelbeer-Halbsträucher, an einigen Stellen auch Besenheide-(„Heidekraut"-)Sträuchlein und am Beginn des Schwarzbachtales mit freistehenden Buntsandsteinblöcken an sonnigen, sandig-trockenen Plätzen schließlich Preiselbeeren mit ihren später scharlachroten Beeren.

Das also war der Märchenwald, den wir am 1. Mai 1955 bestaunen konnten. Ein Ur-Wald im wahrsten Sinne des Wortes, der sich hier, nach dem Ende der letzten Eiszeit vor rund 10 000 Jahren, auf dem zunächst auf wenig wasserdurchlässigen Buntsandsteinschichten entstandenen und allmählich verlandenden Hochmoor bilden und weiterentwickeln konnte. In diese seit einigen Tausend Jahren andauernde Entwicklung hatten hier Menschen in einigen Bereichen kaum, an manchen Stellen vielleicht überhaupt noch nie eingegriffen, obwohl an anderen Stellen enorme Anläufe zur „Kultivierung" des Moores vorgenommen worden sind, wie später gezeigt wird. Es mag damals im Wildseemoor sogar noch Stellen gegeben haben, die noch nie von einem Menschen betreten worden waren – eine Art unbefleckte Wildnis also, und die mitten in unserem Zivilisations-Gewusel! Das zu erleben, in völliger Einsamkeit, vollkommener Ruhe, ohne jeglichen Motorenlärm von Flugzeugen am Himmel oder von Autos auf Straßen der Umgebung ließ uns Schauer der Ehrfurcht über den Rücken laufen! Märchenwald – auf dem Dach des Schwarzwaldes, direkt unter dem helllichten Morgenhimmel, mit einem Glücksgefühl, das uns Ludwig Uhlands „Schäfers Sonntagslied" (1815) lebendig werden ließ, in dem es heißt:

„Der Himmel nah und fern,
Er ist so klar und feierlich,
So ganz, als wollt' er öffnen sich.
Das ist der Tag des Herrn!"

Und in der Tat: Es sollte für uns noch ein Tag des Herrn werden! Vor lauter Verzückung über das Moor und seinen Märchenwald hatten wir fast den Hauptzweck unserer Exkursion vergessen – die Suche nach Auerhühnern! Und da – plötzlich – für uns unbekannte Laute, wie „oak-oak-oak …" klingend (und an das schwedische Å etwa in Åland erinnernd), keine 50 Meter südöstlich von uns, am Moorrandwald. Wir entdeckten den Rufer, besser die Ruferin, eine Auerhenne oben auf einer Waldkiefer (*Pinus sylvestris*), die noch eine Zeitlang „gockte", wie Auerwildspezialisten sagen, bevor sie zum Wald hin abstrich.

Wir, die wir damals wie angewurzelt stehen geblieben waren, rätselten: Hatte die Henne gewarnt, uns eventuell trotz guter Deckung hinter Latschen gesehen? Gab es dort noch mehr Auerhühner? Bald wussten wir mehr. Als wir uns nämlich vorsichtig dem lückigen Moorrandwald näherten, fanden wir vor allem unter Waldkiefern nahezu überall „Würstchen", hauptsächlich aus ausgeblichenen Nadelbaumnadeln zusammengesetzt – eindeutig Auerhuhnkot, „Auerhuhnlosung", wie sie uns Förster Ebert vor kurzem gezeigt hatte. Unter einigen Bäumen türmte sich die Losung zu mehr als zehn Zentimeter hohen Hügelchen auf – kein Wunder, denn sie werden bis zu sechsmal pro Stunde ausgeschieden. Neben größeren, bis gegen zehn Zentimeter langen und etwa einen Zentimeter dicken gab es auch deutlich kleinere, nur etwa fünf Zentimeter lange und schmälere Kotwürstchen, die von Weibchen stammten. Diese gelblich-grünlichen Reste verdauter Nadeln rochen zum Teil nach Latschenöl – und verrieten damit ihre Herkunft (siehe unten).

Nachdem wir auch noch eine Reihe alter, schon teilweise verrotteter Großgefieder-Mauserfedern und erst jüngst verlorene Kleingefiederfedern gefunden hatten, war klar: Wir hatten ein Wohngebiet des Auerhuhns entdeckt! Die 1000 Fragen, die sich nun auftaten – wie viele hier wohl leben mochten, wieso heute nur eine Henne zu sehen gewesen war, wann die Hähne balzten, wie man sie am besten beobachten konnte und und und – sie alle sollten sich in den nächsten gut 40 Jahren, bis 1998, als der Auerhuhn-Balzplatz im Wildseemoor erloschen war, beantworten lassen.

Für uns aber wurde es an diesem Tag – mittlerweile war es später Vormittag geworden – höchste Zeit, uns auf den Rückweg zu begeben. Wir wählten dafür die Strecke über Kaltenbronn und Enzklösterle, von wo aus wir ja erst kürzlich nach Nagold geradelt waren. In Sprollenhaus, kurz vor dem Enztal, machten wir Mittag. Sonn- und Feiertags gab's bei uns im Seminar zum Frühstück Zopf, und wir hatten einen auf unsere Exkursion mitbekommen. Da er in der Fahrrad-Gepäcktasche leider etwas hart geworden war, setzten wir uns am Rand des Örtchens an den Kegelbach und tunkten die Zopfstücke zum Aufweichen in das würzige, leicht bräunliche Wasser, das seine Färbung vom Hochmoor droben auf dem Berg mitbrachte und uns vor kurzem noch in seinen Bann geschlagen hatte. Es war dies nach dem nahezu unfassbar Schönen, das wir erlebt hatten, und auch im Hinblick auf die Vorstellungen, was uns wohl weitere Exkursionen in den Märchenwald bescheren mochten, eine der köstlichsten Mahlzeiten, an die ich mich in meiner Jugendzeit erinnern kann. Wir fühlten uns damals, als seien wir von einer Expedition aus einer anderen Welt zurückgekehrt. Und schließlich konnten wir unser Mittagsmahl noch mit zwei Forellen aufbessern, die wir im Kegelbach mit geübter Hand unter Steinen gefangen und an einem kleinen Lagerfeuer gegart hatten.

Erst viel später haben wir erfahren, wieviel Dusel wir auf unserer ersten größeren Auerhuhn-Erkundungstour gehabt hatten! Zunächst einmal einen für die damalige Zeit extrem schneearmen Übergang April/Mai. In späteren Jahren mussten wir uns um diese Zeit von Kaltenbronn bis zum Märchenwald oft noch über eine mehr als einen Meter hohe Schneedecke durchkämpfen, zum Teil in Watstiefeln, unter gewaltigen Strapazen, wie später beschrieben. Hätten wir uns seinerzeit entschlossen, unsere Exkursion westlich von Kaltenbronn ins Gebiet des Hohlohsees mit seinem berühmten Auerhahnenstein durchzuführen, wären wir im Bereich der Breitlohmüß ebenfalls in herrlichen Hochmoor-Märchenwald mit reichem Auerhuhn-Vorkommen gelangt, hätten aber nicht den Volltreffer gelandet wie im Wildseebereich. Denn: Das Wildseemoor wird noch immer – wenn auch heute sehr stark mit Bäumen und Sträuchern zugewachsen und teilweise ausgetrocknet – als das größte Hochmoor des Schwarzwaldes, Deutschlands, ja sogar Mitteleuropas bezeichnet und der Wildsee als der größte Hochmoorkolk Deutschlands oder sogar Europas. Im Jahr 2000 wurde es als „Kombiniertes Natur- und Waldschutzgebiet Kaltenbronn" mit 1750 Hektar Moorlandschaft eine Art kleiner Nationalpark für Baden-Württemberg[50].

Das Wildseemoor gehörte zusammen mit dem Wurzacher Ried und einigen weiteren etwa im Waldviertel in Österreich oder im Böhmerwald zu den größten, weitgehend ursprünglich erhaltenen Hochmooren Mitteleuropas, während ähnlich große derartige Moore in Norddeutschland, wie etwa das Teufelsmoor bei Bremen, durch Torfabbau stark beeinträchtigt oder ganz zerstört worden sind. Damit lag man schon richtig, wenn man sich im damals noch weithin offenen Wildseemoor an die riesigen Moorgebiete oder „Sumpfwälder" des borealen Nadelwaldgürtels, also der Taiga in Sibirien, Finnland, Schweden oder auch Kanada und Südalaska, erinnert fühlte. Und ähnlich konnte man sich wie dort auch im Wildseemoor seinerzeit verlaufen und stundenlang im Kreis herumirren, wie später einige Male schmerzlich erfahren. Dafür reichte es, wenn die randlichen Waldsilhouetten als Orientierungshilfe plötzlich im Nebel oder in Wolken verschwanden, was oft in wenigen Minuten geschehen konnte.

Und schließlich, um den Volltreffer noch zu unterstreichen, lebte damals im Wild-, Horn-, Hohlohseegebiet und in angrenzenden Bereichen, wie sich dann später mehr und mehr herauskristallisierte, noch die größte weitgehend vernetzte Auerhuhn-Population des gesamten Schwarzwaldes mit um die 200 Individuen.

Abschließend noch einmal zurück zum Märchenwald im Wildseemoor. Ich habe diesen Moorrandwald vor allem deshalb so ganz ausführlich bis in kleinste Details beschrieben, weil er den idealen, vollkommenen Lebensraum für Auerhühner darstellt – darin sind sich alle Auerhuhn-Kenner ausnahmslos einig. Im Hauptverbreitungsgebiet der Waldhühner, der russischen Taiga, besiedeln sie den Waldgürtel bei 30 bis 50 Prozent Moorfläche vor allem an den schier endlosen Moorrändern in größter Dichte. Bei uns konnten sie sich im Laufe der nacheiszeitlichen Wiederbewaldung Mitteleuropas, aus von der Eiszeit weniger betroffenen Refugien kommend, perfekt in Moorwälder einnischen. Mehr noch: Sie konnten sich dort bis zu ihrer fortlaufenden, seit dem 18. Jahrhundert einsetzenden Vernichtung auch vielerorts ununterbrochen halten. So wie heute noch in allen größeren intakten, möglichst ausgedehnten, unzerstückelten Waldmoorgebieten Schwedens, Finnlands oder Russlands Auerhühner vorkommen, waren sie folglich bis ins 20. Jahrhundert auch im Schwarzwald Charaktervögel aller dieser mehr oder weniger erhalten gebliebenen Waldmoore, schließlich bis in kleinste, oft von Nutzwald regelrecht eingezwängte Moorinseln hinein. Ich konnte von 1960 bis 1980 mehrere Hundert dieser Schwarzwald-Waldmoore, Moorreste und anmoorigen Urwald-Relikte persönlich durchstreifen – im Südschwarzwald von den größeren, wie dem Brunnmättle- und Turbenmoos und dem Ibacher Moor, über kleinere und kleinste wie dem Horbacher Moor und zahlreichen Moorwaldinseln im Schluchseegebiet, über viele im mittleren Schwarzwald wie das Blessingmoos bei Eisenbach, das Herrenwaldmoos und weitere bei Triberg und eine Fülle von Moorwaldinseln im Raum Neustadt-Villingen und natürlich im Nordschwarzwald wie dem Würzbacher Moor, den Waldmooren im Bereich des Huzenbacher Sees bis hin zu zahllosen Waldmooren und Moorinseln in den ausgedehnten Waldungen im Bereich von Wildsee, Hohloh und angrenzenden Gebieten. Und überall lebten seinerzeit noch Auerhühner!

Wie flächendeckend verbreitet und omnipräsent früher Moore im Schwarzwald waren, geht aus der 2021 publizierten „Bodenkarte von Baden-Württemberg" hervor[52]. Sie listet für alle Regionen des Schwarzwaldes vom südlichsten Süden bis zum nördlichsten Norden selbst heute, nach all den Trockenlegungen, noch überall moorige Regionen auf, nämlich 198 Hoch- und 1186 Niedermoore sowie 806 Anmoorgley-Gebiete. Diese insgesamt 2190 moorigen Flächen betragen zusammen reichlich 60 Quadratkilometer. Dazu kommen weitere 127 Quadratkilometer extrem staunasser Böden mit Torfauflagen [52 und Rilling briefl.], sodass alle diese Gebiete zusammen etwa drei Prozent der gesamten Schwarzwaldfläche ausmachen. Noch 1990 nahmen die „Hochmoore auf den Plateaus (im Nordschwarzwald) neun Prozent der Hochlagenwälder ein"[59]. Alle diese Angaben verdeutlichen, dass Auerhühner früher im Schwarzwald überall als Moorrand-Märchenwaldbewohner lebten oder derartige Wälder zumindest aufsuchen konnten – und das waren früher auch durchweg Standorte ihrer bevorzugten Moorkiefern.

Auerhühner haben darüber hinaus nach den Zeiten der großen Waldrodungen und Entwässerungsaktionen im Schwarzwald, dem Waldumbau durch den Menschen von früher verbreitetem Laub- und Mischwald zur flächendeckenden „Verfichtung" und den großen Waldauflichtungen durch Waldbeweidung mit Vieh (siehe unten) auch verschiedenartige Sekundärwälder besiedelt. So etwa die bis vor Jahrzehnten verbreiteten lückigen, mäßig hohen Kiefernwälder mit reichlich Heidelbeerunterwuchs im mittleren oder auch stark mit Buchen bestückte Mischwälder vor allem im Südschwarzwald – aber die wiesen alle erhebliche Nachteile auf, wie später gezeigt werden wird. Die idealen Lebensräume der „Urhühner“ sind die ursprünglichen, urtümlichen Waldmoorgebiete, in denen sie am besten leben können und die deshalb auch heute noch ihr bevorzugter Lebensraum sind – von Mitteleuropa bis über den Polarkreis und den Ural hinaus in den riesigen nordischen und östlichen Waldmoorflächen –, und die bei uns nun immer schneller verschwinden durch Entwässerung und infolge der Klimaerwärmung. Im folgenden Kapitel wird dargestellt, wie die Urhühner im Märchenwald leben und wieso er für sie der ideale Lebensraum ist.

Wer sich einmal ohne große Reiserei in einen dieser märchenhaften Moorwälder „begeben“ möchte, dem seien in der Reihe „Expeditionen ins Tierreich“ (NDR) die Filme „Wildes Skandinavien“ über Schweden und Finnland (von Oliver Goetzl und Ivo Nörenberg) ans Herz gelegt, in dem neben Auerhühnern auch Braunbär, Wolf und sogar Vielfraß zu sehen sind. Dieses Tierensemble kann auch ich für das Wildseemoor nicht mehr beschreiben, auch wenn ich schon 1955 dort beobachtet habe – diese einstige Märchenwaldgesellschaft lebte im Wildseemoor lange vor meiner Zeit. Aber die Urhühner gab es 1955 dort noch, und damals wohl sogar noch in ähnlicher Dichte wie in der besten alten Zeit.

Wenn ich hier vom Wildsee-Moorrandwald als vom „Märchenwald“-Urwald schreibe, wird sich mancher vielleicht denken: wie bescheiden, wie provinziell, da gibt's doch ganz andere Urwälder! Gibt es – vor allem im Tropengürtel von Amazonien über Zentralafrika bis in den asiatischen Raum und auch bei uns noch zwei: den Bialowieza-Urwald in Polen (allerdings durch menschliche Eingriffe beträchtlich denaturiert) und den völlig ursprünglichen Perucica-Urwald im bosnischen Nationalpark Sutjeska. Letzterer konnte sich in einem schwer zugänglichen Talkessel erhalten, mit vielen, nämlich nahezu allen in Europa vorkommenden Baumarten und vor allem Baumriesen – also Buchen, Schwarzkiefern, Fichten, Ahornen, aber auch Wildbirnen, Vogelkirschen, Baumhaseln u. a., bis reichlich 60 Meter hoch, mit bis gut anderthalb Meter Stammdurchmesser, über 300 Jahre alt – nahezu unbeschreiblich. Dazuhin weisen einige Bereiche Holzvorräte von über 1300 Festmetern pro Hektar auf[26]. Und natürlich ist dieses Waldparadies – eingebettet in eine „bukolische Landschaft"[51] – Heimat für Braunbär, Wolf, Auer-, Haselhuhn und viele andere Wildtiere. Dendrologen sagen mit Recht, wer diesen Urwald nicht erlebt hat, kann sich nicht annähernd vorstellen, welche gewaltigen Wälder hervorzubringen Mitteleuropa einst imstande war – sie halten gut und gerne mit tropischen Regenwäldern oder den Mammutbaumforsten in Kalifornien mit. Aber: Begibt man sich unter die Baumriesen, zwischen denen an feuchten Stellen sogar Stauden wie Telekien übermannshoch aufwuchern und wo vor zig oder Hunderten von Jahren umgefallene Stämme wie ein Riesenmikado nur mühsam kletternd zu überwinden sind, dann kommt man sich schnell vor wie ein Däumling, eine Ameise. Selbst für uns sind die Baumwipfel im Halbdunkel unter den Blättermassen meist so hoch oben, dass man sie kaum zu sehen bekommt. Ganz sicher eindrucksvoll, aber unter diesen Giganten fühlt man sich oft wie hilflos, wie erschlagen. Wie ganz anders empfindet man dagegen im lückigen, sonnendurchfluteten Moorrand-Märchenwald mit seinen Bäumen in gut überschaubarer Größe: Er hat nichts Bedrückendes, gar Erdrückendes, wirkt vielmehr geradezu heimelig – er ist unser Wohlfühlwald der Mittelgebirge, von gleichbleibender Güte, seit uralter Zeit – und ein Friedwald – lange vor seiner heutigen Bedeutung.

DAS AUERHUHN – EIN PORTRÄT

Übersichten über das Auerhuhn in vielerlei Hinsicht – sein Erscheinungsbild, seine Lebensweise, Jagd und Zubereitung bis zu Schutzmaßnahmen und ähnlichem – gibt es in Hülle und Fülle, bessere und schlechtere. Am Ende des Buches sind im Literaturverzeichnis einige empfehlenswerte Werke zusammengestellt (vor allem Monografien und Handbuchartikel wie 22, mit vielen Angaben von 46, sowie 6, 27 u. a.). In diesem Kapitel werden in Kürze die zum Leben und Überleben wichtigsten Aspekte dieser Waldhühner behandelt, damit später klar erkenntlich wird, warum die angedachten und praktizierten Schutzmaßnahmen bei uns zum Scheitern verurteilt sind. Außerdem wird eine Reihe besonders faszinierender Eigenheiten dieser Vögel skizziert, um deren Willen es sich lohnen könnte, unter Umständen einmal Urhühner auf einer Öko-Tourismus-Tour in den Waldweiten des Nordens oder in Russland aufzusuchen. Dort hat dieser „ursprüngliche Taigavogel“, der fast durchweg Nadelwälder bewohnt (Ausnahmen: Laubwälder im Kantabrischen Küstengebirge Spaniens und im Südural), durchaus Überlebenschancen – dort leben derzeit noch etwa vier der insgesamt knapp fünf Millionen Individuen. Wenn in Sibirien Permafrostboden mehr und mehr auftaut, Solifluktionen zunehmen und Fahrzeuge auf Eis und Schnee weniger einsetzbar werden, könnten auch Auerhühner von weniger Holzeinschlag, Jagddruck, Abbau von Bodenschätzen usw. profitieren und bis zur nächsten postanthropozänen Eiszeit überleben (siehe unten).

Für das hier folgende kurze Porträt über das Auerhuhn und seine Art zu leben, kann ich aus dem Vollen schöpfen und wie über einen mir bestens Bekannten berichten. Ich hatte nämlich das große Glück, Auerhühner nicht nur 65 Jahre lang beobachten, sondern mich auch insgesamt mehr als zwei ganze Jahre meines Lebens in von Auerhühnern bewohnten Wäldern aufhalten zu können – den größten Teil davon im Schwarzwald, etwa ein Jahr lang während Forschungsaufenthalten in Finnland und Russland und monatelang während Untersuchungen in Österreich und einigen anderen Ländern; insgesamt von den westlichsten Verbreitungsgebieten der Art in Spanien bis zu den östlichsten im Bereich des Baikalsees in Sibirien. Dabei konnte ich mich an vielen Tagen mitten in Gruppen dieser Vögel eingliedern, von ihnen völlig unbemerkt, wie ich später beschreiben werde, und sie aus nächster Nähe beobachten. Und damit wurde ich ihnen wesensnah, fühlte mich oft wie einer von ihnen und lernte mehr und mehr verstehen, was sie zum Leben brauchen, was ihnen guttut oder eher schadet. Und eine Reihe von Fragen, die sich im Freiland nicht leicht beantworten lassen, konnten später an in Volieren gehaltenen Vögeln und in Experimenten geklärt werden. Insgesamt konnte ich Beobachtungen an über 500 Individuen sammeln.

NICHT SCHEU, ABER HEIMLICH UND VORSICHTIG

Auerhühner im Freien zu beobachten, ist nicht einfach und kostet viel Zeit und Geduld, bedarf manchen Tricks, wird heute erleichtert durch technische Hilfsmittel, aber zunehmend erschwert durch ihr Verschwinden. Auerhühner sind nicht eigentlich scheu – wie etwa Rothirsche, die bei Störungen oft ungestüm über große Distanzen davonstürmen, oder Trappen oder Wildgänse unter den Vögeln, die vor allem aufgrund ihrer Bejagung Fluchtdistanzen von mehreren Hundert Metern aufweisen können. Derartiges Fluchtverhalten kommt bei Auerhühnern nur ganz ausnahmsweise vor, etwa bei massiven Störungen in Wintereinständen durch Wintersportler (siehe unten).

Unsere Urhühner hingegen halten sich oft problemlos ganz in der Nähe von Menschen auf, aber fast nur, wenn das in aller Ruhe und unbeobachtet möglich ist und sie sozusagen zurückgezogen im Verborgenen bleiben können – und darauf achten sie mit großer Vorsicht. Ist das der Fall, tolerieren sie Menschen oft in erstaunlicher Nähe, etwa selbst Massen von Wanderern auf Hauptwegen, wenn die sie im unmittelbar benachbarten Wald nicht behelligen, oder auch mit Motorsägen tätige Arbeiter nahe an ihren Nahrungsgründen, wenn diese bestimmte Grenzen nicht überschreiten. Und sogar über ihre Balzplätze hinwegdonnernde Düsenjäger lassen sie nur kurz „die Köpfe einziehen", wie ich im Wildseemoor, im Hinblick auf meine armen Ohren leider oft beobachten musste. Kommt aber ein Mensch auf Sichtweite in ihre Nähe, ziehen sie sich bis auf wenige Ausnahmen (vor allem balztolle Hähne, siehe unten) meist sehr schnell zurück.

Will man sie also in ihrem „Wohnzimmer" beobachten, muss man sich dort entweder versteckt vorab einnisten, wie ich es später beschreiben werde, oder man kann heutzutage auch mit Hilfe von terrestrischer oder Satelliten-Telemetrie, automatischen Kameras u.a. Lebensdaten von ihnen ermitteln, auch dazu später mehr. Ihre recht geringe Scheu zeigt sich auch darin, dass sich Auerhühner selbst in kleinen Volieren leicht halten lassen, auch gut fortpflanzen und mit bis zu 18 Jahren um etwa ein Drittel älter werden als in der freien Natur. Und schließlich kamen sie früher – vor allem im mittleren Schwarzwald mit starker Verzahnung von Wald- und Freiflächen – zur Erntezeit auf Felder, um von Getreidegarben Körner zu stibitzen, oder im Winter bisweilen an Gehöfte herangelaufen, um dort vom für Hühner ausgestreuten Futter zu profitieren, und selbst an Vogelfutterstellen im Dorfrandbereich wurden sie beobachtet[10]. Zusammenfassend kann man sagen: Auerhühner sind nicht sehr scheu, aber vorsichtig und sehr störungsempfindlich. Deshalb brauchen sie ruhigen Lebensraum, in dem sie möglichst wenig durch Menschen gestört werden. Da ihre Fluchtdistanz im Sommer circa 150, im Winter aber rund 300 Meter beträgt, sollten sie im Sommer zumindest an vielen Tagen und im Winter wochenlang überhaupt nicht gestört werden. Wo das nicht gewährleistet ist, ist ihr Überleben gefährdet, zumal sie auf außergewöhnliche Reize wie Hunde extrem schreckhaft reagieren und beim Auffliegen sogar an Bäume prallen und dabei tödlich verunglücken können. Und leider sind sie in ihrem vorsichtigen Verhalten wie viele andere Arten äußerst starr, schwer anpassbar und überhaupt nicht konditionier- oder habituierbar (beispielsweise werden sie niemals an Futterstellen „zahm" wie etwa Enten an Parkteichen). Damit ist das Auerhuhn auch ein nur wenig ausgeprägter Kulturfolger geblieben, das auch früher, als es von Menschen weniger gestört wurde als in neuerer Zeit und wohl auch weniger schreckhaft reagierte, nur vereinzelt Feldfluren und Siedlungen aufsuchte, um sich Nahrung zu beschaffen. Eine gewisse Kulturfolge bestand darin, dass Auerhühner im 18. Jahrhundert vom Menschen ausgelichtete Wälder (wieder) besiedelten, aus denen sie dann später bei zu starkem Aufwuchs vielerorts wieder flüchteten.

EIN GANZ AUSSERGEWÖHNLICHER SPEZIALIST

Im Hochmoorrandwald, wie für den Wildsee beschrieben, zu leben, ist für Tiere nicht einfach – für die meisten Arten sogar überhaupt nicht möglich – und erfolgreich darin sind nur außergewöhnliche Spezialisten, wozu das Auerhuhn gehört. Hauptgründe dafür sind die extreme Nährstoffarmut dieser Moorbereiche, die ihr Wasser fast immer nur in Form von Niederschlägen und nicht durch Zuflüsse bekommen. Damit erhielten sie zumindest bis zur Zeit der von uns verursachten Luftverschmutzung nur wenig „Düngemittel", allenfalls gelegentlich durch etwas Kot von Säugetieren oder Vögeln, ab und zu anfallende Kadaver oder Beutereste wie zum Beispiel von Lachsen entlang nordischer Flüsse durch Adler, Bären und andere. Damit ist die Anzahl von in Hochmoorbereichen lebensfähigen Pflanzen, wie oben beschrieben, eng begrenzt, und die sogenannte Primärproduktion, also der jährliche Zuwachs von Pflanzenmasse, sehr gering. Und zudem lag das Wenige, was verfügbar war, bis vor kurzem meist auch noch ein halbes Jahr oder länger unter einer dicken Schneedecke begraben, so auch im Wildseemoor oft von Oktober/November bis April/Mai – nicht selten also reichlich sieben Monate lang.

Können Wirbeltiere wie Auerhühner in einem so lebensfeindlich erscheinenden Milieu überhaupt auf Dauer existieren? Sie können – und zwar mit Hilfe ganz besonderer Eigenschaften.

EINE PALETTE SPEZIELLER ANPASSUNGEN

Bleiben wir beim oben genannten Ensemble der Märchenwald-Bewohner. Braunbären zum Beispiel fressen sich in der kurzen Vegetationsperiode mit allerlei Pflanzen, Wurzeln und im Herbst vor allem

Beeren sowie Aas und gelegentlicher Beute, etwa jungen Elchen oder Rentieren, ein dickes Fettpolster an und ziehen sich dann zu monatelanger Winterruhe in Höhlen zurück, in deren Geborgenheit sie auch ihre Jungen gebären. Ähnlich verhalten sich die nur in der warmen Sommerperiode anzutreffenden „Moor"-Ottern (dunkle Kreuzottern) und Mooreidechsen – beides ebenfalls Wildseemoor-Bewohner, die sich im Winter in relativ warme Torfschichten verkriechen. Da der feucht-kühle Moorboden auch im Sommer ihre Eier nicht ausbrüten würde, behalten sie diese in der Leibeshöhle, bis ihre Jungen dort schlüpfen und die Eltern dann als bereits kleine fertige Tiere verlassen. Mit diesem „Lebendgebären aus dem Ei" oder der Ovoviparie, wie die Biologen es nennen, konnten sie den Märchenwald besiedeln, wo sie recht konkurrenzfrei leben können. Wölfe, Vielfraße, Zobel und andere Beutegreifer, die keine Winterruhe machen können, durchstreifen zum Teil Reviere von Hunderten bis Tausenden von Quadratkilometern, um immer wieder an Beute oder Aas von Fallwild zu gelangen. Und auch von den Vögeln gibt es eine ganze Reihe von Spezialisten, die sich den Hochmoor-Märchenwald erobern konnten – dazu einige Beispiele. Spechte wie der bekannte Buntspecht finden auch im Winter im Totholz immer wieder Larven, überwinternde Insekten und andere Kleintiere, vor allem aber Zapfen von Moor- und Waldkiefern. Diese tragen sie in großen Mengen zu sogenannten Spechtschmieden wie etwa einer Kuhle in einem querliegenden Moorkieferstamm, in der sie sie aufhacken und die Samen verzehren. Unter solchen Schmieden können sich die leeren Zapfen bis zum Frühjahr meterhoch auftürmen. Haubenmeisen und selbst winzige, nur etwa fünf Gramm leichte Wintergoldhähnchen finden hier auch im tiefsten Winter, wenn alle Baumkronen dick in Schnee gehüllt sind, ihre Nahrung: Insektenlarven, Spinnen, Flechtenstückchen usw. an den unverschneiten Unterseiten von Zweigen, ebenso wie Waldbaumläufer an den nicht schnee- und eisverkruste-

Auerhähne – mindestens 35 – auf gemeinsamer Feuerflucht in der Taiga, skizziert von Seppo Polameri[41]

ten Seiten von Baumstämmen. Und einige Greifvögel wie der Habicht oder Eulen wie der kleine Sperlingskauz können auch hier winters wie sommers Beute machen, im Winter etwa erstere durch Jagd auf Krähenvögel, Schneehasen oder auch Auerhühner, und der „Spauz“ auf Meisen und andere Kleinvögel.

NADELN ESSEN, EFFIZIENT VERDAUEN UND ENERGIE SPAREN

Aber wenn man dann an einem Wintertag einen riesig wirkenden, etwa gänse- bis truthahngroßen Auerhahn auf hoher Schneedecke bedächtig durch den Moorwald schreiten sieht, der vier bis reichlich sechs Kilogramm schwer, etwas über einen Meter lang werden und sich fast einen Meter hoch aufrichten kann und täglich bis zu gut einem halben Kilogramm Nahrung benötigt – dann brennt die Frage auf den Nägeln: Wie kann dieser größte Vertreter aller Raufußhühner in dieser frosterstarrten Winterwelt leben und überleben? Und dies ein bis reichlich zehn Jahre währendes Leben lang und auch – wenn ungestört – durchweg auf engem Raum von bisweilen nur wenigen Hektar Fläche und sogar, wie wir wissen, in Sibirien bis in Richtung des Kältepols mit Tiefsttemperaturen von annähernd minus 70 Grad Celsius? Die Kurzantwort, die anschließend vielerlei Details bedarf, lautet: erstens – durch Spezialisierung auf Nahrung, die auch im Winter reichlich vorhanden ist; zweitens – durch ein überaus effizientes Verdauungssystem, das diese Nahrung optimal ausnutzen lässt; und drittens – durch Körperbau- und Verhaltensanpassungen, die auf geringstmöglichen Energieverbrauch ausgerichtet sind.

Die spezielle Nahrung, von der Auerhühner hauptsächlich leben, ist: Nadeln – also die Blätter von Nadelhölzern – sowie die Triebspitzen, an denen die Nadeln zusammen mit Knospen sitzen! Dabei werden, wie wir in umfangreichen Auswahlversuchen feststellen konnten (siehe unten), Kiefernnadeln bevorzugt, da sie den Vögeln unter den für sie infrage kommenden Baumarten die meiste Energie und möglicherweise auch spezielle bedeutsame Inhaltsstoffe liefern. Aber Auerhühner kommen auch recht gut mit Nadelblättern von Fichten, Lärchen und anderen Arten zurecht. Finnische Forscher haben herausgefunden, dass Auerhühner bei der Suche nach geeigneter Nahrung in der Lage sind, in ihrem Lebensraum die Kiefern aufzuspüren, deren Nadeln aufgrund der Veranlagung oder des Standortes der Bäume den höchsten Energiegehalt aufweisen und dass sie auf diesen Bäumen dann bevorzugt Nahrung aufnehmen – und dort wiederum die jüngsten Nadelblätter, die den höchsten Stickstoffgehalt besitzen.

Kriegsgefangene und andere Verbannte haben in Stalins berüchtigten sibirischen Gulags bisweilen versucht, durch den Verzehr von Kiefernnadeln Skorbut vorzubeugen und sich dabei nicht selten jämmerlich den Magen verharzt und verdorben. Um davon leben zu können – im Falle der Auerhühner als im Winter oft einziger verfügbarer Nahrung bis zu etwa sieben Monate lang –, dafür braucht man wahrlich, wie man in unserem Schwoabe-Ländle sagt, eine besondere „Kuttel". Und die haben Auerhühner: vor allem in zwei im Vergleich zu anderen Vogelarten riesigen Blinddärmen. Raufußhühner bilden mit ihren 20 Arten die Vogelfamilie mit den längsten Blinddärmen, und beim Auerhuhn als ihrem größten Vertreter können diese bis zu 180 Zentimeter lang werden, vor allem im Winter, wenn sie bis zu 20 Prozent länger sind als im Sommer.

BLINDDÄRME ALS GÄRKAMMERN

Das Verdauungssystem der Raufuß- und damit auch der Auerhühner ist ein Wunderwerk im Hinblick auf optimale Ausnützung rohfaserreicher, schwer aufschließbarer und nährstoffarmer Nahrung. Auerhühner schlucken aufgenommene Nahrung zunächst in ihren Kropf – eine Erweiterung der Speiseröhre –, die mit Drüsen ausgestattet die Funktion eines dickwandigen Vormagens hat. In ihn können Hähne etwa 150 bis 200 Gramm Koniferennadeln aufnehmen und verdauen, was sie im Winterhalbjahr regelmäßig gegen Abend tun. Von dort wandert der Nahrungsbrei in den zweikammerigen Magen, zunächst in ein drüsiges Abteil und danach in den sehr kräftigen Muskelmagen, wo er mit Hilfe von Reibeplatten und Magensteinchen weiter aufbereitet wird – und dann kommen die Blinddärme ins Spiel.

In diesen zwei „Gärkammern" können Auerhühner mit Hilfe einer Reihe von Symbionten (Mikroben, siehe unten) den Nadelblätterbrei inklusive Cellulose und Lignin weitgehend durch bakterielle Fermentation aufschließen, um Nährstoffe wie vor allem entstandene flüchtige Fettsäuren als Energiequelle optimal zu assimilieren. Außerdem können die Blinddärme Stickstoff zurückgewinnen und wohl auch Vitamine synthetisieren[23]. Damit sind Auerhühner sozusagen die Pferde unter den Vögeln, die wie andere Einhufer ebenfalls mit Hilfe von großen Blinddärmen pflanzliche Nahrung aufschließen – im Gegensatz zu Kühen, Schafen und anderen Paarhufern, die Entsprechendes mit einer Reihe hintereinander geschalteter Mägen und durch Wiederkäuen erreichen.

Noch kurz zu den Magensteinchen: Bei diesen „Mahlsteinen" oder „Magenzähnchen" handelt es sich meistens um Kieselsteinchen, die viele Vögel, aber ganz besonders Raufußhühner zur Aufbereitung der Nahrung gezielt aufnehmen und die sie regelmäßig brauchen. Bei Mangel oder wenn sie unerreichbar sind, etwa bei Tiefschnee, können zur Not auch harte Pflanzensamen verwendet werden. In Sibirien führten einst im Auerhuhnmagen vorgefundene „Nuggets" sogar zum Auffinden eines Goldvorkommens. Die bekannt gewordene Höchstzahl an Magensteinchen in einem Hahnenmagen betrug 2815, das Höchstgewicht derartiger Mahlsteine 40 Gramm.

Bei aller speziellen Anpassung ist auch für Auerhühner die Energiegewinnung aus Koniferennadeln sehr begrenzt, etwa durch hohen Zeitaufwand oder auch weil die Blinddärme nur einmal am Tag gegen Morgen von restlichem Ballast („Falzpech" – über das wir später noch Aufschlussreiches und Erheiterndes hören werden) befreit und geleert werden. Dies erlaubt den Vögeln nur, maximal etwa reichlich ein halbes Kilogramm (bis zu 650 Gramm oder etwa 800 Kubikzentimeter) Nadelblätter pro Tag aufzubereiten. Mit der daraus gewonnenen Energie kommen sie zwar auch an extrem kalten Wintertagen über die Runden, wenn sie weitere Vorkehrungen (siehe unten) treffen, können aber im wahrsten Sinne keine großen Sprünge machen und müssen mit Energie sehr sparsam haushalten. Dazu ein paar Eckwerte: Ein rund vier Kilogramm schwerer Auerhahn benötigt für seinen Grundumsatz (Ruheenergiebedarf, also für Grundvorgänge wie Atmung, Blutkreislauf, Verdauung usw.) etwa 850 kJ (Kilojoule) pro Tag, für seinen Erhaltungsbedarf (Grundumsatz plus Bewegungen zur Nahrungsaufnahme, zum Aufsuchen eines Schlafplatzes usw.) rund 1000 Kilojoule. Aus der Verdauung von Kiefernnadeln vermag er täglich maximal etwa 1400 Kilojoule zu gewinnen, aus Fichtennadeln nur rund 1100 Kilojoule. Muss er fliegen, kostet ihn das etwa das 20-Fache des Grundumsatzes[8]. Damit würden ihm die etwa 400 bzw. 100 Kilojoule, die er aus den Nadelblättern über den Erhaltungsbedarf hinaus an Energie zu gewinnen vermag, rund eine halbe Stunde bzw. etwa zehn Minuten Flug ermöglichen. Danach wäre seine Energiebilanz bereits negativ, und er müsste dann Körpersubstanz verbrennen. Werden also Auerhühner im Winter gezwungen, öfter oder gar mehrmals am Tag zu fliegen – vor allem durch Störungen auch größere Strecken, und das bei der häufig nur verfügbaren energiearmen Fichtennadelnahrung –, können sie dadurch leicht „ausbrennen“ und verenden, dazu später mehr.

Man mag sich wundern, dass unsere Auerhühner im Gegensatz zu anderen Vögeln wie Ammern, Amseln usw., aber auch zu Artgenossen in Sibirien, keine Winterfett-Reserven anlegen, so wie auch Haubenmeisen im Gegensatz zu Depotfett bildenden Kohlmeisen. Der Grund dafür ist: Diesen Vögeln steht auch unter schlechtesten Bedingungen immer ausreichend Nahrung (im Falle der Auerhühner eben Nadelblätter) zur Verfügung, sodass sie in der Evolution, bei früher nur wenig Störungen durch menschliche Aktivitäten, Winterfettbildung sparen konnten. Denn diese hat zwei Nachteile: Winterfett muss man ständig mit sich herumschleppen, was Energie kostet, und es reduziert Feinden gegenüber erfolgreiche Flucht[8].

ENERGIESPARMASSNAHMEN

Um Energiedefizite zu verhindern, haben Auerhühner ein ganzes Bündel weiterer Anpassungen entwickelt, die sich unter dem Begriff Energiesparen zusammenfassen lassen. Bis auf die Balzzeit, in der, wie später gezeigt, Auerhähne über Wochen hinweg geradezu „explodieren“ können, leben die Vögel das ganze Jahr über in nahezu stoischer Gelassenheit, wobei die meisten ihrer Bewegungen wie in Zeitlupe ausgeführt erscheinen. Das wird sofort deutlich, wenn man ihren Tagesablauf verfolgt.

Gemächlich, gemächlich – von morgens …

Morgens, spätestens um die bürgerliche Dämmerung herum, zeigen Kopf- und Körperbewegungen im Schlafbaum an, dass Auerhühner erwacht sind – im Winter etwa eine Stunde, im Sommer rund zwei

Stunden vor Sonnenaufgang. Bald nach den ersten Bewegungen folgt das Ausscheiden des Blinddarmkotes. Danach wird oft lange Ausschau gehalten, durchaus eine halbe Stunde, häufig gefolgt von wenigen langsamen Schritten in äußere Bereiche des Astes, wo Nadelblätter erreichbar sind. Dort werden mit bedächtig wirkenden Bewegungen erste Büschel von Nadeln abgebissen und verschluckt. Und selbst dieser simple Fressvorgang hat sich in der Evolution beim Auerhuhn zu einem faszinierenden energiesparenden Mechanismus entwickelt. Wenn wir – etwa als Badewasser-Zusatz – die wie Borsten einer Drahtbürste wirkenden Nadeln von Moorkiefern sammeln, müssen wir Zweige festhalten, um dann die festsitzenden Nadeln am besten paarweise, wie sie in den Kurztrieben stehen, auszureißen, oder um sie mit Werkzeug, etwa einer Gartenschere, abzuschneiden. Ein Auerhuhn kann mit einer einzigen Zugreif-Bewegung mit dem Schnabel bei leichtem Vorstrecken des Halses ein ganzes Büschel Nadeln oder ein bis etwa einen halben Zentimeter dickes Ästchen abtrennen und verschlucken. Wie eindrucksvoll beim Hahn in Balzstellung bei halb geöffnetem Schnabel zu sehen, greift dabei der mächtige, wie das Vorderteil eines Kanus geformte Oberschnabel vom Schnabelansatz bis zur Spitze mit messerscharfen Kanten über den etwas kleineren Unterschnabel. Mit diesem „Gerät" ist Abschneiden meistens ohne Ruckeln oder Zerren möglich, was zusätzliche Muskelarbeit erfordern würde. Das glatte Abschneiden von Nadeln und Trieben mit dem Schnabel hört sich übrigens an wie das Knipsen mit einer Nagelschere und ist auf etliche Meter hin zu hören. Und derartig beäste Zweige von Kuscheln (buschartig wachsenden Moorkiefern) sehen danach in der Tat aus wie mit der Schere beschnitten.

... bis abends

Nach dem ersten Frühstück auf dem Schlafbaum kann ein Auerhuhn im Winterhalbjahr den ganzen Tag über, im Extrem auch wochenlang, auf diesem Baum verbleiben und lediglich auf verschiedene Äste klettern, um zu fressen, bis dann nach etlichen Ruhepausen und Gefiederputzen wieder ein Schlafplatz mehr in Stammnähe bezogen wird. An solchen Tagen kommen die Flügel im günstigsten Fall nur zum Balancieren, nicht aber zum Fliegen zum Einsatz. Verbleiben Auerhühner längere Zeit stationär in einer Kiefer, können sie dort bis etwa zur Hälfte aller Nadeln abweiden, was den Bäumen allerdings weniger schadet als Astverlust durch Schneedruck, dessen Gefahr durch das Abfressen reduziert wird.

Bei hohen Schneelagen sind Auerhühner im Winterhalbjahr ganz überwiegend „Baumvögel", die aber auch immer wieder den Boden aufsuchen, etwa um Nadeln von buschigen Moorkiefern zu fressen, dann aber oft erst später am Tag. Im Sommerhalbjahr hingegen sind sie vorwiegend „Bodenvögel" und begeben sich meist bald nach dem Morgenimbiss auf den „Teppich" ihres Märchenwaldes, der ihnen in der warmen Jahreszeit viel bietet. Zu Boden gehen sie meist mit nur wenigen kräftigen Flügelschlägen, denen dann ein bereits wieder energiesparender Gleitflug folgt. Nach dem Landen mit häufigem Sichern in vollkommener Ruhestellung, wie erstarrt wirkend, ziehen Auerhühner dann oft stundenlang langsam ihre Bahnen. Bis zu zwei Kilometer legen sie pro Tag zur Nahrungssuche zurück, immer wieder von Ruhepausen unterbrochen. Dabei zeigt sich, wie ideal ihr Märchenwald dafür ist.

DER MÄRCHENWALD ALS PERFEKTER LEBENSRAUM

Der stark lückige, sich zum Moor hin zunehmend öffnende Wald lässt den Auerhühnern überall genügend Raum, sich zwischen Stämmen und Strauchbaumgruppen zu bewegen, ohne dass ihnen Fressfeinde wie etwa Füchse leicht unbemerkt auflauern und gefährlich nahe kommen könnten, und dennoch sind für den Notfall Versteckmöglichkeiten vorhanden. Vor allem findet dort auch der Hahn mit fast anderthalb Metern Flügelspanne ausreichend Flugschneisen, ohne Gefahr zu laufen, bei Flucht durch Kollision mit Bäumen zu verunglücken. Der meist moosige, nur wenig mit Zwergsträuchern und anderen Pflanzen bewachsene Boden ermöglicht ihnen, sich mühelos wie auf einem Teppich zu bewegen. Diese offenen Waldbodenverhältnisse sind vor allem für die frischgeschlüpften Küken überlebensnotwendig, wie später noch gezeigt werden wird, während Hähne weit mehr im baumbestandenen Bereich verbleiben[60].

Auf dem idealen Märchenwaldboden können sich ausgewachsene Hühner sowie ihre kleinen Küken leicht bewegen, und sie haben zudem überall guten Überblick, wo sich Fressbares finden lässt – so etwa niedrige Heidelbeersträucher, von denen „alles über der Erde", also Triebe, Blätter, Blüten und Beeren verzehrt werden, oder die beliebten, nur vereinzelt an zarten Ranken sitzenden und am Boden aufliegenden Moosbeeren, die sie bis weit hinaus in offene Moorbereiche stundenlang aufnehmen können, sowie vielerlei Keimlinge und weitere wichtige Pflanzenteile, darunter die bald nach der Schneeschmelze erscheinenden begehrten proteinreichen gelben Blütenköpfe von Wollgräsern, der Bergpestwurz u. a.

Der häufige Verzehr von Heidelbeergesträuch hat dem Auerhuhn auch den Namen „Heidelbeerhuhn" eingebracht, aber sie sind dennoch nicht streng an Heidelbeeren gebunden[38, 81]. Außerdem suchen sie Heidelbeersträucher auch vielfach nach darin vorkommenden Kleintieren ab. Und da Auerhühner, ähnlich wie unsere Haushühner, Allesfresser sind, wenn auch mit stark überwiegender vegetarischer Ernährung, lässt sie der recht offene Moorwaldboden auch vielerlei interessantes Getier finden wie vor allem Insekten, Spinnen, aber auch kleinere Wirbeltiere wie Eidechsen, Kreuzottern und selbst kleinere Vögel, die auch Auerhühner, ebenfalls wie unsere Haushühner, nicht verschmähen. Wie geschickt Auerhähne dabei im Erbeuten sind, konnte ich 1998 bei einem Volierenvogel in Schloss Möggingen beobachten. Dort erschienen an einer Futterschale regelmäßig Haussperlinge, um Getreidekörner zu stibitzen. Eines Tages sah ich, wie ein Hahn mit blitzschnellem Zugriff einen Sperling ergriff, dabei beim Zubeißen mit seinem kräftigen Schnabel den Kopf vom Rumpf glatt abtrennte und anschließend beide Teile verschluckte. Mit derartiger Beute verschaffen sich die überwiegend vegetarischen Auerhühner wohl immer wieder einmal einen „Proteinschub", wie dies überraschenderweise auch andere „Pflanzenfresser" tun. So beobachtete man, wie die durch Nordamerika wandernden Karibus Gelege von Kanadagänsen plündern oder in Küstennähe weidende Schafe regelmäßig die von Watvögeln. Dass Auerhühner es schaffen könnten, wie beispielsweise Störche, auch vorbeifliegende Vögel aus der Luft zu erhaschen, ist wenig wahrscheinlich: Dazu bedarf es wohl neben einem langen Schnabel noch mehr an Fanggeschick.

Waldameisen spielen entgegen weit verbreiteter Meinung für die Ernährung von Auerhühnern keine generell wichtige oder gar dominierende Rolle, wie wir vor allem auch in Testversuchen in Volieren feststellen konnten. Fasane und andere Hühnervögel scharren zum Beispiel Ameisenhaufen regelmäßig auf, um für sich und ihren Nachwuchs Larven und Puppen freizulegen – das tun Auerhühner nur sehr selten. Auerhühner sind allgemein keine „Scharr"-, sondern „Pflück"-Hühner, wie sie der Ornithologe Oskar Heinroth bezeichnete. In manchen Gebieten und zumindest zeitweilig verzehren sie jedoch regelmäßig Ameisen, wie Beobachtungen und Mageninhaltsanalysen zeigen.

Wenn möglich, nutzen Auerhühner jahreszeitlich auch viele weitere Nahrungsquellen außerhalb ihrer Märchenwälder oder in ihren Sekundärhabitaten, in denen sie leben müssen. Dazu gehören etwa neben jungen Koniferenzapfen auch Bucheckern und Eicheln, die sie ganz verschlucken, Zirbelnüsse, gelegentlich Pilze, und neben Farnwedeln sehr gern Blätter und Triebspitzen von Rotbuche, Birke, Pappel und Weide, im Frühjahr die sprossenden und im Herbst die gelben Nadelblätter von Lärchen – die sie auch wegen derer häufig waagerechten Äste gern beklettern –, ebenso Beeren von Efeu, Rotem und Schwarzem Holunder sowie Wacholder und in Mooren der Taiga Moltebeeren (aus denen in Finnland der leckere Lakka-Likör hergestellt wird). Da Auerhühner auch viele Forstschädlinge vertilgen, überwiegt ihr „Nutzen" damit bei Weitem gegenüber dem „Schaden", den sie durch Triebspitzenverbiss verursachen können, wie oben dargestellt[21]. Und schließlich wird berichtet, dass in Volieren gehaltene Auerhühner außer Sämereien und Fleisch verschiedenster Art selbst Kartoffeln, Fische u.a. verzehren – ganz ähnlich wie unsere Haushühner. Da zeigt sich, dass dieser winterliche, auf Koniferennadeln konzentrierte Nahrungsspezialist ein wahrlich vielseitiger „Sommer-Generalist" ist!

GEMÄCHLICH – ABER KEINE LAHMEN GESELLEN

Würde man von dem bisher Beschriebenen ableiten, Auerhühner wären aufgrund ihrer oft recht bescheidenen Kost so etwas wie „lahme Gesellen" in der Vogelwelt, täte man ihnen bitter Unrecht. Sie können vielmehr vor allem in zwei Situationen – bei Gefahr auf der Flucht und während der Balz in der Fortpflanzungsperiode – verblüffend schnell rennen und fliegen beziehungsweise sich geradezu explosiv gebärden, nicht selten wie Kamikaze-Krieger, wie später noch berichtet.

Betritt man ihren Märchenwald behutsam, sodass sie einem gewahr werden können, ohne sie aufzuschrecken, sichern sie meist zunächst, drücken sich dann oft einfach ganz flach auf den Boden oder in Zwergsträucher, Farnkraut oder dergleichen und laufen oder rennen auch recht schnell – durchaus wie ein flinker Hund – davon, ohne aufzufliegen. Ich habe so viele Hühner verschwinden sehen, ohne dass sie von Störenfrieden, meist Wanderern, überhaupt bemerkt wurden. Diese Art zu flüchten hat zwei Vorteile: Wegrennen kostet viel weniger Energie als Wegfliegen, und es geschieht geräuschlos, ohne gehört zu werden.

Wegdrücken also ist ein weiteres energiesparendes Verhalten. Dabei können sich Hähne im flachen Wipfelbereich von Baumkronen wie in einen großen Horst hineindrücken. Ich konnte es zweimal aus der Nähe beobachten – einmal besonders eindrucksvoll auf dem Hochblauen bei Freiburg 1972 und ein andermal im Wildseemoor 1968. Dabei drückte sich ein auf einer Weißtanne ruhender Hahn, als eine Gruppe lärmender Wanderer erschien, einfach in die breit ausladenden Wipfeläste wie ein brütender Vogel, und im Wildseemoor machte sich ein Hahn im Wipfel einer nur etwa acht Meter hohen Krüppelkiefer über mir flach und flog auch nicht weg, als ich unten an den Stamm klopfte – er vertraute auf sein Versteck in guter Deckung.

BEI BEDARF AUCH GUTE FLIEGER

Oft jedoch werden Auerhühner von „Besuchern" in ihrem Lebensraum so überrascht, dass sie sich nicht einfach unbemerkt zurückziehen können – und dann ist erstaunlich, wie gut selbst die großen Hähne fliegen können. Wenn nötig, können sie zwischen Bäumen sogar recht steil auffliegen und rasch an Höhe gewinnen und aus Bäumen heraus auch schnell ordentlich Fahrt aufnehmen. Einmal in der Luft, wirkt ihr Flug mit dem lang ausgestreckten Hals und Schwanz durchaus elegant, und dabei können sie ähnlich wie große

Gänsevögel an die 70 Stundenkilometer Geschwindigkeit erreichen. Auf der Flucht bei massiven Störungen, etwa durch Wintersportler in ihren licht gewordenen Wintereinständen, zum Aufsuchen gemeinsamer Balzplätze im Frühjahr oder auch zu Wanderbewegungen im östlichen Verbreitungsbereich können sie auch größere Strecken von mehreren bis vielen Kilometern zurücklegen (siehe unten). Aber das sind Ausnahmen, die viel Energie kosten und vor allem im Winter nur erzwungenermaßen vorkommen, da lebensgefährlich.

DAS AUFFLIEGEN – WIE POLTERABEND

Die Älteren unter uns werden sich noch erinnern: Als unser Land noch mit Millionen von Rebhühnern bevölkert war, bedeutete ein Spaziergang durch die Feldflur fast immer, dass man irgendwo irgendwann durch ein bretterndes „brrrrr“ schlagartig aus seinen Gedanken gerissen wurde – nämlich dann, wenn eine Kette dieser Vögel flügelknatternd davonstob. Ähnlich konnte man noch lange Zeit durch die früher weit verbreiteten Fasane hochgeschreckt werden. Wer erlebt hat, wenn ein Auerhahn urplötzlich unweit vor einem „wupp wupp wupp“ aus Unterwuchs im Wald wie aus dem Boden gestampft polternd auffliegt, der wird dieses ordentlich herzschlagerhöhende Erlebnis nicht mehr vergessen. Das Poltern währt aber nur kurz – bald schon geht der geräuschvolle Auf- oder Abflug aus Baumkronen in geräuschlosen Gleitflug über, und der Vogel verschwindet aus dem Hör- und Sehfeld.

Allerdings – nicht viele werden sich an ein solches Herzschlag-Erlebnis erinnern. Umfragen haben ergeben, dass in unserem Land derzeit immerhin noch über 80 Prozent der Bevölkerung angeben, Amsel und Kohlmeise vom Hören oder Sehen zu kennen, aber beim Auerhuhn ist es nicht einmal ein Prozent. Und das ist nicht verwunderlich – in freier Natur fast ausgestorben, im Zoo nur selten gehalten und selbst in Gaststätten „Zum Auerhahn" oder Jagdstuben sind die alten, vom Zahn der Zeit zernagten Stopfpräparate allmählich an der Wand zerbröselt. Deshalb wird es höchste Zeit, hierfür mit der Art wenig oder gar nicht Vertrauten wenigstens kurz zu beschreiben, wie die Vögel eigentlich aussehen.

DAS LEBENDE DENKMAL IM BILD

Bei der typischen stoischen Ruhe, in der Auerhühner den größten Teil ihres Lebens zubringen, sieht man sie oft stundenlang stillsitzen wie ein lebendes Denkmal – auf einem Baum, Baumstubben, Bodenhügel, querliegenden Ast, wo auch immer. Hat man das Glück, dabei unbemerkt in der Nähe sitzen zu können, vermag man stundenlang in Ruhe ihr gesamtes Äußere zu betrachten – bei vielen anderen Vogelarten ist dies undenkbar, etwa bei Goldhähnchen, Meisen oder Laubsängern, die vor allem bei ihrer ständigen Nahrungssuche oft nicht einmal ein paar Sekunden lang innehalten.

Hahn und Henne - wie Vögel verschiedener Arten

Wir sind ja von unseren Haushühnern an Größenunterschiede zwischen Hahn und Henne gewöhnt. Aber wenn man vor allem bei der Balz die hoch aufgerichteten, etwa truthahngroßen Auerhähne neben den nur knapp halb so großen und schweren und durch ihre oft geduckte Haltung noch geringer wirkenden Weibchen sieht, dann denkt man schon fast an Vertreter verschiedener Arten. Dazu kommen die vollkommen unterschiedliche Färbung und Zeichnung ihres Gefieders.

Die Hähne wirken in der Dämmerung und im Waldesinnern oft schwarz, erscheinen aber in vollem Sonnenlicht überraschend farbig. Hals, Rücken und Unterseite sind schwarzgrau, besonders letztere meist mit größeren weißen Flecken aufgehellt, wovon sich die braunen Flügel, die in der Sonne herrlich metallisch grünblauviolett schillernde Brust – der „Schild“ – sowie im Flug große weiße Unterflügelflächen im Armbereich abheben. Besonders charakteristisch und eindrucksvoll sind der helle, hakig gebogene, oft schräg nach oben gerichtete Oberschnabel, der bei alten (im dritten Jahr weitgehend ausgewachsenen) Hähnen mit bis zu reichlich drei Zentimetern Höhe an der Basis geradezu mächtig – und bedrohlich – erscheinen kann sowie der lange Schwanz, dessen meist 18 (auch 20 bis 24) Federn bei der Balz hoch aufgestellt als Fächer getragen werden. Die Schwanzfedern können von fast rein Schwarzbraun bis zu stark mit Weiß durchsetzt (mit Sprenkelzeichnung) variieren und lassen damit an Balzplätzen einzelne Hähne oft gut individuell unterscheiden. In Österreich nennt man Exemplare mit schwarzem Stoß „Raben“-, mit gesprenkeltem „Elster“hähne. Und schließlich gibt es noch zwei besondere Abzeichen: Zum einen sind es leuchtend rote, nackte Hautwülste über den Augen, die besonders beim Hahn zur Balzzeit hervortreten – die sogenannten Rosen. Diese markanten sekundären Geschlechtsmerkmale mit Schwellkörpern verdanken ihre Signalfarbe nicht einfach Blut, das durch sie strömt, sondern einem spezifischen Karotinoid (Lipochrom) der Raufußhühner. Und zum anderen sind es rundliche weiße Flecken im Bereich der Flügelbeuge – Achsel-, Schulterfleck oder auch Spiegel genannt. Sie werden, von Achselfedern gebildet, vor allem bei der Balzstellung mit abgespreizten Flügeln gut sichtbar und wirken bei der oft schon in der Dämmerung einsetzenden Bodenbalz wie Leuchtsignale. Die Augen unter den roten Rosen erscheinen relativ klein, trotz ihrer braun-grauen (sepiafarbenen) Iris bisweilen stechend, und von Anatomen wissen wir, dass sich hinter ihnen ein sehr großer Augapfel mit enormer Sehkraft anschließt.

Im Vergleich zum Hahn erscheint die nur etwa bis zu zwei Kilogramm schwere Henne mehr uniform gefärbt, eigentlich „nur" braun-rot schwarz-weiß gesprenkelt und gebändert, mit einem arttypischen rostroten Brustlatz (Vignette Seite 160). Aber die Verteilung dieser Hell-Dunkel-Anteile im Gefieder, die der Somatolyse („Körperauflösung", also Unsichtbarmachung, wichtig vor allem beim Brüten und Kükenführen) dienen, wirkt bei Betrachtung aus der Nähe wie eine großartige Symphonie aus Färbung und Zeichnung – einfach wundervoll (Vignette Seite 254)! Dass bei diesen Waldhühnern, auf die vielerlei Feinde lauern, Albinos sehr selten sind, ist nicht überraschend. Dennoch belegen einige Exemplare in Museen ihre Existenz.

Raue Füße und Zehenstifte

Wenn wir schon bei der Betrachtung aus der Nähe sind, lohnt es, abschließend noch Beine und Füße genauer anzuschauen – schließlich gehört ja das Auerhuhn mit Birk-, Hasel- und den Schneehuhnarten zu unseren Raufußhühnern. Und in der Tat: Auerhühner haben im Gegensatz zu Glattfußhühnern – dazu gehören Feldhühner wie Rebhühner und Wachteln sowie unsere Haushühner – bis zu den Zehen hinunter befiederte („raue") und nicht nur mit Hornschuppen bedeckte („glatte") Läufe. Diese besonders im Winter nach der Mauser ausgeprägten „Federstutzen", die wie mit Fell besetzte Stiefel wirken, dienen dem Schutz vor Kälte und wirken Schnee abweisend.

Eine weitere Eigenheit im Fußbereich hilft, Energie zu sparen: sogenannte Zehenstifte. Diese seitlich an den Zehen sitzenden, sich beim Auftreten abspreizenden, etwa drei bis vier Millimeter langen Hornlamellen (umgewandelte Federn) mindern wie „Schneeschuhe" ein Einsinken im Schnee und feuchten Moorboden und erleichtern so das Laufen. Und ein Blick zum Kopf zeigt: Federchen bedecken auch die Nasenlöcher und schützen bei Kälte die Atemwege.

VERHALTEN IM SCHNEE

Was veranlasst eigentlich Auerhühner, auch im Winter den Boden aufzusuchen, wenn hoher Schnee dann doch alle Zwergsträucher, Beutetiere u. a. bedeckt? Das hat verschiedene Gründe. Liegt auf den zum Schlafen und Fressen aufgesuchten Bäumen kein Schnee, nehmen sie ihn zum Decken ihres Wasserbedarfs vom Boden auf. Zudem sieht man oft, wie ihre Trittsiegel um buschartige Moorkiefern oder Fichten herumführen, und bei näherem Hinschauen wird deutlich, dass sie deren Zweige vom Boden aus bebeißen, was häufig viel leichter möglich ist als beim Balancieren im Geäst dieser Bäume.

Vor allem in kalten Regionen ihrer Verbreitung, also im Norden, Osten und im Hochgebirge, können sich Auerhühner in Schneehöhlen begeben, die sie bis zu etwa zwei Meter lang schräg in den Schnee hinein anlegen und an deren hinterem Ende sie dann in einer Art Kammer ruhen, während der Eingang mit Schnee wieder zufällt. In einem derartigen „Iglu" verbringen sie entweder die Nacht oder bei großer Kälte auch Zeiten tagsüber. Dabei sparen sie in der Kammer bei Temperaturen von um die Null Grad Celsius gegenüber großer Kälte außerhalb viel Energie für den Wärmehaushalt. Und da sie im Winter – ähnlich wie Rothirsche und viele andere Tiere – beim Ruhen auch noch ihre Körpertemperatur um etwa anderthalb Grad absenken können, wird der Energiehaushalt nochmals begünstigt. Derartiges Nächtigen in Schneehöhlen kam zumindest früher auch im Schwarzwald vor – dazu später noch eine Beobachtung.

DIE BALZ! UND IHRE GROSSE BEDEUTUNG

Die Auerhuhnbalz! Dieses spektakuläre Ereignis, bei dem es auf Balzplätzen zugehen kann wie in einem Tollhaus, hat Auerhühner weltberühmt gemacht, und sie wurden vor allem auch deshalb schon vor Jahrhunderten zum „Hochwild" geadelt. Das heißt, sie durften als „Hohes Wild" wie Wisent, Elch, Bär, Hirsche und einige andere Säugetiere zusammen mit wenigen weiteren Vogelarten wie Birk-, Haselhuhn oder Trappen auch nur von „Hohen Tieren" – also vorwiegend von Adeligen – bejagt werden und nicht von Bürgern und Bauern. Entsprechend wurde die Balz, auf die übrigens auch der berühmte bayerische Schuhplattler-Volkstanz zurückgeht, eine Art Kult und alle Jahre wieder ein Großereignis, dem vor allem im Kreis der Waidmänner schon vom Winter an entgegengefiebert wurde.

Welchen Stellenwert die Balz der Auerhühner und besonders die damit verbundene Hahnenjagd früher hatte, zeigen auch die Verhältnisse im Schwarzwald. Noch um 1900 gehörten zum Jagdbereich des Hauses Fürstenberg in Donaueschingen 156 Balzplätze, etwa die Hälfte davon im eigenen Waldbesitz, die andere Hälfte war angepachtet (und im gesamten Schwarzwald existierten damals 400 bis 500 Balzplätze, Rudi Suchant briefl.). Wenn an bestimmten Plätzen Hahnenjagd stattfand, konnten dafür auch mal ganze Gastwirtschaften für Jagdgesellschaften gebucht und Straßen gesperrt werden, um jegliche unnötige Beunruhigung zu verhindern. Später wurden dann die Balzplätze sozusagen zum „Besitz" der zuständigen Forstämter und geradezu hermetisch vor unliebsamen Besuchern abgeschirmt. Deshalb war auch das oben beschriebene Abwimmeln auf meine Anfrage in Oberkollwangen nicht verwunderlich und auch nicht, dass wir seinerzeit in Enzklösterle nur ganz „am Rande" an eine Hahnenbalz herangeführt worden waren.

Für die meisten jagenden „Hohen Tiere", in deren Jagdrevieren in aller Regel keine Auerhähne mehr vorkamen, war es einer der größten Wunschträume, wenigstens einmal im Leben irgendwo als Jagdgast einen Hahn zum Abschuss freizubekommen. So auch beim Hausherrn unseres früheren Instituts, der Vogelwarte Radolfzell, Baron Nikolaus von und zu Bodman in Schloss Möggingen[9]. Er hat mir in seiner Trophäensammlung immer wieder gern mit leuchtenden Augen das Stopfpräparat eines Hahnes vorgeführt, den er 1939 – in meinem Geburtsjahr – im Schwarzwald erlegen durfte, und zwar im Brunnmättlemoos bei Todtmoos, was mich später zu einer interessanten Beobachtung brachte, wie unten berichtet. Andere, weniger Begünstigte, mussten sich ihren Hahn auf weiten, mühseligen Reisen „erkämpfen", etwa in Österreich, auf dem Balkan, später auch in Skandinavien und heutzutage am ehesten auf Jagdsafaris in Russland. Und wer gar nicht zum Zuge kam, der kann sich bis heute an einem der zahlreichen „Hahnenfalz"-Lieder ergötzen.

Erste Anzeichen der Balz

Bei so hohem Stellenwert der Balzzeit stellte sich natürlich jedes Jahr – ähnlich wie bei Anglern für die beste Beißzeit ihrer Fische – die Frage, wann beginnt bei den stark wechselnden Schnee- und Wetterbedingungen in den Bergwäldern die Balz, wann erreicht sie ihren Höhepunkt und damit die beste Zeit für Abschuss, später auch für Foto- und Filmaufnahmen oder auch nur für Beobachtungen und Zählungen? Um das herauszufinden sowie für „Herrschaften" die am leichtesten anzugehenden Balzbäume ausfindig zu machen, rückten früher in unseren Mittelgebirgen vom Harz bis zum Schwarzwald und bis zum Zittauer Gebirge sowie im Alpenraum ganze Heerscharen von Wildhütern aus, um entsprechend zu ermitteln. Und die wussten natürlich: Auch wenn die Hauptbalz in der Regel erst in der zweiten Aprilhälfte bis Anfang Mai stattfand, zeigten sich erste Hinweise darauf meistens schon ab Anfang März, später im Zuge der Klimaerwärmung auch bereits früher.

Erste Anzeichen für beginnendes Balzverhalten sieht man am ehesten – auf dem Schnee! Wenn beim Hahn nach der Winterruhe ab Februar die winzigen schwärzlichen Hoden, die im Nierenbereich tief in der Leibeshöhle liegen, rasch zu wachsen beginnen, um bis zur Hauptbalzzeit mit etwa Haselnussgröße das über Tausendfache an Volumen zu erreichen, produzieren sie auch zunehmend Testosteron. Und damit ändert sich das Verhalten. Die Hähne streifen jetzt nicht nur mit stets meist zusammengelegten und nach hinten gerichteten Schwanzfedern und oft nach vorn gestrecktem Hals und Kopf – also in waagerechter Haltung – durchs Gelände, sondern werden zeitweise, etwa bei wärmender Sonne um die Mittagszeit, erstmals wieder zum „stolzierenden Gockel“: Hals und Kopf steil aufgerichtet, mit bartartig aufgestellten und gesträubten Kehlfedern, ebenso hochgestellt der nun breit gefächerte Schwanz, beide zusammen mit dem Körper ein U bildend. Und das Einnehmen dieser Imponier- oder „Prahl“-Haltung kann man im Schnee erkennen, auch wenn der Hahn nach derartigem Auftreten schon lange wieder verschwunden ist. Denn: Dieses Stolzieren hinterlässt neben den Trittsiegeln (von den vier Zehen in der Form eines Kreuzes) rechts und links in je etwa 20 Zentimetern Abstand Striche im Schnee, so, als hätte ein Skifahrer oder Nordic Walker beim Laufen neben sich seine Stöcke schleifen lassen. Und diese Striche sind Schleifspuren – und zwar von den in Balzstellung abgespreizt gehaltenen Flügeln, die Auerhähne wie Truthähne auf den Boden gedrückt schleifen lassen. Da die Spuren von mehreren Federn stammend auch wie Schlittenspuren aussehen können, sagen Auerwildbeobachter in Österreich, der Hahn sei „den Schlitten ziehen“ unterwegs gewesen[81] (Vignette Seite 212).

… dann stärkere Hinweise …

Nächste Anzeichen für die beginnende Hochzeit der Balz sind erstes lautes, polterndes Einfliegen beim abendlichen Aufsuchen von Schlafbäumen in der Nähe des künftigen Balzplatzes (wie oben für unsere Beobachtung mit Förster Ebert in Enzklösterle beschrieben) und ebenso lautstarkes Umsetzen im Geäst vor der Nachtruhe. Mit diesem Imponierverhalten – einem schwanzlastigen Flatterflug und schallendem Flügelschlagen gegen Äste – tun Hähne, die den ganzen Winter über meist fast geräuschlos in Schlafbäume einschweben, um von Fressfeinden möglichst nicht vernommen zu werden, ihren späteren Mitstreitern und natürlich besonders auch der holden Weiblichkeit kund: „Wir rücken langsam an – es geht dagegen!" Bei unseren aussterbenden Auerhühnern bald nicht mehr zu beobachten, finden wir anderswo dazu eine interessante Parallele: Wenn abends eine Gang jugendlicher Motorradfahrer etwa vor einer Disco einrollt und mit dem Aufheulenlassen ihrer extra auf laut gestellten Motoren ihr Erscheinen am „Balzplatz" markiert.

Beginnt die Balzzeit, bringen die den ganzen Winter über schweigsamen Hähne nach dem Einpoltern in ihre Schlafbäume eigenartige Laute, der Bedeutung nach Droh- und Kampfrufe, hervor: das kurze, zwei- bis sechssilbige sogenannte „Worgen", das wie „kröck-öck" klingt, und das längere zischend röchelnde und aggressivere „Kröchen", in manchen Vogelbüchern fast respektlos „Rülpsen" genannt, das wie geräuschhaftes Ausatmen oder auch Erbrechen klingt. Es ist dem Worgen ähnlich, endet aber mit abebbenden „h-ch"-Lauten.

Beides geht mit „dickköpfigem Drohen" einher, wie von Konrad Lorenz für Kolkraben bezeichnet. Dabei werden bei vorgestrecktem Hals und Kopf mit maximal aufgestellten Federn, was die Vögel „dick" erscheinen lässt, wie „hervorgewürgt" klingende Geräusche erzeugt. Und zur Bekräftigung dieser Drohgebärde können dabei Hals und Kopf auch noch schnell vor- und zurückbewegt werden, was wie eine ein- bis zweimalige Verbeugung aussieht. Dieses Verhalten zeigen Hähne später auch häufig bei der Bodenbalz, und ganz besonders gut lässt es sich bei balztollen Individuen aus nächster Nähe beobachten. Kommen dann in den Schlafbäumen irgendwann die ersten „telak telak"-Laute – das Knappen – hinzu, also die einleitenden Klänge der Gesangsstrophe in Form von Kehllauten, dann liegt der Beginn der Balz in der Luft und kann bei gutem Wetter schon am nächsten Tag beginnen.

... und schließlich das volle Programm

Das volle Programm läuft ab an Balzplätzen, an denen sich zehn, 15, 20 oder auch mehr Hähne und (bei einem Geschlechtsverhältnis von etwa 1 zu 1) auch ungefähr ebenso viele Hennen einfinden, um dort ein paar Wochen lang der Fortpflanzung zu frönen. Derartig gut besetzte Plätze kommen heute nur noch in intakten Auerhuhn-Gebieten in Skandinavien und vor allem in Russland vor. Sie waren früher auch für unsere Wälder typisch, sodass ich von 1959 bis 2011 allein im Schwarzwald noch an insgesamt fünf derartig gut besetzten Balzplätzen beobachten konnte, wie später berichtet. Heute gibt es im Schwarzwald kein einziges Balzareal mehr, in dem wenigstens zehn oder gar mehr Hähne zusammenkämen, und selbst solche mit Gruppen von rund fünf Hähnen sind auf ganz wenige zusammengeschrumpft: Heute lässt sich an all diesen Balz-„Plätzchen“ mit nicht selten gar nur noch einem übriggebliebenen Hahn nur noch ein kümmerlicher schwacher Abglanz dessen beobachten, was früher einmal die Balz ausmachte. Wenn ich oben formuliert habe „20 oder auch mehr“, hat das seine Richtigkeit. So wurden vor dem Zweiten Weltkrieg am Balzplatz Fahlenbach bei Hammereisenbach bis zu 30 balzende Hähne ermittelt[68]. Das waren „goldene Zeiten“, in denen in idealen Habitaten wie in Schottland, im Ural und wohl auch bei uns bis zu 20 Auerhühner pro Quadratkilometer gelebt haben[22]!

In den Zeiten der großen, mit 20 und mehr Hähnen besetzten Balzplätze wie etwa jenem im Märchenwald des Wildseemoores bis in die 1960er-Jahre, von dem noch die Rede sein wird, lagen diese Plätze auch nicht isoliert im Walde, sondern waren in Form von ausgedehnten Balzarenen weiträumig locker miteinander vernetzt.

So befand sich im Wildseemoor zwar der Hauptbalzplatz schwerpunktmäßig im oben beschriebenen Märchenwald am Südrand des Moores, die Arena zog sich aber bis über den Pionierweg in Richtung Kaltenbronn auf einer Länge von über 400 Metern hin, und weitere kleinere Balzplätze mit zum Teil nur wenigen oder auch einzeln balzenden Vögeln existierten an etlichen anderen benachbarten Stellen wie etwa am Hornsee, in Richtung Grünhütte sowie Kaltenbronn, in tieferen Waldbereichen im Mündungsbereich vom Schwarz- in den Kegelbach sowie in Richtung Sprollenhaus. Und auf der anderen Seite des Kegeltals, also im Bereich von Hohloh und Breitlohmüß bis hinunter in die tieferen Lagen oberhalb von Enzklösterle, gab es neben einigen größeren wiederum etliche kleinere Balzplätze, sodass in dem gesamten hier umrissenen Gebiet seinerzeit über 50 balzreife Hähne ihre Schauplätze bezogen – dazu kamen etwa ebenso viele Hennen und viele junge „Zutreter", also einjährige Junghähne, die im ersten Jahr am Balzplatz nur als Beobachter auftauchen (und die man leicht an ihren schmalen, hennenartigen, noch kaum hakigen Schnäbeln und nur etwa halb so breiten und um etwa ein Fünftel kürzeren Schwanzfedern von alten Hähnen unterscheiden kann).

Und vor über 100 Jahren hat es dort noch weit besser ausgesehen. Wurm (1885) schreibt dazu: „1823 … unferne des grossherzoglichen badischen Jagdhauses Kaltenbronn … wo auf einer Fläche von etwa 2000 Morgen (etwa 700 Hektar) über 100 Hähne alljährlich ihr Minnelied vortrugen." Bei einer derartigen, in diesem idealen Gebiet noch weitgehend normalen Auerhuhn-Dichte lebte der Wald im April zur Balzzeit auf. Da konnte sich die Balz in voller Pracht entfalten, vor allem an großen Plätzen. Bei typischem Ablauf gliedert sie sich in drei Phasen: zunächst meist nur Baumbalz, in der Hauptphase Baum- und Bodenbalz, und zum Schluss wieder allmählich ausklingende Baumbalz.

Baum- und Bodenbalz

Die Baumbalz beginnt, wenn die Hähne nach dem abendlichen Einpoltern in ihre Schlafbäume nicht nur worgen, kröchen und knappen, also ein paar „telak telak"-Klänge hören lassen, sondern „singen" – das heißt, ihre volle Balzstrophe vortragen. Wie schon oben für die Lehrstunde bei Förster Ebert kurz beschrieben, setzt sich die Strophe (auch Balzlied, -arie, Vers, Spiel oder Gsetzl genannt) aus mehreren Teilen zusammen. Sie stellt eine völlig eigenartige unmelodische Abfolge von zum Teil absonderlichen Geräuschen dar und beginnt mit mindestens dreimaligem doppelsilbigem, hart hölzern klingendem Knappen, dem etwa sechs einsilbige, zunehmend dichter gereihte Knapplaute folgen, die weicher klingen, an eine Holzglocke erinnern und deshalb auch Glöckeln genannt werden. Sie führen über eine Art Triller (bisweilen nicht sehr sinnvoll als eigener Teil 2 der Strophe bezeichnet) zum Hauptschlag „tock" hin. Dieser „Zungenklatsch"[80] hört sich an wie der Knall beim Entkorken einer Sektflasche. Ihm folgt als Letztes (Teil 3 oder 4) das Wetzen oder Schleifen – ein rhythmisches kratzendes Schleifgeräusch, dem Wetzen einer Sense ähnlich. Die ganze Strophe dauert nur fünf bis sechs Sekunden, wobei etwa die Hälfte der Zeit auf das Wetzen entfällt – die Zeit, die zum „Anspringen" eines Hahnes reichen muss.

Der Strophe kann manchmal minutenlanges Knappen vorausgehen. In der Hochbalz vermag ein Platzhahn in vielen, von Pausen unterbrochenen Schüben geradezu hastig eine Strophe an die andere zu reihen – bis zu zwölf pro Minute –, sodass man bei fleißigen Minnesängern bei der Morgenbalz bis zu knapp 2000 und abends nochmals gegen 1000 Strophen zählen konnte: Derartige Sangesfreudigkeit übertrifft dann wohl selbst Wagnersche Operngesangsfülle!

Da in der Auerhuhn-Strophe keine Teile mit markanten Vokalen vorkommen wie etwa beim Ruf von Kuckuck oder Uhu, geben Versuche, sie lautschriftlich wiederzugeben, nicht viel her. Aber ein Sprichwort aus Österreich gibt ihren Ablauf recht gut wieder: „Seppl …, Seppl .., Seppl., Seppl, bist schon da? Sieh, siehst mich, siehst mich, siehst mich nit!“ Wer ausgezeichnete Tonaufnahmen von Auerhühnern (und vom Rackelhuhn – einem Hybriden mit Birkhühnern) hören möchte, dem empfehle ich meine 2015 bei supposé erschienene Audio-CD.

Der Vortrag der Balzstrophe geht einher mit einer bis ins Feinste festgelegten stereotypen Choreografie von Körperhaltung und Bewegungen, die vor allem auch durch die Produktion der Laute bedingt ist. Es würde zu weit führen, sie hier in allen Details zu beschreiben. Als Wichtigstes seien genannt: mehrfaches Öffnen und Schließen des Schnabels und Absenken des Unterschnabels beim Knappen, ruckweises Anheben bis zur Senkrechten und maximales Fächern des Schwanzes zum Halbkreis bis zum Hauptschlag, ruckartiges Spreizen der Handschwingen beim Hauptschlag sowie beim Wetzen meist fünfmaliges Vor- und Zurückschnellen des Kopfes mit gesträubten Bartfedern und Zittern des Körpers. Auerhuhn-Kenner können auch bei weit entfernt balzenden Hähnen erkennen, welcher Teil der Strophe vorgetragen wird, ohne sie zu hören.

Apropos hören: Jeder, der zum ersten Mal einen Auerhahn singen hört, ist bass erstaunt, wie relativ leise dieser riesige Vogel seine Strophen vorträgt, etwa im Vergleich zum tausendmal kleineren, aber trompetenlaut schmetternden Zaunkönig! Dieser leise Gesang des Auerhahns, den man auch bei guten Bedingungen nur etwa 150 bis 250 Meter weit hört, ist für Vogelfreunde fast enttäuschend und für die durch vieles Schießen oft hörgeschädigten Jäger geradezu schmerzlich – sie können ihn häufig kaum oder gar nicht mehr wahrnehmen. Und in der Tat: Bei stärkerem Wind von der Seite oder vom Betrachter her und vom balzenden Vogel weg kann der Gesang selbst bei geringer Entfernung leicht „abreißen“, und dann erkennt man am ehesten noch an den Kopfbewegungen, dass ein

Hahn überhaupt noch singt. Mit Abstand am weitesten zu hören ist der Hauptschlag – durchaus bis etwa 400 Meter –, aber um das sehr kurze „tock" auch auf große Distanz erfassen zu können, braucht man gute Ohren und Erfahrung. Wäre dieser Gesang das Hauptmerkmal der Fortpflanzungsperiode, wie bei vielen anderen Vogelarten, hätte die Auerhahnbalz nie und nimmer Weltruhm erlangt – aber sie ist weit mehr. Und das zeigt sich dann am frühen Morgen.

Wie im Tollhaus

Noch fast im Dunkeln, noch vor Beginn der bürgerlichen Dämmerung, folgt auf ein erstes „telak-telak"-Knappen und rasch einsetzende, immer eiliger vorgetragene Gesangsstrophen ein lautes rauschendes Poltern: Dann lässt sich ein erster Hahn mit kräftig abfangenden Flügelschlägen nahe dem Balzbaum auf dem Boden einfallen. Dem Landen folgt häufig ein Sichern, an tollen Tagen der Hauptbalz aber läuft der gelandete Vogel – im Dunkeln selbst aus der Nähe noch kaum zu erkennen – sofort in Balzstellung los, zieht etliche meterlange Bahnen, singt eine Strophe nach der anderen, nochmals schneller, wenn weitere Hähne in einiger Entfernung neben ihm ebenfalls zu Boden rauschen und eifrig balzen, bis sich sein geradezu ekstatisches Verhalten nochmals steigert: zum sogenannten Flattersprung. Dabei hebt der Vogel mit lautem Flügelschlagen schräg auffliegend bis zu zwei Meter hoch flatternd vom Boden ab, um dann nach meist vier bis fünf Flügelschlägen und kurzem bis etwa fünf Meter weitem Schweben und Präsentieren der weißen Unterflügel wieder „bremsrüttelnd" geräuschvoll zu landen und weiterzubalzen.

Bei den Flattersprüngen entsteht wie beim Einpoltern und bei den unten beschriebenen Flügelschlag-Kämpfen signalhafter Flugschall, charakteristisch zweiphasig – erst ein Aufrauschen und dann nach dem Schweben das Abrauschen. Und diese Instrumentallaute bewirken in der Balzzeit weit mehr akustische Kommunikation als der leise Gesang. Wenn sich nach etwa einer halben Stunde zehn, 15 oder mehr Hähne in der Balzarena mit jeweils etlichen Metern Abstand voneinander mehr oder weniger äquidistant in kleinen Miniterritorien verteilt haben und bunt durcheinander knappen, wetzen, worgen und kröchen, Hauptschläge erklingen lassen und laufend Flattersprünge vollführen – dann brodelt und „kocht" der Märchenwald wie in einem Hexenkessel. Und wie bei einer La-Ola-Welle im ohnehin schon lauten Fußballstadion kann das Tollhaustreiben nochmals zu höchster Intensität aufbrodeln, wenn nämlich von Baumkronen über der Arena erste Hennen ihr nasales, in verschiedenen Situationen sehr modulierbares Gocken – „gock gock" – ertönen lassen oder dann allmählich zwischen den Hähnen einfallen. In dieser Phase gebärden sich vor allem Platzhähne im Zentrum der Arena wie wild und reihen eine Zeitlang einen Flattersprung an den anderen. Beginnen dann die Hennen in der Arena umherzulaufen, um sich bei bestimmten Hähnen hinzuducken, oft zu mehreren nebeneinander und bald auch in ihrer typischen Begattungsaufforderungs-Haltung: Kopf, Hals und Schwanz leicht nach unten geneigt, die Flügel abgespreizt – dann wird die Balz heftig!

Geplänkel und brutale Kämpfe

Benachbarte Hähne gehen nun dickköpfig drohend aufeinander los, kröchen und ziehen sich dann oft wieder in ihr kleines Territorium zurück. Starke Platzhähne aber können sich urplötzlich ganz hoch aufrichten und beginnen dann mit nach vorn gebogenen Hälsen, zurückgenommenen Körpern und vorgestreckten Köpfen sogenannte Schnabelkämpfe. Die beginnen meist mit Schnabel-„Fechten", auch mit Scheinhieben – Fintieren. Aber bald versuchen sie, den Gegner im Kopfbereich zu beißen, im Idealfall sich festzubeißen, was auch uns – von balztollen Hähnen ausgeführt – entsetzlich wehtun und ordentliche Wunden zufügen kann.

Damit nicht genug: Diese oft plänkelnd beginnenden Schnabelkämpfe können sich rasch steigern und dann in Flügelschlag-Kämpfe übergehen. Dabei werden dem Gegner meist beide Flügel nicht nur um die Ohren, sondern um den ganzen Körper geschlagen, blitzschnell und enorm kraftvoll, sodass sich die Schläge wie Knallen anhören und an extrem laut „schallende Ohrfeigen" erinnern. Mit derartigen Flügelschlägen kann ein angreifender Hahn uns etwa am Schienbein Blutgefäße so zum Platzen bringen, dass das Blut anschließend bis in den Schuh läuft, wie mir einige Male passiert ist.

Diese Beiß- und Flügelschlag-Attacken können so heftig werden, dass dabei Verlierer – etwa in Rückenlage geratend (wie am 7. Mai 2008 am Geißkopf beobachtet) – schließlich vom stärkeren Gegner getötet werden, was in gut besetzten Balzarenen immer wieder vorkommt. Bei in Volieren gehaltenen Auerhühnern müssen starke Kämpfer stets erst weggesperrt werden, bevor Pfleger die Gehege betreten können. Wir haben sie dazu vom Außengitter her gereizt in dafür angelegte Ausbuchtungen laufen lassen, von denen aus sie anzugreifen versuchten, und dann hinter ihnen einen Schieber heruntergelassen, sodass sie während dem Füttern, Reinemachen usw. in einer Art Fangkasten „in Sicherungsverwahrung" waren. Dabei muss man mit großer Vorsicht zu Werke gehen, da zumindest in Volieren Hähne sich so echauffieren können, dass sie einen Herzstillstand erleiden. Interessant ist, dass Auerhühner bei ihren extrem ausgeprägten Kämpfen im Gegensatz zu Feldhühnern nur sehr selten ihre Füße mit einsetzen – die bleiben fast immer am Boden.

Starke Hähne - leichte Beute

Die Verteilung der Hähne in einer Balzarena ist nicht zufällig und etwa ständig wechselnd, sondern weist in der Regel eine typische Zonierung auf. Im Zentrum balzen die alten, zum Teil schon seit vielen Jahren regelmäßig anwesenden Platzhähne – die „alten Raufer", von denen noch mehr die Rede sein wird. Sie, als die Stärksten, leicht kenntlich an ihren kräftigen klotzigen Schnäbeln mit wie oben beschriebener starker Schnabelbasishöhe, die den Schnabel von der Seite fast quadratisch erscheinen lassen, beherrschen das Balz- und Kampfzentrum, in dem sich auch die meisten Hennen einfinden. Sie sind zu Beginn der Balz sowie in der Hauptbalzzeit morgendlich die Ersten am Platz und bleiben auch zum Ende der tollen Zeit „zur Vorsicht" am längsten anwesend. Ihnen schließen sich nach außen hin zunehmend jüngere, schwächere Kämpen, an bis hin zu „leisen Zutretern" an der Peripherie, die meist nur beobachten oder etwas Baumbalz vollführen. Nicht selten gruppieren sich Reviere balzender Hähne wie Kuchenstücke um ein Zentrum, in deren Spitzen das Balzzentrum liegt – man spricht dann von einem Tortenmodell.

Es wundert sicher niemanden, dass an Balzplätzen Beutegreifer wie Fuchs, Habicht, Steinadler oder Uhu besonders erfolgreich sein können und bei den Hühnern dadurch Verluste hoch sind, wie viele Reste von erbeuteten Individuen im Balzplatzbereich anzeigen. Wenn man bedenkt, in welcher Dichte Auerhühner dort wochenlang auftreten und wie liebestoll sie sein können, sodass wir sogar die sonst ungemein vorsichtigen Hähne beim Wetzen im Dreisprung angehen können, weil sie sich wie blind und taub verhalten, dann muss das Beutegreifer anlocken. Wie sehr dabei das Reaktionsverhalten der „liebestrunkenen Kämpfer" reduziert sein kann, konnte ein norwegischer Tierfilmer in nahezu unglaublicher Weise belegen. Als einer von zwei Raufern plötzlich von einem Steinadler geschlagen und der erbeutete Hahn mit den Schwingen des Jägers abgeschirmt wurde, kämpfte der andere Hahn gegen den Adler weiter, bis er merkte, dass sein Gegenüber gar nicht mehr der Streithahn war! Und Jäger berichten, dass sich bisweilen ein im Kampfrausch befindlicher (aber nicht balztoller – siehe unten) Hahn sogar mit der Hand greifen ließ[80].

Das nur bei Auerhühnern auftretende Verhalten, sich zur Balzzeit wie blind und taub zu gebärden, hat natürlich viele Forscher auf den Plan gerufen: Was passiert da eigentlich? Bei genauer Betrachtung sieht man: Die Augen werden beim Wetzen keinesfalls geschlossen, allenfalls tritt Blinzeln oder Zwinkern ein, wenn die Nickhaut über das Auge gleitet. Zudem können beim Wetzen laufende Hähne geschickt Hindernissen wie Ästen, Steinen usw. ausweichen, sehen also sehr wohl. Und auch die Gehörgänge werden nur geringfügig verschlossen. Dennoch ist der Gehörsinn beim Wetzen so reduziert, dass schleifende Hähne nicht einmal durch Schreien oder Schrotschüsse – im Extremfall sogar durch den Hals[21] – verjagt werden. Fazit: Die stark reduzierte Wahrnehmung beim Wetzen beruht auf kurzzeitig enormer Erregung und Anstrengung, die den Vogel regelrecht gefangen nimmt.

Balz wie im Tollhaus – warum?

Bei so großer Gefahrenlage am Balzplatz, brennt natürlich die Frage auf den Nägeln: Warum – um alles in der Welt – hat sich in der Evolution ein so riskantes Unterfangen wie die Arenabalz überhaupt entwickelt, die wir ja von vielen Tierarten kennen? Warum treffen sich nicht Hahn und Henne einfach irgendwo paarweise, unauffällig, begatten sich und verschwinden danach wieder unbemerkt?

Meines Wissens bei Auerhühnern noch nicht explizit untersucht, können wir jedoch Schlüsse von anderen Arten ziehen. Beim Bankivahuhn etwa, der in Südasien lebenden Urform unserer Haushühner, führen Gruppenbalz und Kämpfe am Balzplatz zu vermehrter Spermienproduktion sowie zu erhöhter Spermienqualität und, wie für viele Arten nachgewiesen, zur Synchronisierung des Fortpflanzungszyklus der Männchen und der Weibchen. Und auch bei Auerhühnern ist wohl die Spermienqualität bei einzelnen Hähnen besonders hoch[32]. Weibchen haben dann am Balzplatz die Möglichkeit, nach sorgfältigem Beobachten der „Krafteier“ den „Richtigen“ für die Kopulation auszuwählen und „Leisetreter“ zu meiden. Und diese Auswahl dürfte bei ihnen sehr wichtig sein, da Auerhennen, soweit bekannt, wohl mit den bei nur einer Begattung aufgenommenen Spermien die Eier eines ganzen Geleges und vielleicht sogar noch die eines erforderlichen Nachgeleges befruchten können. Dementsprechend sind Kopulationen, im Vergleich zu Beobachtungen im Hühnerhof, wo Hähne ihre Hennen viele Male am Tag treten, am Balzplatz überraschend spärlich und keinesfalls ständig zu beobachten. Tierfotografen wissen ein Lied davon zu singen, wie lange man auf gute Aufnahmen von einer Begattung im Tarnzelt ausharren muss, und auch langjährige erfahrene Auerhuhn-Beobachter wissen immer nur von einer geringen oder überschaubaren Anzahl von beobachteten Kopulationen zu berichten (bis maximal etwa 25 in einer ganzen Balzperiode – so viele sind im Hühnerhof an einem Tag zu beobachten).

Und selbst Tricks helfen da nicht weiter. Wir hatten versucht, bei unseren in Volieren gehaltenen Auerhühnern Begattungen zu forcieren, indem wir sieben brutbereite Hennen mit Hilfe eines Gitters ein paar Tage vom Hahn absperrten, um beide „heiß“ zu machen. Als die Hennen dann versuchten, sich in Begattungsaufforderungsstellung unter dem Gitter hindurchzuzwängen, ließen wir sie alle zum Hahn zurück, und – dann kam es gerade mal zu einer Kopulation!

Ähnliche Erfahrungen liegen auch aus anderweitiger Volierenhaltung vor. Auerhähne sind also keine „wilden Bespringer“, vollführen vielmehr „wohldosierte“ Begattungen, sodass Hennen, oft zu mehreren und maximal zu mehr als zehn (!) um balzende Hähne herum geduckt, nicht selten lange warten müssen, bis es „klappt“. Bisweilen kann man Hennen beobachten, die auf einem größeren Balzplatz von Hahn zu Hahn laufen, sich da und dort hinducken, bis sie nicht selten das Areal unbegattet wieder verlassen und dann wohl an Folgetagen wiederkehren. Ähnlich können auch Junghähne – deutlich am schwach ausgebildeten Schnabel, geduckter Haltung und zusammengefaltetem Schwanz zu erkennen – die Balzgesellschaft, von den balzenden Hähnen meist unbehelligt, durchstreifen, um sich schon mal ein Bild vom Erwachsenwerden zu machen. Kommt es dann in der „Hennenwoche" in der Hauptbalzzeit zur Begattung, nachdem sich eine Henne oft etliche Tage lang am Balzplatz aufgehalten hat, ergreift zumeist der Hauptplatz- oder Alpha-Hahn (in etwa 90 Prozent aller Fälle) eine der in Paarungsaufforderungshaltung mit abgespreizten Flügeln wartenden Hennen an ihren Nackenfedern, steigt dann auf und vollführt, mit den Flügeln sich stützend und balancierend, den Akt in fünf bis zehn Sekunden aus. Bisweilen kommt es vor der Begattung noch zum Harfen: einem metallisch-kratzend klingenden Geräusch, wenn der erregte Hahn mit einem Fuß durch die abgespreizten Flügelfedern fährt.

Damit wird klar, profan ausgedrückt: Ein Balzplatz ist keine Art „Puff", in dem „schnelle Nummern" geschoben werden, sondern ein Areal, in dem sich bei aller Rauferei der eigentliche Zweck – die Begattung zur Fortpflanzung – in subtiler Weise anbahnt und dazu viel Zeit beansprucht, um zum Erfolg zu führen. Um den zu erreichen, ist vor allem der Ablauf der Balz ohne Störungen unbedingt erforderlich. Und um die zu vermeiden, ist äußerste Vorsicht geboten. Kein Lehrer vermag in einer tobenden Schulklasse so rasch Ruhe herzustellen wie ein Störenfried am Balzplatz. Schrecklich zu erleben, wie das Treiben im Tollhaus in wenigen Sekunden vollkommen erstarren kann und die Vögel nach allen Seiten davonstieben, wenn etwa am Rande des Areals ein noch so vorsichtig anschleichender Beobachter oder Fotograf aus Versehen einen Ast knackend zertreten hat. Klar erkenntliche Fluggeräusche aufgeschreckt flüchtender Junghähne an der Peripherie der Arena oder

Warnrufe von stets besonders wachsamen Hennen reichen ebenfalls aus, um die Balzgesellschaft oft in kürzester Zeit in die Flucht zu jagen. Geschieht das schon früh am Morgen, wird an einem solchen Tag unter Umständen keine einzige Henne begattet, und das kann fatale Folgen haben, wenn etwa in Jahren mit schlechtem Wetter nur wenige Tage zur Begattung zur Verfügung stehen.

Alte Raufer

Noch einmal zurück zu den das Zentrum der Balzplätze beherrschenden „Haudegen", den sozusagen „gestandenen Mannsbildern" unter den Auerhühnern. Sie, die für das gesamte Balzgeschehen als Schrittmacher und für die Befruchtung der Eier der Hennen an vorderster Front stehen, wurden im Kreis der Wild-Heger häufig als „alte Raufer" bezeichnet, und damit als Störenfriede abgestempelt, und das mit der logischen Folgerung, sie am besten abzuschießen, auf dass am Balzplatz wieder mehr Ruhe und Ordnung einkehre. Denn – so die Meinung –, wenn die mit ihrer ständigen Kämpferei nur Unruhe stiftenden Raufbolde weg wären, dann hätten es die „vernünftigeren" Männchen leichter, ihren eigentlichen Zweck zu erfüllen, nämlich Weibchen zu begatten, und die müssten dann nicht neben den ihrer Meinung nach nur streitsüchtigen und wohl auch altersbedingt bereits impotent gewordenen alten Recken lange Zeit geduckt warten müssen, bis sich die Überforderten endlich mal wieder zu einem Liebesakt ermannen konnten. Wie hat mir ein in die Jahre gekommener pensionierter Förster aus dem Schwarzwald einst dazu gesagt: „Ha – das kann man doch kaum mit ansehen, wie die armen Hennen da ewig neben einem alten Gockel rumhängen müssen – ich wäre da längst aufgesprungen!" Und, fügte er schmunzelnd hinzu, als er das in einem Ansitzversteck an einem Balzplatz im Beisein einer jüngeren Forstkollegin von sich gegeben habe, sei diese zur Vorsicht etwas von ihm abgerückt ….

Hier noch ein Originalzitat zum Thema „alte Raufer" vom Auerhuhn-Spezialisten Wurm (1885): „Wenn im Herzen des Reviers mehrere ältere Hähne … Stand genommen haben, so empfehle ich dringend, gleich beim ersten Beginn der Balze einen oder zwei davon abzuschiessen, um Ruhe und Frieden herzustellen … eine Ueberzahl der Hähne darf man nicht dulden, da sonst die jungen Hähne nicht zum Worte kommen und mörderische Raufereien, unregelmäßige, gestörte Balze … ungenügende Befruchtung der Hennen … die Folge sein würde." Da könnte man meinen: Wie gut, dass es seinerzeit genügend Auerhuhn-Jäger gab! Und selbst 1938, als Auerhühner schon stark zurückgingen, schreibt Stephani noch, es sei „darauf zu achten, daß die alten streitsüchtigen Hahnen beizeiten ausgemerzt werden" und dass durch „völlige Schonung der Hennen … sich die überalterten und unfruchtbar gewordenen" vermehren, „was für eine gesunde Vermehrung des Auerwildbestandes höchst unvorteilhaft ist"[68]. Also endlich ein Grund, auch Hennen zu schießen!

So amüsant die Ansicht über die „alten Raufer" auch sein mögen, bei denen so mancher ältliche Grünrock wohl aus seinem eigenen Gockelverhalten gegenüber jüngerer holder Weiblichkeit und nachrückenden Kollegen auf Balzplatzverhältnisse geschlossen haben mag, so folgenschwer war wohl der damit legitimierte, ja eigentlich sogar als wünschenswert oder erforderlich angesehene Abschuss der alten Platzhähne im Hinblick auf die Begattung der Hennen. Auch wenn die Balzperiode ein paar Wochen andauert, so blieben in vielen Jahren infolge von Schlechtwetterperioden, Nachwintereinbrüchen, Störungen durch Beutegreifer usw. doch oft nur wenige günstige Tage für Kopulationen, sodass der Ausfall von Platzhähnen sicherlich fatale Folgen hatte, nämlich: durch Ausfall der von Hennen bevorzugten Partner zur Begattung, durch Störung der Rangordnung am Balzplatz, was sicher viele unnötige Kämpfe zur Folge hatte, bis hin zur Auflösung kleinerer Balzplatzgesellschaften (siehe unten) und durch Abwandern von Hennen an andere Balzplätze. Für Jäger und vor allem oft entsetzlich ungeschickte „Herrschaften", die von Wildhütern nicht selten nur durch als „unsäglich mühevoll" beschriebene Pirsch an ihren Hahn geführt werden konnten, bedeutete das Schießen der leicht zu erlegenden – weil so intensiv balzenden – Platzhähne natürlich erfreulich leichte Beute, umso mehr, wenn man es auch noch guten Gewissens tun konnte.

So fatal der gezielte Abschuss von Platzhähnen auch in vielen Fällen gewesen sein mag: Für den Rückgang des Auerhuhns war er zumindest im Schwarzwald keine wesentliche Ursache, so wie es die Bejagung der Art, die bereits 1972 eingestellt wurde, insgesamt nicht war. Wären nicht andere Faktoren wie vor allem der verfügbare Lebensraum immer mehr limitierend geworden, wie später gezeigt werden wird, hätten sich unsere „Urhühner" von jagdlichen Blessuren längst erholen können. In anderen Gebieten mit Balzplatzbejagung wie in Österreich (im Gegensatz zu in Skandinavien nur erlaubter Herbstjagd) hat Platzhahnjagd durchaus zur Ausrottung ganzer kleinerer Populationen geführt (wie beispielsweise im Waldviertel), aber im Schwarzwald sicher keine schwerwiegenden Folgen hinterlassen: Hier waren Jäger fraglos mehr Heger als Schießer, das muss zu ihrer Ehrenrettung deutlich gesagt sein.

Bleiben wir noch kurz bei Jagd, Beobachtung und Zählung von Auerhähnen am Balzplatz. Für den Jäger führt das Wetzen zum Erfolg: Während diesem, pro Gesangsstrophe etwa drei Sekunden lang vorgetragenen Geräusch kann er einen Hahn mit jeweils drei Schritten „anspringen" und zum Abschuss kommen. Für Wildbiologen, die Bestände von Auerhühnern verlässlich erfassen wollen, sind ebenfalls Balzplätze der Schlüssel zum Erfolg – dort lassen sich vor allem die Hähne am besten zählen. Dafür sind weder direkte Sichtbeobachtungen geeignet – viele Hähne bleiben vom Beobachtungsort aus hinter Bewuchs verdeckt – noch der leise Gesang insgesamt, aber sehr gut hingegen die Hauptschläge! Das sind, nochmals zur Erinnerung, die zwischen Knappen und Wetzen hervorgebrachten Laute wie „tock", die, an das Entpfropfen einer Sektflasche erinnernd, so laut erklingen, dass man sie etwa 200 bis 400 Meter weit hören kann – daher auch der Name „Schlag". Bei hoher Balzintensität erklingen sie von allen singenden Hähnen etwa alle fünf bis sechs Sekunden „tock" … „tock" … „tock" …, sodass man Muse hat, sie der Reihe nach zu orten und in einer Karte „im Kopf" oder auch auf einem Blatt Papier zu markieren. Nach ein paar Stunden Balzplatzbeobachtung lässt sich dann ganz sicher sagen, dass etwa vor einem fünf, hinter einem drei, nach rechts weg ebenfalls drei und nach links vier bis fünf Individuen gebalzt haben. Um so genaue Daten zu bekommen, sollte man natürlich hören können wie ein Fennek (was ich gottlob noch kann) und vor allem möglichst mitten in der Balzplatzgesellschaft oder zumindest zentral am Rande der Arena unbemerkt auf Beobachtungsposten sein. Wie das leicht möglich ist, wird im übernächsten Kapitel beschrieben.

Auch wenn Auerhühner sicher sehr viel besser hören als wir, ist das „Erhören" von Balzplätzen für junge „Zutreter" – Junghähne und -hennen –, die sie erstmals finden müssen, vielleicht nicht immer einfach, wird aber sicher durch eine Reihe von akustischen Signalen erleichtert und sichergestellt: durch das polternde Einfallen der Hähne in den Schlafbäumen am Rande der Arena zur Balzzeit, die ebenso weithin vernehmbaren Flattersprünge, die Hauptschläge, die Flügelschläge bei Kämpfen sowie die lauten Lockrufe der Hennen.

Lange Zeit geisterte in der Literatur die Vorstellung herum, Auerhühner würden für die Kommunikation auch Infraschall erzeugen und verwenden. Und hinzu kam die Vorstellung auf, Windkraftanlagen würden ebenfalls Infraschall produzieren und könnten dann, in Wäldern aufgestellt, die Verständigung von Auerhühnern untereinander stören und so gar ihren Bestandsrückgang beschleunigen. Wir haben diese spannende Frage eingehend untersucht und vor allem in ausgeklügelten Experimenten getestet, ob unsere Urhühner mit Hilfe von Infraschall kommunizieren. Sie tun es nicht, wie später gezeigt, und in der Tat dürfte für ihre Verständigung das reichhaltige Laut- und Geräuschrepertoire im auch für uns zugänglichen Schallbereich völlig ausreichen.

Balzzeit zu Ende - neue in Sicht

Geht die wunderbare Hahnenbalz dann im Laufe des Maies, mit allerletzten Baumbalz-Nachklängen auch bis in den Juni hin reichend, endgültig zu Ende, müssen dennoch weder die Hühner noch wir fast ein Jahr lang auf Fortsetzung hoffen – denn: Es gibt noch eine Herbstbalz, vereinzelt auch Sommerbalz genannt. Sie findet im Schwarzwald ab September statt, endet meist mit den ersten Schneefällen, also ab Oktober, allerspätestens im Dezember. Sie ist allerdings nur ein sehr schwaches Abbild dessen, was wir im Frühjahr erleben. In der Regel läuft sie nur als gering ausgeprägte Baumbalz ab, kann aber vereinzelt sogar zu ausgeprägten Balznächten führen, wie ich einmal im Wildseemoor erlebte, als einige Hähne bis nach Mitternacht sangen. Hennen spielen dabei nur am Rande eine Rolle, da sie ja im Anschluss daran nicht brüten.

Herbstbalz kommt bei uns bei vielen Arten vor – bei Singvögeln vor allem bei nur wenig ausgeprägten Zugvögeln wie Standvögeln, Teil- und Kurzstreckenziehern. Ihre Bedeutung wird verschiedenartig interpretiert, so als „Einstimmung“ auf die Brutzeit im Frühjahr, zum Kennenlernen von potenziellen Brutplätzen oder auch als Überbleibsel von früheren zwei Brutperioden pro Jahr bei voreiszeitlichen Vorfahren (wie etwa bei der Mönchsgrasmücke). Bei Auerhühnern dürfte die Herbstbalz dem Einstimmen auf die nächste Hauptbalzperiode dienen und vor allem heranwachsenden Jungvögeln künftig für sie wichtige Balzplätze anzeigen.

Durchstreift man die Literatur, findet man, dass balzende Auerhähne zu allen Monaten beobachtet wurden, aber die Hauptbalzzeit fällt in den April bis Anfang Mai, sodass der April auch „Auerhahn-Monat“ genannt wurde. Die Klimaerwärmung beeinflusst wie bei vielen Vogelarten auch die Fortpflanzung der Auerhühner, und so hat sich zum Beispiel im Schwarzwald die Hauptbalzzeit von Ende auf Mitte April verfrüht (um 0,65 Tage pro Jahr in den letzten rund fünfzehn Jahren[15]). Da das Ende der Frühjahrsbalz in den Zeitraum des Austreibens vom Buchenlaub fällt, entstand das geflügelte Wort „Buchenlaub raus – Hahnenbalz aus“, was vielfach nicht stimmte – viele Hähne balzen noch lange danach. Zitiert man es jedoch in seiner ursprünglichen Fassung „Buchenlaub ’raus – Hoh’falz (Hochbalz) aus“ [80] – dann hat es seine Richtigkeit!

ZURÜCK ZU RUHIGEREN ZEITEN

Wenn wir uns erinnern: Bis hierher sind wir in dem Porträt über das Auerhuhn gekommen ausgehend von einem gemächlichen Tagesablauf nach dem Erwachen im Schlafbaum, einem ersten Morgenimbiss in dessen Gezweig und dem anschließend geruhsamen Durchstreifen seines Märchenwaldes zur Nahrungssuche. Und das Porträt will ich fortführen, indem wir nun einen Auerhahn nach der Balzzeit bis zur Nachtruhe zurückbegleiten.

Ab Mai/Juni ist der Tisch für Auerhühner im idealen Märchenwald-Lebensraum vor allem am Boden reich gedeckt mit allerlei sprossenden Pflanzen und auch vielerlei Getier, und die Hühner sind daher jetzt fast durchweg Bodenvögel. Die bis vor kurzem wilden Balzer und Kämpfer sind kaum mehr wiederzuerkennen: Nach etwa einem halben bis einem Kilogramm Gewichtsverlust in der Balzzeit wirken sie nun wie abgehalfterte Recken, die sich wieder wie in Zeitlupe bewegen, viel ruhen und oft zu Fuß bis zu ihren Schlafbäumen zurückkehren, um dort mit so wenig wie möglich kräftezehrendem Fliegen aufzubaumen. Rechtzeitig vor dem Dunkelwerden wird das Gefieder nochmals ausgiebig gepflegt und der Kropf – um diese Zeit meistens erstmals am Tag – vollständig gefüllt für ausführliche Verdauung über Nacht. Denn nun gilt es, rasch wieder Körpergewicht aufzubauen, bevor die nächste Herausforderung vollen Umfang erreicht: die Mauser. Aufgebaumt bleiben sie auf einem kräftigen tragfähigen waagerechten Ast zunächst stehen, bisweilen auch auf einem Bein, senken sich dann auf Bauch und Brust ab und schlafen dort, wenn keine Störung eintritt, bis zum nächsten Morgen in Intervallen, bevor ein neuer, geruhsamer Tag für sie beginnt.

Vor dem Einschlafen wird der Kopf nur selten unter einen Flügel gesteckt wie bei vielen anderen Vogelarten, sondern ruht auf dem nach hinten zwischen die Flügel gezogenen Hals. So bleiben Augen und Ohren frei, um nächtlichen Räubern wie vor allem Mardern rechtzeitig gewahr zu werden.

Wer im Bergwald einen Sturm erlebt hat, bei dem sich die Baumwipfel biegen, dass man meint, sie müssten jeden Moment abbrechen, der fragt sich natürlich, wie sich dabei Auerhühner in ihren Schlafbäumen halten können, ohne fortgeblasen zu werden. Dabei hilft ihnen – wie auch Haushühnern auf der Stange – ein spezieller Mechanismus: Kommt es nach dem Aufbaumen nach einiger Zeit zum Absenken des Körpers, werden beim Beugen der Ständer über Sehnen wie durch ein Gummiband die Zehen fest um oder an den Sitzast gespannt und bleiben mit einer Sperrvorrichtung in dieser Fixierstellung, bis sich der Vogel wieder aufrichtet und in Abhebestellung geht – eine großartige Einrichtung! Deshalb brauchen zum Schlafen auch nicht besonders windgeschützte Bäume aufgesucht werden, sondern in erster Linie solche, die vor Räubern sicher sind und gute Äsung bieten[73]. Dafür wählen sie fast allabendlich einen anderen Baum.

KOMFORTVERHALTEN: BADEN …

Vom Komfortverhalten, das der Pflege und dem Erhalt des Körpers dient, ist neben Putzen und Gefiederpflege das „Baden“ auffällig und wichtig. Bei schönem Wetter – dafür genügen schon ein paar Stunden mit wärmenden Sonnenstrahlen – finden Hähne wie Hennen (und Küken) nahezu jeden Tag Zeit für eine besondere Hygienemaßnahme: „Baden“ – zwar so wie Haushühner nie im Wasser, dafür aber in losem Material in sogenannten Huderpfannen. Das geschieht am liebsten in den späten Mittagsstunden, und bevorzugt wird dafür, wenn irgendwo vorhanden, wie bei unseren Hühnern, warmer trockener Sand, etwa an einer Abbruchkante oder einem Wurzelteller, aber auch Holzmulm in verrottenden Stubben, Nadelstreu, loser Torf und selbst Asche an Feuerstellen oder auch Pulverschnee im Winter. Dabei wälzen, schieben und drehen die Vögel mit abgestellten Federn ihren Körper wie genüsslich in das lose Material, sodass es an vielen Stellen sogar die nackte Haut erreicht. Hinterher wird beim Aufstehen alles restlos kräftig abgeschüttelt – und damit auch allerlei Parasiten wie Federlinge, Vogelflöhe, Milben u. a. Einfach phänomenal: Saubermachen durch „Baden im Dreck“. Säugetiere vom Wildschwein bis zum Elefanten erreichen Ähnliches durch Baden im Schlamm und anschließendes Abscheuern der Krusten. Beim intensiven Hudern gerät aber auch Feinstaub in die Atmungsorgane von Parasiten, woran sie ersticken können.

Wie andere Vögel wurden auch Auerhühner gelegentlich beim „Baden“ in Ameisenhaufen beobachtet – dem sogenannten Einemsen –, wobei die verspritzte Ameisensäure der Parasitenbekämpfung dient[81]. Ist es zum Wälzen im Sand und ähnlichem zu nass, wird häufig zumindest ein Sonnenbad vorgenommen. Und meistens folgt aufs Baden eine Ruhe- und kurze Schlafpause.

... UND PUTZEN, MAUSER

Beim Auerhuhn wie bei anderen Raufußhühnern wie Birk-, Hasel- und Schneehühnern kommt dem Gefieder eine ganz besondere Bedeutung zu: Sie müssen darin wie in einem exzellenten Wintermantel extrem harte Winterbedingungen überstehen können. Dafür ist es besonders ausgestattet, bedarf aber auch täglicher Pflege und im Hinblick auf vielerlei Verschleiß im Geäst von Bäumen, Gesträuch am Boden oder Einsatz am Balzplatz auch jährlich der vollständigen Erneuerung in einer Vollmauser.

Das Deckgefieder ist sehr dicht und fest, was mancher Jäger zu spüren bekam, wenn vom Federkleid Schrotkugeln abprallten wie von einem kugelsicheren Panzer. Weiterhin haben die kleineren Körperfedern einschließlich der Daunen (Vignette Seite 100) bei einer gemeinsamen Spule eine doppelte Fahne, nämlich neben der normalen Feder einen zweiten flaumigen sogenannten Afterschaft. Dadurch entsteht besonders gute Isolation wie nach dem Doppelfensterprinzip, noch verstärkt durch viele Fettzellen in der Unterhaut bis in die Ballenpolster der Zehen. Auffallend ist auch die kräftige Ausbildung der Flügelfedern – besonders beim Hahn –, die fast metallisch stabil wirken. Das ist auch nötig, damit sie sich beim Befördern des schweren Körpers im Flug nicht verbiegen, im Geäst nicht schnell verschleißen und bei Kämpfen als Waffe taugen.

Damit bis zum Herbst das gesamte Gefieder erneuert ist, beginnt die Mauser bei den Altvögeln am Ende der Balzzeit – und zwar mit den Zehenstiften, die ebenso neu heranwachsen wie sämtliche Federn und zudem die hornigen Schnabelscheiden. Während der Schwingenmauser können Auerhühner kurzfristig flugunfähig werden und leben dann zurückgezogen in dichter Vegetation. Spätestens Ende Oktober ist die Mauser abgeschlossen und die Auerhühner können bestens ausstaffiert auch harschen Winterbedingungen trotzen.

DISPERSION, ORTSTREUE UND ORTSWECHSEL

Viele Auerhühner verbleiben das ganze Jahr, ja sogar ihr Leben lang, in der Nähe ihrer Balzplätze, wenn es die Umstände wie Verfügbarkeit von Nahrung und ausbleibende störende Einflüsse erlauben. Aber selbst bei diesen ausgeprägten Standvögeln kommt es regelmäßig zu größeren Ortsbewegungen. Jungvögel wandern grundsätzlich im Herbst aus ihrem Aufzuchtsbereich ab. Diese Dispersion, die – für Vögel typisch – Weibchen weiter wegführt als Männchen, dient Neuansiedlungen, der Blutauffrischung in benachbarten Gebieten und verhindert Inzucht. Junge Auerhennen besiedeln normalerweise ein Gebiet von bis zu etwa 30 Kilometern Entfernung, Junghähne von nur gegen 15 Kilometern, und viele sind auch geburtsortstreu.

Im Winter, wenn die Lebensbedingungen schlechter werden, verlassen manche Auerhühner die extremen Höhenlagen und begeben sich auf einen sogenannten Vertikalzug in tiefere Bereiche. Solche günstigeren Wintereinstände können für Wochen oder Monate bezogen oder auch über einige Zeit täglich aufs Neue angeflogen werden. Längere Zeit bewohnte Wintereinstände sind leicht zu erkennen an größeren Mengen von Kotwürstchen unter beliebten Fressbäumen und waren früher auch im Schwarzwald weit verbreitet und bei der seinerzeit hohen Auerhuhn-Dichte, ausgeprägten Schneeverhältnissen und so gut wie gänzlich fehlenden Störungen für viele Hühner eine gute Wahl. Ich habe viele solcher Wintereinstände kennengelernt, als ich von 1964 bis 1970 zu Untersuchungen von Haubenmeisen, Buchfinken und anderen Arten auch im Winter in den Hochlagen des Nord- und Südschwarzwaldes unterwegs sein musste. Damals, als es noch so gut wie keine gebahnten Loipen gab, war Fortbewegung im Winterwald auch auf Skiern Knochenarbeit. Sie wurde sehr erleichtert, als in den 1960er-Jahren bei uns Bushwacker – kanadische Waldläufer-Ski – auf den Markt kamen.

Kurz, breit und mit einem Fischschuppen-Profil auf der Unterseite waren sie wenig für schnelle Abfahrten geeignet, aber mit ihnen konnte man ohne mühsames Anschnallen von Steigfellen selbst steile verschneite Hänge hinaufgehen und auch durch eng stehende Stämme in Zickzack-Bahnen in angenehmer Geschwindigkeit wieder hinuntergleiten. Und das Beste: Bei guten Schneeverhältnissen war man auf ihnen sehr geräuscharm unterwegs. Dabei habe ich auf Bushwackern viele Wintereinstände vom Auerhuhn kennengelernt, so etwa regelmäßig unterhalb vom Turbenmoos (bei Todtmoos) in Richtung Bürgersäge. Dort wichen die Vögel den für sie schwer zu bekletternden Spirken- oder Hakenkiefern, einer aufrecht emporwachsenden Form der Moorkiefer, aus und bezogen vor allem Kiefern, Fichten sowie Buchen – zur Knospenäsung – unterhalb des Moores, in das sie erst zur Balzzeit zurückkehrten. Ähnliche Winterstände kannte ich an verschiedenen Stellen im Schluchseegebiet, unterhalb des Wildseemoores in Richtung Kegeltal und anderswo.

Der Vollständigkeit halber sei angeführt, dass Auerhühner in der russischen Taiga auch größere Zug-(Strich-)Bewegungen bis reichlich 50 Kilometer und später wieder zurück durchführen und Feuerfluchtbewegungen in Scharen bis an die 70 Kilometer[41] (Abbildung Seite 39). Ein spezieller Zug führt im Sommer Laubwald bewohnende Auerhühner im Ural nach Norden in die Nadelwaldtaiga zum Überwintern[6]. Auch in anderen Gebieten werden Streifzüge durch Regionen von mehreren Hundert Hektar beobachtet, die wohl teilweise Artefakte darstellen, bedingt durch Störungen oder mangelnde Lebensraumqualität. Im Extremfall wurde eine bei Salzburg beringte Henne 120 Kilometer entfernt im Böhmerwald wiedergefunden, möglicherweise infolge einer Fluchtbewegung. Auch im Schwarzwald und seiner Umgebung können „versprengte“ Hennen in nicht mehr besiedelten Gebieten auftreten und dort bisweilen auch brüten wie auf der Schwäbischen Alb[27].

Auf eine Art Vertikalzug werden sich wohl auch die letzten verbleibenden Auerhühner des Schwarzwaldes begeben müssen, auch wenn sie keine strengen Winterbedingungen mehr dazu zwingen. Da infolge zunehmender Trockenheit die Nadelbäume in den ausdörrenden Kammlagen als Erste absterben, geht unseren Waldhühnern zusehends Winternahrung und Deckung verloren, was sie in tieferen Lagen noch einige Jahre länger finden und vielleicht auch nutzen könnten. Wie rapide die für Auerhühner essenzielle Benadelung der Wälder in Kammlagen des Schwarzwaldes schwindet, kann man sich anschaulich auf einer Fahrt etwa durchs Kinzigtal vergegenwärtigen. Von Offenburg kommend, stehen an den Hängen beiderseits der Straße zunächst noch saftig grün wirkende Nadelbäume bis etwa Triberg. Von dort ab bis in den Gipfelbereich um St. Georgen ändert sich das Bild dramatisch: Viele der dort vorherrschenden Fichtenwipfel zeigen nur noch schüttere Benadelung, vielfach mit graubrauner Tönung, offensichtlich krank, sodass man sich davon keinen mehr als Weihnachtsbaum ins Zimmer stellen möchte, und die Nadeln dieser Bäume stellen sicherlich auch kein ausreichendes Winterfutter für Auerhühner mehr dar. Dazwischen stehen Gruppen bereits völlig abgestorbener Bäume, und Kahlflächen zeigen, wo Totholz bereits abgeräumt wurde. Aber bevor wir uns diesem Waldsterben in Verbindung mit der Analyse der Ursachen für das Aussterben des Auerhuhns im Schwarzwald näher zuwenden – zurück zum einstigen Märchenwald im Wildseemoor und zu Jahrzehnten blühenden Auerhuhnlebens!

DAS WICHTIGSTE: BRÜTEN – KÜKEN – AUFZUCHT

Das Schicksal jeder Auerhuhn-Population steht und fällt – wie bei allen Lebewesen – mit erfolgreicher Fortpflanzung, und die liegt beim Auerhuhn ganz unter den Fittichen der Henne. Wenn der Hahn seinen Nachwuchs je zu sehen bekommt, dann rein zufällig und ohne jeden familiären Bezug.

Nach erfolgreicher Begattung am Balzplatz – also von Mitte April bis Mai – reifen die Eier in der Henne rasch heran, und so sucht sie alsbald einen geeigneten Nistplatz auf – etwa an einem Baumstubben, unter einem Fichtenzweig, im Heidelbeergesträuch usw., oft unweit von Wegen, Feuerstellen von Waldarbeitern u. ä. Das Nest selbst stellt eine flache Mulde mit etwa 25 Zentimetern Durchmesser dar, die mehr durch Drehen – auch erst beim Brüten – als durch Scharren entsteht und nur wenig Auspolsterung erfährt. In sie werden im Abstand von etwa reichlich einem Tag in der Regel acht bis neun, seltener fünf bis zwölf relativ kleine, etwa 50 Gramm schwere hartschalige, gelblich-braune, wenig pigmentierte und kaum glänzende, Hühnereiern ähnliche Eier gelegt und meist 26 Tage lang bebrütet.

Zu brüten beginnt die Henne gegen Ende der Legeperiode, wodurch gewährleistet ist, dass alle Jungen etwa gleichzeitig am selben Tag schlüpfen – für Nestflüchter ganz wesentlich. Während der Bebrütung macht die Henne meist zwei Brutpausen pro Tag, je etwa eine halbe Stunde morgens und abends, in denen sie sich vom Nest schleicht, in einiger Entfernung ihre knollig-klumpige Brutlosung – ähnlich wie ein Ei – absetzt, um Geruchsbildung am Nest zu vermeiden und um etwas Nahrung aufzunehmen. Wieder auf dem Nest, vertraut sie ganz auf ihre Tarntracht und harrt bei in Nestnähe kommenden Feinden lieber lange aus, als das Nest durch vorzeitiges Flüchten zu verraten. Wird es kritisch, kann sie „verleiten“ – also sich flügellahm stellend weglaufen, um Feinde abzulenken. Gerät sie dabei dennoch etwa einem Fuchs in den Fang, vermag sie sich durch Schreckmauser – Fahrenlassen vor allem der Schwanzfedern – doch noch zu retten. Aggressive Hennen können auch angreifen, Menschen sogar ins Gesicht fliegen. Weit eher lassen sie sich jedoch gegen Ende der Brutzeit sogar auf dem Nest sitzend anfassen.

Hat eine Auerhenne einigermaßen Glück, gehört sie zu den 70 bis 90 Prozent Artgenossen, die ihr Gelege bis zum Schlupf durchbringen – ein hoher Wert etwa im Vergleich zu vielen Singvögeln mit Nestverlusten von bis zu etwa 80 Prozent. Verliert sie ihr Gelege, reicht es, wenn früh in der Saison der Fall, unter Umständen zu einem Ersatzgelege – zwei Bruten im Jahr sind hingegen beim Auerhuhn ausgeschlossen.

Küken – und dann geht's los

Küken und Henne verständigen sich untereinander mit hühnerkükenähnlichen Piep- bzw. Gock-Stimmfühlungslauten – auch schon vor dem Schlupf durch die Eischale, sodass sich mit dem Schlüpfen rasch ein vertrauter Familienverband bilden kann. Auch die Küken im Ei kommunizieren bereits mit sogenannten Klicklauten, was ihren Schlupf synchronisiert. Die Mutterfamilie, das Gesperre, verlässt dann meistens einen Tag nach dem Schlupf das Nest – für immer. Nun beginnt für die Henne eine überaus anstrengende Zeit: das Führen der Küken, und zwar so, dass auch die Kleinen ordentlich Nahrung, aber auch ausreichend Deckung finden, jedoch bei Nässe nicht in dichte Vegetation gelangen (was für sie tödlich sein könnte, wie später gezeigt), und zudem sollte die Henne jeden potenziellen Räuber so rechtzeitig entdecken, dass sie ihre Jungen noch warnen und zum Verstecken veranlassen kann. Das alles gelingt ihr, indem sie sich, alles wachsam im Auge behaltend und ständig lauschend – wie in Zeitlupe bewegt, während die Küken eifrig unterwegs sind, um Kleingetier zu erhaschen, das sie vom ersten Tag an selbst suchen und von dem sie in den ersten Wochen ausschließlich leben.

Etwa alle Viertelstunde schlüpft die Kükenschar zum Aufwärmen ins Gefieder der Henne, da sie mit einem Schlupfgewicht von knapp 40 Gramm (etwas leichter als Haushuhnküken) ihre Körpertemperatur noch nicht selbst stabilisieren können. Je nach Witterung müssen sie dieses Hudern bis zum Alter von etwa drei Wochen in Anspruch nehmen. Schon in der ersten Woche kann die Familie bis gegen einen halben Kilometer pro Tag für ihren Lebensunterhalt unterwegs sein, und bis zur Auflösung des Verbandes ab September werden je nach Lebensraumqualität wenige oder auch mehrere Hundert Hektar genutzt. Schon am Ende der ersten Woche können die geschlüpften Küken kurze Strecken geradeaus fliegen, nach etwa drei Wochen in mäßig hoher Vegetation „aufbaumen", womit das gefährliche Übernachten am Boden endet, und nach einem Monat können sie gut fliegen. Dieses frühe Flugvermögen hat jedoch seinen Preis: Die kleinen Flügelfedern müssen bereits beim Wechsel des Kükengefieders während der Jugendmauser fast alle erneuert werden.

Für das Zusammenleben im Familienverband haben Auerhennen und Küken eine Fülle von (angeborenen) Lautäußerungen entwickelt, die sich besonders gut bei Bruten in Volieren auf kürzeste Distanz (von z. T. nur etwa einem Meter) vernehmen lassen. Sie wurden ebenso wie „Zärtlichkeits"-Laute beim Vorspiel zur Begattung bisher nicht systematisch untersucht, sind aber erstaunlich differenziert, etwa in Bezug auf Boden- und hoch- oder tieffliegende Luftfeinde, für bei Gefahr „Erstarren", Wegrennen und Verstecken sowie Wieder-in-Gang-Kommen, Verlust von Sichtkontakt u. a. m.[22, 3].

Und wer Glück hat, überlebt

Leider erreicht von den wundervoll braungelb gemusterten und schwarzweiß gesprenkelten Küken nur etwa die Hälfte das Selbstständigwerden im Herbst, und dabei verliert im Normalfall etwa die Hälfte der Hennen die gesamte Brut. In nasskalten Jahren kann nahezu der gesamte Nachwuchs auf der Strecke bleiben, was zu deutlichem Bestandseinbruch führt. Sterben außergewöhnlich viele Küken, überleben die kleineren weiblichen Tiere eher, und dann kann sich das Geschlechtsverhältnis von normalerweise 1 zu 1 deutlich verschieben.

Geht alles gut, überlebt von den verbliebenen Vögeln jeweils etwa die Hälfte das folgende Jahr, sodass Auerhühner in der Regel drei bis fünf Jahre alt werden, wenige älter, und ausnahmsweise zehn bis zwölf Jahre. Das relativ geringe Lebensalter dieses großen Vogels mag erstaunen – aber die Todesgefahren sind hoch. In unseren Breiten ging nach Untersuchungen knapp die Hälfte der Mortalität auf menschliche Einflüsse zurück (bis zu 30 Prozent als Drahtzaunopfer an Schonungen und etwa 20 Prozent als Opfer von Verkehr und sonstigen Unfällen), die andere Hälfte auf Feinddruck und Krankheiten. Hauptfeind ist bei uns der Fuchs, gefolgt von Marder, Habicht und Uhu (beide in Mitteleuropa relativ unbedeutend[22], heute in kleinen Restpopulationen zum Teil kritisch), und in manchen Gebieten plündern wohl Wildschweine verstärkt (bis zu einem Drittel der) Gelege[21, 6].

Geht die Aufzucht zu Ende und steht der Winter vor der Tür, sollten Junghähne drei, Junghennen anderthalb Kilogramm Gewicht erreicht haben, um durch den Winter zu kommen. Schaffen sie das, können Hennen im nächsten Frühjahr bereits selbst brüten, Junghähne als „Schneider" oder „Zutreter" schon am Rande von Balzplätzen dem Treiben der Althähne zuschauen und etwa mitsingen, bevor sie meist im dritten Jahr selbst ins Brutgeschäft einsteigen. Wenn sie dann ihre vier bis sechs Kilogramm Körpergewicht erreicht haben, können sie nicht nur erfolgreich gegen Artgenossen kämpfen, sondern auch jagende Habichte erfolgreich abwehren – in „Trutzstellung" – mit eingezogenem Hals und nach dem Angreifer hochschnellendem Schnabel und mit lautem Zischen.

Für den ersten Winter schließen sich Junghühner regelmäßig in Gruppen zusammen, die in Russland von bis zu 70 Hähnen oder von an die 100 Hennen gebildet werden können. Beginnen dann im Spätwinter oder zeitigen Frühjahr die ersten Platzhähne zu knappen, beginnt auch für sie ein neuer spannender Lebensabschnitt.

NOCH MARKANTES ZUM URHUHN UND SEINEM WALD

In diesem Abschnitt werden einige schon angesprochene Bereiche noch etwas näher beleuchtet, weil sie das Verständnis der Waldhühner und unser Verhältnis zu ihnen vertiefen, was aber im vorangehenden Kapitel den Rahmen des Porträts gesprengt hätte.

AUERHÜHNER IM SCHWARZWALD – EINE HOCHSCHÄTZUNG

Für etliche der folgenden Betrachtungen wäre natürlich sehr interessant zu wissen, wie viele Auerhühner es denn wohl in der „guten alten Zeit" im Schwarzwald einmal gegeben haben mag. Von einer von der Landesforstverwaltung eingerichteten „Arbeitsgruppe Auerwild" (dazu später mehr) erfahren wir in einem Bericht von 1974[3]: „Da ... nur ... wenige Forstakten vorliegen und die Angaben in der

Literatur sehr lückenhaft sind, können vom 16. bis Ende des 19. Jahrhunderts keine Bestandsangaben gemacht werden."

Aber immerhin ist aufgrund von einer Reihe von Angaben eine ganz grobe Abschätzung früherer Bestände möglich, was im Vergleich zu den Zählergebnissen der letzten Jahrzehnte hochinteressant wäre. Zum einen wissen wir, dass Auerhühner früher im gesamten Bereich des Schwarzwaldes vorkamen, auch in den Tälern und in Randbereichen, etwa bis Herrenberg oder in der Rheinebene[27], wenn auch in Zeiten größerer Rodungen sicherlich nicht flächendeckend. Weiterhin wurde der Schwarzwald früher generell wegen seiner außerordentlich guten Auerwildbestände gepriesen, sodass wir für eine grobe Schätzung hohe Bestandsdichtewerte annehmen können, die für optimale Gebiete mit bis zu 20 Individuen pro Quadratkilometer angegeben werden[22]. Für unser Gebiet beziffert uns Wurm (1885) für den Nordschwarzwald bei Kaltenbronn auf etwa 2000 Morgen (also etwa 700 Hektar) mehr als 100 balzende Hähne und für ein benachbartes Gebiet bei Zavelstein etwa ebenso viele Hennen – also recht entsprechende Werte. Und ähnliche, wenn auch weniger konkrete Angaben vermittelt uns Sondinger (1882).

Berechnet man für den Schwarzwald ganz grob die Gesamtfläche von etwa 7000 Quadratkilometern[69], bei etwa 150 Kilometern Länge und 50 Kilometern Breite, ohne Berücksichtigung all der Berghänge, die natürlich auch von Auerhühnern besiedelt waren), und multipliziert sie mit den oben genannten Dichtewerten von 20, ergibt sich eine Populationsgröße von 140 000 – das wären also je 70 000 Hähne und Hennen. Diese Werte erscheinen natürlich absolut utopisch hoch, da sie im gesamten Gebiet maximale Dichte voraussetzen, aber im Lichte dieser Hochschätzung wird die Annahme, dass früher – etwa zu Beginn der menschlichen Besiedlungen – im Schwarzwald einmal bis an die 10 000 Hähne gebalzt haben könnten, durchaus realistisch und plausibel, zumal der Bestand um 1800 noch auf etwa 6000 Hähne geschätzt wurde (Heinrich Suchant mündl.). In diesem Zusammenhang ist interessant, dass der Deutsche Jagdschutz-Verband und die Informationszentrale des Deutschen Tierschutzes e.V. den Bestand für 1955 trotz lang anhaltender und großräumiger Rückgänge noch auf 1366 Hähne beziffern[17].

RACKELHÜHNER: FEHLTRITTE MIT SCHMUCKEN FOLGEN

Wie bei Entenartigen, so kommt es auch bei Hühnervögeln nicht selten zu Verpaarungen mit Partnern verwandter Arten – beim Auerhuhn regelmäßig mit Birkhühnern, gelegentlich auch mit Fasanen. Da die Lebensräume von Auer- und Birkhuhn häufig aneinandergrenz(t)en, vor allem in Moorgebieten von Skandinavien und Osteuropa bis in den Alpenraum und ebenso an der alpinen Baumgrenze, kamen Hybridisierungen beider Arten, als sie noch häufig waren, regelmäßig vor. Das Ergebnis waren farbenprächtige sogenannte Rackelhühner, die ihren eigenartigen Namen im Schwedischen erhielten und der sich auf die dem Grunzen oder Schnarchen ähnliche Lautäußerungen bezieht. Heute kommen sie bei dem enormen Rückgang der Ausgangsarten natürlich nur noch in wenigen Gebieten vor. Eine sehr anschaulich bebilderte Beschreibung eines balztollen Rackelhahns liegt zum Beispiel noch 2003 aus dem Allgäu vor[28]. Für Jäger waren Rackelhähne meistens „schwierige“ Gesellen, da sie in der Regel nicht wetzen und daher schwer anzugehen sind (wie auch gelegentlich auftretende nicht wetzende Auerhähne). Interessant ist, dass 1920 noch ein Rackelhahn im Schwarzwald angetroffen wurde – verunglückt an einer Hochspannungsleitung zwischen Enzklösterle und Simmersfeld[27].

FANG UND JAGD

Auch wenn die Bejagung des Auerhuhns für den Rückgang der Art in Deutschland keine entscheidende Rolle gespielt hat, da sie – wie beschrieben – rechtzeitig eingestellt wurde und danach Lebensraumverluste, Störungen, vielleicht auch Parasiten als Mortalitätsfaktoren in den Vordergrund rückten, war sie früher in Bezug auf den Hahn so überaus bedeutend, dass sie hier kurz beleuchtet werden muss. Auerhühner sind nicht nur als Trophäen äußerst begehrt, sondern schmecken auch ausgezeichnet (was ich bestätigen kann, da ich zwar nie einen geschossen habe, aber dreimal davon essen konnte). Deshalb wurden die Waldhühner seit Urzeiten mit allen möglichen Fallen gefangen und mit der Entwicklung von Waffen auch bejagt, wie in einer nahezu unüberschaubaren Jagdliteratur berichtet wird.

Früher zur Ernährung ganzjährig betrieben, wurde die Jagd später in manchen Ländern auf die Balzzeit (Trophäenjagd) oder auf den Herbst eingeschränkt und dann auch mit Vorstehhunden („Buschieren“) durchgeführt. Dabei haben Auerhühner nicht nur in Russland volkswirtschaftliche Bedeutung erlangt, indem etwa in Jägerfamilien zur Balzzeit „wochenlang Auerhuhn auf den Tisch kam“ oder „ganze Waggonladungen“ gefrorener Waldhühner auf die Vogelmärkte der großen Städte transportiert wurden[65], sondern auch bei uns ist dieses „Allerweltsgewild“, wie es noch um 1850 in Österreich benannt wurde, ordentlich bejagt worden. Wenn Fuschlberger in seinem überaus ausführlichen und umfassenden „Hahnenbuch“ schreibt: „Man sieht … daß der Abschuß von Auerhahnen nie sehr groß war“, dann kann ich nur ungläubig staunen. Denn zahlreiche Berichte zeigen, dass früher enorm auf Auerhühner – Hähne wie Hennen – geballert wurde, bisweilen fast wie in Buffalo-Bill-Manier. Der Rekordhalter ist wohl ein „Herrenjäger“, den Graf Czernin-Kinsky (siehe unten) gut kannte (dessen

Namen er aber nicht preisgeben wollte, sich jedoch sehr wohl für dessen Abschusszahl hätte verbürgen können) und der in seinem Leben 1000 Hähne schoss (außer in Österreich und Böhmen auch im Schwarzwald[16]). Ihm folgen Prinz Leopold von Bayern mit fast 800, Großherzog Ferdinand IV. mit über 700, Kaiser Franz Joseph I. mit über 600 und etliche weitere mit ähnlichen Lebens-„Leistungen". Die höchsten Tagesstrecken erzielten wohl Graf Silva-Tarouca im Mai 1914 mit 24 Hähnen an einem Morgen in Österreich und drei dänische „Sportsmen", die in Norwegen im September 1873 in acht Tagen 450 Raufußhühner erlegten, darunter viele Auerhühner. Den Saison-Rekord dürfte August III. von Sachsen mit 50 in einer Balzperiode halten[80, 16, 81].

Auch im Schwarzwald sind früher Auerhühner zahlreich erlegt worden, wenn auch auf niedrigerem Niveau. So führt das Haus Fürstenberg von 1859 bis 1936 eine Jagdstrecke von 6698 Hähnen auf[38], was der höchsten jährlichen Abschusszahl in Österreich (um 1900 mit 7000) entspricht[81]. Im Fürstenbergschen Bereich schossen ferner im Frühjahr 1883 acht „Cavaliere" 132 Hähne[80], Kaiser Wilhelm II. erlegte als Jagdgast von 1900 bis 1908 36 Hähne[68, 47]. 1910 wurden dann noch 174 Hähne geschossen – das wäre 2017/2018 der Gesamtbestand im Schwarzwald gewesen – und 1970 schließlich noch ein letzter[27]. Interessant sind dabei die zugrunde gelegten, im Hinblick auf Nachhaltigkeit als vertretbar angegebenen Abschussquoten. Sie lagen meist bei 20 bis 30 Prozent der verhörten Hähne und damit wohl meistens zu hoch. Der Auerhuhnspezialist Wurm hat sogar von acht gezählten Hähnen fünf geschossen und das noch für unbedenklich gehalten[80]. Wenn dann, wie bei ihm der Fall, auch noch als Erstes die Platzhähne als Störenfriede fällig waren, dann hat das in nicht wenigen Fällen nachweislich zum Veröden von Balzplätzen in kleineren Populationen geführt[54].

1971 wurde dann für die in Baden-Württemberg im Schwarzwald verbliebenen Auerhühner eine dauerhafte Schonzeit festgesetzt, die nicht mehr aufgehoben werden konnte, da sich die Hoffnung, die Bestände würden sich wieder erholen, nicht erfüllte. Im Gegenteil – da alle stützenden, flankierenden, fördernden und sonstigen Maßnahmen nicht griffen, wie gezeigt werden wird, steht allmählich dem letzten unserer Urhähne das finale Halali ins Haus.

IRRWITZIGER MYTHOS

Das Wort „Falzpech" für harmlosen Blinddarmkot und der dahinterstehende Mythos eines Aphrodisiakums infolge von vermutet hohem Testosterongehalt, wie später berichtet werden wird, sind an und für sich schon „starker Tobak" – aber längst noch nicht alles, was um die Urhühner herum fantasiert wurde. Schon im 16. Jahrhundert wurde berichtet, Falzpech sei „der Samen des Hahnes" – „der Hahnentritt", „den er aus dem Schnabel zur Erde fallen lasse, wo ihn die brünstigen Hennen aufsuchten und verschluckten: dies sei die eigentliche Befruchtung", und das durchaus beobachtete Kopulieren sei nur „ratificierende Förmlichkeit"! Nicht von Hennen aufgenommenes Falzpech ergab nach damaligem Glauben „Würmer und Schlangen" oder erhärtete zu „Edelsteinen ähnlichen Massen", die als „Heilmittel gegen Impotenz" in Ungarn noch bis Ende des 19. Jahrhunderts gängiger Handelsartikel waren[80].

Weiterer Irrwitz stammt von des Hahnes Zunge. Schon Wurm (1885) beschreibt „dass der ganze, ungemein locker befestigte Kehlapparat mit der Zunge am geschossenen Thiere ... gewöhnlich tief in den Hals zurücksinkt". Daraus haben Jäger nicht nur geschlossen, der Auerhahn besitze gar keine Zunge, sondern „der geschossene Hahn verschlucke absichtlich seine Zunge oder beisse sie gar ab, um seinen Todeskampf durch einen förmlichen Selbstmord abzukürzen". Als man sie dann doch tief im Schlund fand, wurde sie „als ein gutes Präservativ gegen die Schmerzen beim Zahnen betrachtet", indem man sie „in ein Leinwandsäckchen eingenäht, dem betreffenden Kinde um den Hals" hängt. Aber das ist noch nicht alles, Wurm schreibt weiter: „In einigen Gegenden Oesterreichs reissen die Jäger noch immer dem Hahne, sowie sie sich seiner bemächtigt, schleunigst die Zunge aus, welche gegen Krämpfe (Fraisen) verwendet wird." Damit wird auch verständlich, was es mit zwei Zeilen in einem alten „Hahnfalzliad" („Volkslied, aufgeschrieben und gemalt von Hans Jordis") auf sich hat, die ein erfolgreicher Hahnenjäger seinem Begleiter zuruft:

„D'Zung' her, s'is ohne Gspoass
Gegen die Froass!"

Hoffen wir, dass der Glückliche lebenslang ohne Krämpfe geblieben ist, und wundern wir uns nicht länger, wenn etwa Chinesen in Nashorn-Hörnern oder Tigerknochen wundersame Kräfte vermuten!

NOCHMALS ZUM MOORRAND-MÄRCHENWALD

Wir sind in der überaus glücklichen Lage, über das interessanteste Hochmoor Deutschlands und das beste Auerhuhn-Gebiet, das es in unserem Land gegeben hat, unter allen möglichen Aspekten umfassend unterrichtet zu sein, und das auch noch zurück bis in eine Zeit, aus der überhaupt heimatkundlich-naturkundliche Überlieferungen vorliegen: durch die Monografie „Das Wildseemoor bei Kaltenbronn" von Dr. Karl Müller aus dem Jahre 1924 – das Ergebnis von 13 Jahren vielseitiger Forschung und Recherche. Das Wildseemoor war demnach nicht nur eine „größere feuchte Stelle" im schwarzen Walde, sondern ein Gebiet wie aus einer anderen Welt. Bis vor etwa 300 Jahren ist es „noch ein ganz unberührtes Hochmoor" gewesen, eine Art Hochmoor-„Mooswiese", mit nur wenigen eingestreuten „Kuscheln" (buschförmigen Moorkiefern) und einem randlichen Urwald, fast nur aus Moorkiefern bestehend, von denen sich einige mit bis zu reichlich 293 Jahresringen aus Zeiten vor jeglichen menschlichen Eingriffen bis zu Müllers Studien hinübergerettet hatten. Diese Auerhuhn-Lieblingsbäume (wie später gezeigt) waren die unmittelbaren Nachfahren der bald nach der Eiszeit einsetzenden Wiederbewaldung des Schwarzwaldes mit Moorkiefern (siehe unten). Auf dieses „leblos, traurig und schauerlich still" wirkende Gebiet, wie 1831 ein ergriffener Besucher schrieb, fiel früher jeden zweiten Tag Niederschlag – fast 1600 Millimeter im Jahr –, und mit 186 Tagen winterlicher Bedingungen, einer Jahresdurchschnittstemperatur von nur 5,7 Grad Celsius und einer Vegetationsperiode (also Pflanzenwachstumszeit) von gerade mal vier Monaten mit Grasfrost bis in den Hochsommer hinein, entsprachen die Verhältnisse noch um 1920 etwa denen von Mittelschweden!

Aber: In der von Müller erkundeten Zeit war das Moor „mit Beeren übersäet" (Moos-, Krähen- und Sumpfheidel-, also Rauschbeeren) und das Gebiet so nass, dass die Moorfläche neben zahlreichen Kolks „viele ganz kleine Seen" aufwies. In diesem sumpfigen Milieu konnte die Moorkiefer zumindest randlich prächtig gedeihen, da sie mit speziellen symbiontischen Pilzen an ihren Wurzeln (Mykorrhiza) und hoher Toleranz in Bezug auf sauerstoffarme Bodenverhältnisse selbst nässeste Standorte zumindest in Krüppelform besiedeln kann (daher auch der Name Sumpfforle), während Waldkiefer und Fichte in „Hungerform" verkümmern. Ein Gebiet wie Mittelschweden – heute noch ein Auerhuhn-Eldorado: Das also war das Wildseemoor in den schätzungsweise letzten 5000 Jahren – von den Zeiten der nacheiszeitlichen Wiederbewaldung des Schwarzwaldes bis gegen Mitte des letzten Jahrhunderts! So lange konnten dort Auerhühner nach ihrer Wiederbesiedlung des Gebiets nach der Eiszeit ununterbrochen wie im Märchenwald leben, bis dann die großen vom Menschen verursachten Veränderungen einsetzten. Zunächst umfangreiches „Waldsterben" (bedingt durch „sauren Regen", hervorgerufen durch Schwefeldioxid), das in den 1970/80er-Jahren auch den Moorkiefernnadeln im Wildseemoor stark zusetzte. Dann im Zuge der fortschreitenden Klimaerwärmung im Laufe der 1990er-Jahre eine eher gegenläufige Entwicklung: Austrocknen und Zuwachsen des Moores bis zu einem auerhuhnfeindlichen Dickicht, das die Population kurz vor dem Jahr 2000 fast vollständig zum Erlöschen brachte (siehe unten). Wollten wir heute solche für Auerhühner idealen Bedingungen wie in Mittelschweden wiederherstellen, müssten wir den gesamten Gebirgsstock Schwarzwald um mehrere Hundert Meter anheben, um wieder klimatische Bedingungen wie um 1920 zu erreichen.

Dabei hatten die Hühner (und wir als Beobachter) noch riesiges Glück gehabt. Denn auch über dem noch so ruhigen Hochmoor ist das Damoklesschwert menschlicher Vernichtung mehrfach fürchterlich bedrohlich gezückt worden. Um 1750, zu Zeiten eklatanten Holzmangels und ausgeprägter Flößerei, wurde auch das viele Wasser im Moor interessant und schließlich 1780 mit einem ersten Hauptabflussgraben angezapft. Die Wasserentnahme führte im Laufe der Zeit dazu, dass Wild- und Hornsee auf ein Drittel der Fläche schrumpften und sich ihr Wasserstand um mehr als einen Meter senkte. Von 1836 bis 1866 folgten weitere Eingriffe: Gewinnung von Torfkohle, ab 1888 Streutorfentnahme, und dafür wurden von 1830 bis 1892 umfangreiche Trockenlegungen mit insgesamt über zehn Kilometern Grabennetzwerk vorgenommen mit dem Ziel der Trockenlegung des Moores und anschließender Aufforstung, vor allem mit Fichten.

Nachdem all diese Maßnahmen nur marginale Schäden hinterlassen hatten und mehr oder weniger auf der Strecke geblieben waren, drohte 1919 in der Zeit großen Brennstoffmangels und von „Kohlenot" der Todesstoß: Abbau des gesamten Moores und Abtransport des „Brenntorfs" mit Hilfe einer Seilbahn nach Bad Wildbad. Zwei Umstände haben diesen Plan zunichte gemacht: Müllers großartiger Einsatz zum Schutz des Moores und die Sorge vor zu geringer Ausbeute. So konnte sich dann das zwar angeschlagene, aber noch weitgehend intakte Moorparadies samt seinen Hühnern ab 1920 in einen Schutzstatus hinüberretten, bis wir ihm nun ungeachtet allen Schutzes den Garaus machen. Auch die seit einiger Zeit regelrecht gewucherten Moorkiefern kränkeln inzwischen erheblich, wie neuere Studien zeigen[62], und auch der Borkenkäfer macht vor ihnen nicht Halt, wie Müller schon um 1911 feststellte. So haben nicht nur die Auerhühner das schwindende Moor mit seinem Märchenrandwald bis auf gelegentlich versprengte Einzelvögel längst verlassen, auch das Moor selbst ist nun dabei, sich zu verabschieden – zumindest bis nach der nächsten Eiszeit, wie später noch skizziert wird. Im Juli 2020 waren im Moor nicht nur Bestände von Torfmoosen so staubtrocken – wie schon im April in einem Moor am Röter Kopf, siehe unten –, dass man sie zwischen den Fingern zerreiben und in die Luft blasen konnte, sondern auch die Heidelbeerbüsche zeigten Trockenheitsstress: rostrote „Herbst"-Färbung und dürre Spitzen, Todesmale an den Charakterpflanzen des Moores.

UNSER WOHNZIMMER – EIN AUERHUHN-KABINETT

Wer uns besucht und auch nur einen Blick ins Wohnzimmer wirft, sieht: Bei uns spielt das Auerhuhn eine große Rolle! Bei mir kein Wunder, aber auch meine Frau hat die Waldhühner vor allem während unserer zehnjährigen Forschungsperiode in der Vogelwarte nicht nur kennen-, sondern auch lieben gelernt. So zieren Auerhuhn-Objekte alle vier Wände. An der Seitenwand über dem Sofa hängt ein Aquarell vom Wildsee, das mir mein väterlicher Freund, Dr. Egon Köcher[9] angefertigt hat, daneben das Bild eines finnischen Künstlers, das wie in drei Stelen eine Auerhenne in verschiedenen Positionen auf einer verkrüppelten Fichtenspitze zeigt – ein Geschenk meines finnischen Freundes Dr. Juha Tiainen, der mich regelmäßig mit Auerhuhn-Literatur aus Skandinavien versorgt. An der Wand rechts vom Holzofen, über einer ausgebleichten Rotwildstange aus dem Wildseemoor, prangt auf einem Gehörnbrettchen der Schnabel und noch befiederte Schädelansatz eines mächtigen Auerhahnes, den mein Vater in den 1970er-Jahren im Wildseemoor fand (Vignette Seite 262). Daneben befindet sich eine feine Ziselierarbeit: ein balzender Auerhahn, von einem österreichischen Künstler aus einer Hirschgeweih-Rosenscheibe herausgearbeitet (Vignette Seite 2). Links vom Ofen hängt ein Scherenschnitt, der einen balzenden Hahn zeigt, daneben eine alte Tabakspfeife, deren Porzellankopf ein Auerhahn ziert, und links davon ein Ölgemälde aus dem frühen 20. Jahrhundert mit balzendem Hahn, wie sie früher in Gasthäusern und Jagdstuben zu finden waren.

Die Seitenwand zieren die Paradestücke: auf einem herrlich gemaserten, über einen Meter langen Birnenholzbrett – ein Schrägschnitt durch einen Stamm, randlich mit Rinde – ein Hahn und eine Henne als Stillleben. Rechts hängt er leibhaftig, mit Schlaufe an einem Ständer aufgehängt – wie frisch erlegt – den Kopf nach unten, die Flügel leicht gefächert, und links davon, etwas nach unten versetzt, in ähnlicher Pose sie. Den Hahn konnte ich in den 1970er-Jahren vom Moskauer Vogelmarkt erwerben – ein Jungvogel im zweiten Jahr. Der köstliche Kern wurde verspeist, den Balg habe ich präpariert. Da er zunächst sehr einsam hing, hat mir mein leider inzwischen verstorbener Freund Professor Dr. Heribert Kalchreuter zum 50. Geburtstag dazu wunderbar kunstvoll eine Henne präpariert – ein Drahtzaunopfer aus dem Schwarzwald. Rechts daneben erstrahlt ein Unikat: ein Porzellanteller mit einem unglaublich schön gestalteten balzenden Hahn in der Taiga! Dieses Prachtstück haben meine Kollegen und Freunde in unserem ehemaligen Mutterinstitut, der auf der Kurischen Nehrung am Rande der Ostsee in Ostpreußen gelegenen Vogelwarte Rossitten und heutigen Biologischen Station Rybachy, eigens zu meinem 80. Geburtstag in der wiederbelebten weltberühmten St. Petersburger Porzellanmanufaktur anfertigen lassen, nach einem genialen Entwurf einer russischen Künstlerin. Und über Boten kam dieses kostbare Stück dann heil in meine Hände.

Damit schließt sich der Reigen allmählich. Auf einem Sims unter dem Stillleben steht noch eine Tonvase mit einem Strauß von Moorkiefernzweigen, das Mitbringsel von jeder Hahnenbalz, inzwischen mit braun getrockneten Nadeln. Hinter ihr lehnt ein großer Bildrahmen, der das köstlich illustrierte „Hahnfalzliad, aufgeschrieben und gemalt von Hans Jordis" umgibt. Und zwischen den Fenstern an der zweiten Längswand hängt ein Aquarell, das einen Auerhahn bei der Baumbalz in der Morgendämmerung im Wildseemoor zeigt, mit dem ich in den 1970er-Jahren die damalige noch ungetrübte Idylle festhalten wollte. Meinen Schreibtisch ziert ein weiteres Stopfpräparat: ein aufgestellter sehr starker Hahn unbekannter Herkunft, der noch aus der Vogelwarte Rossitten stammt. Und schließlich gibt es in einer alten Vitrine kleine Utensilien mit Auerhahndarstellungen wie Flaschenverschlüsse, Schnupftabakdosen, Gläser und anderes mehr.

Auch an meiner Beringungshütte auf der Streuobstwiese prangt ein großer kunstgeschmiedeter Auerhahn – ein Geschenk zu meiner Emeritierung vom letzten Hausherrn der Vogelwarte – Baron Konrad von und zu Bodman.

LOBESHYMNEN UND WÜRDIGUNGEN

Zum Abschluss dieses Kapitels führe ich hier ohne Kommentar einige Zitate aus einer Zeitspanne von über 2000 Jahren an, die zeigen, welch' ungemeiner Wertschätzung sich unser Urvogel erfreute, bevor wir uns anschickten, ihm im „Jahrhundert der Hühnermörder" (siehe Hommage, Seite 5) bei uns den Garaus zu machen.

Tetrax (das Auerhuhn) zählt zu den „Heroen und Heroenkindern"

ARISTOPHANES, LUSTSPIEL „DIE VÖGEL", 414 V. CHR.
aus Wurm 1885[80]

„Eine einzige Feder des Tetrao ist genügend, um die Herrlichkeit des Weltschöpfers darzuthun." (Vignette Seiten 100, 254)

KIRCHENVATER TERTULLIAN,
STREITSCHRIFT GEGEN MARCION, UM 207
aus Wurm 1885[80]

„Der stolze und urwilde Auerhahn, der stattlichste Repräsentant unserer gesamten einheimischen Vogelwelt, der Gegenstand der Sehnsucht … des Jägers, welcher den Hahn oft noch über den Edelhirsch stellt." Wurm, 1885[80]

„Auerhahnbalz ist die höchste Poesie des Jägers." GRAF J. V. FR.,
aus Wurm 1885[80]

„Der Auerhahn gleicht einer Mythe aus uralter Zeit, aus einer Zeit, in der es noch keine Menschen gab."
„Der Deutsche Wald wäre nicht er selbst, wenn ihm der Auerhahn, der stolze Fürst des Frühlings, fehlen würde."

FUSCHLBERGER, 1956[21]

„Ob einer an Gott im Sinne des Christentums glaubt oder an die Götter unserer Vorfahren oder sich überhaupt von Gott keine Vorstellung macht – der Auerhahn kann einen beten lehren.“

FUSCHLBERGER, 1956[21]

„Auerwild … dieses Meisterwerk göttlicher Schöpfung“
„Ich konnte demütig niederknien, um Gott für die Gnade zu danken, einen Hahnenmorgen zu erleben.“ CZERNIN-KINSKY, 1996[16]

„Auerhuhnwald ist der schöne Wald, von dem auch die Menschen träumen.“ AMMANN, 2002[1]

„Hahnendämmerung: Götterdämmerung“ FLADENHOFER, 2015[19]

„Wer sich in die Gesellschaft von Auerhühnern begibt, erlebt das wohltuende Gefühl, als würde man selbst vom hyperaktiven Macher wie zum kontemplativen Buddhisten.“

BERTHOLD, 2021 (WALDSCHRAT-APHORISMEN)

Ja – dann lasst uns mal gemäß Ammann schön träumen, denn bald wird aus der Traum sein, zunächst vom Hahn, und dann in Bälde auch von den Resten seines Märchenwaldes.

WILDE JAHRE ABENTEUERLICHER EXKURSIONEN

Am 30. April und 1. Mai 1955 hatte ich also, wie oben berichtet, zusammen mit meinem Schulkameraden im Wildseemoor einen Märchenwald und darin ein Wohngebiet vom Auerhuhn „entdeckt" – für uns jedenfalls. Kein Wunder, dass uns dieses Gebiet Verheißungsort wurde für Auerhuhnbalz und viele weitere faszinierende Beobachtungen, und fortan magische Anziehungskraft ausübte. Allerdings standen vor rasch folgenden weiteren Besuchen hohe Hürden: Das Gebiet war für damalige Verhältnisse von Nagold aus für uns weit entfernt, selbst am Wildsee angekommen, bedurfte es großer Anstrengung, um über den neuen Pionierweg in den interessanten Waldbereich zu gelangen, und zudem lag er in einem streng geschützten Gebiet. Da uns unser Internatsschul-„Drill" sehr viel abverlangte und ich 1955 auch noch begonnen hatte, für die Vogelwarte Radolfzell als ehrenamtlicher Mitarbeiter tätig zu sein und möglichst viele Vögel zu beringen[9], gelang der nächste größere Anlauf zum

Wildsee erst 1959 und dann der „Durchbruch“ 1964; bis 1959 blieb es bei nur einigen flüchtigen Auerhuhn-Beobachtungen.

Wegen der genannten Schwierigkeiten hatten wir vom Nagolder Seminar aus unsere Fühler auch nach anderen eventuell günstigeren Auerhuhn-Beobachtungsplätzen ausgestreckt, so vor allem auch bei der in Nagold ansässigen Staatsklenge, die Verbindung zu vielen Forstämtern im Schwarzwald unterhielt. Aber es gab überall nur abschlägige Bescheide, und allein die Nachfrage wurde bisweilen schon als vermessen gewertet. Später, als ich ständig mit Forstleuten zu tun hatte, wurde mir klar: Die Balzplätze der seinerzeit schon deutlich im Bestand abnehmenden Auerhühner wurden gleichermaßen von Adligen oder sonstigen Waldbesitzern, Staatswälder betreuenden Forstämtern oder glücklichen Jagdpächtern mit noch Auerwild im Revier gehütet wie Heiligtümer, und vor allem wie im eigenen Besitz befindliche. Da damals an Balzplätzen im Schwarzwald noch Auerhähne gejagt werden durften, waren jegliche „Störungen“ durch „unnötige“ Beobachter, Fotografen usw. absolut unerwünscht, gar undenkbar, zumal an vielen Plätzen versucht wurde, durch Hegemaßnahmen die Anzahl balzender Hähne zumindest konstant zu halten, um einem auch im Schwarzwald drohenden Bejagungsverbot noch zu entgehen. Und dann in dieser Not Anfragen von Schülern (!) zwecks Balzplatz-Beobachtungen – das mag schlimmstenfalls schon fast an optische Wilderei gegrenzt haben.

Also blieb mein Fokus auf dem Wildseemoor. 1959 begann nach dem Abitur am 20. Februar und dem Studienbeginn am 21. April in Tübingen die große, wenn auch zeitlich eng begrenzte „Freiheit“, die für mich durch ein zum Maturum geschenkt bekommenes Moped sozusagen sogar grenzenlos wurde. Mit ihm konnte ich nun durchs Land fahren, um vor allem nach länger gehegtem Wunsch ein Moos-Herbar und eine Schnecken-Sammlung anzulegen, wie beschrieben[9], und natürlich – ins Wildseemoor! Und dort konnte ich dann bei mehreren Besuchen in meinem Märchenwald im Laufe des April 1959 erstmals balzenden Auerhähnen aus nächster Nähe gewahr werden – etwa wie oben für das „Tollhaus“ beschrieben. So saßen an einem Morgen, als ich mich über den Pionierweg bis zum Wald durchgekämpft hatte und die Sonne schon ordentlich hochkam, hinter einer Gruppe von „Kuscheln“ plötzlich auf einem schrägliegenden Stamm fünf Hennen wie aufgereiht in vollem Licht vor mir, umworben von drei Hähnen in voller Balz. Und hinter dieser Balzgesellschaft Richtung Moorrandwald waren an Flattersprüngen und Hauptschlägen weitere Hähne zu hören – insgesamt „viele“. Obwohl ich nach erster Sichtung der Vögel sofort wie angewurzelt stehen blieb, hatten mich vermutlich die Hennen doch schon entdeckt, stoben ab und die Balzgruppe vor mir verschwand in Richtung Waldrand. Beim Versuch, mich weiteren noch ausgiebig balzenden Hähnen in Richtung Waldrand äußerst vorsichtig zu nähern, kam ich in zunehmend dichtere Vegetation, in der ich nur mühsam vorankam, und nachdem ich noch ein paar Vögel durch viel Gezweig hindurch beobachten konnte, ebbte die Balz dann am fortgeschrittenen Vormittag rasch ab.

Was für ein Erlebnis! Ich brauchte eine ganze Weile, bis mir klar war, dass ich nicht nur geträumt hatte! Nun hieß es, für die nächsten Besuche im Urhuhnparadies Strategien zu entwickeln, die die Vögel weniger stören und längere Beobachtungen möglich machen würden. Das gelang dann vor allem ab 1968.

Leider blieb nach diesem wundervollen Schlüsselerlebnis der Balz vor allem eines: große Sehnsucht, in den nächsten Jahren gestillt nur durch wenige flüchtige Beobachtungen außerhalb der Balzzeit. Denn: Das intensive Studium in drei Fächern sowie die Doktorarbeit mit der Betreuung von Volieren voller Stare von 1961 bis 1963 machten Ausflüge zur Hahnenbalz gänzlich unmöglich. Aber dann – nach Abschluss der Dissertation 1963, als ich „nur“

noch im August 1964 promovieren musste[9], kam im April 1964 die erste Balzzeit mit ausgiebigen großartigen Auerhuhn-Beobachtungen. In diesem Jahr konnte ich das Wildseemoor vom 12. April bis zum 3. Mai insgesamt siebenmal zur Zeit der Frühjahrsbalz und im September noch zweimal zur Herbstbalzzeit besuchen.

Apropos Naturschutzgebiet: Hatten wir in Nagold noch gewisse Bedenken, „ohne Weiteres" ein Naturschutzgebiet (NSG) zu begehen, um Vögel wie Auerhühner zu beobachten, änderte sich das in Tübingen grundsätzlich. Während des Studiums waren wir mit Botanikern, Zoologen und Geografen fast jedes Wochenende im Ländle unterwegs – vom Allgäu mit seinen Hochmooren bis zum Bauland und vom Kaiserstuhl bis zum Zabergäu. Dabei besuchten wir vornehmlich: Naturschutzgebiete, denn dort gab's am meisten zu sehen. Und in die marschierten unsere Professoren und Dozenten munter hinein, auch einzelne Pflanzen und Tiere mitnehmend für Lehr- und Forschungszwecke, und auch uns ermunternd, typische Exemplare etwa für ein dringend empfohlenes Herbarium zu sammeln. Bedenken gab es überhaupt nicht, denn – so erfuhren wir – NSG seien nicht nur für den Schutz seltener Lebewesen und Lebensräume eingerichtet worden, sondern auch für Forschungszwecke, sozusagen als Freiland-Laboratorien.

Nach dieser Maßgabe erhielt auch die Vogelwarte Radolfzell auf mein Betreiben hin die Ausnahmegenehmigung, im streng geschützten NSG „Vogelfreistätte Mettnau" am Bodensee 1968 eine Fanganlage einzurichten, mit deren Hilfe wir jahrzehntelang „Volkszählungen" an Singvögeln durchführen konnten und die heute noch existiert. Für dieses „Mettnau-Reit-Illmitz-Programm" wurden ebenso Anlagen in den Schutzgebieten Reit bei Hamburg und bei Illmitz am Neusiedler See bewilligt. Und das war auch gut so, denn die damit erzielten Ergebnisse, die frühzeitig enorme Bestandsrückgänge bei Singvögeln aufgedeckt haben, sind nach wie vor wesentliche Grundlage für den Vogelschutz in unserem Land und haben auch zu einem der größten bundesweiten Naturschutzprojekte geführt – dem Biotopverbund-Projekt „Jeder Gemeinde ihr Biotop".

Es gab weitere Gründe, damals NSG mit gebotener Vorsicht auch für Forschung und Lehre zu nutzen. Seinerzeit war unsere Umwelt noch relativ intakt, und Schutzgebiete waren nicht einzige, letzte Refugien gefährdeter Arten, sondern eher Gebiete mit relativ hoher Dichte davon. Und schließlich waren damals Lehrende wie Lernende noch der festen Überzeugung: Sind gefährdete Arten hinsichtlich ihrer Anforderungen und Gefährdungsursachen erst einmal gut untersucht, wird es leicht sein, sie überall entsprechend zu schützen.

Unsere Professoren gingen in den 1960er-Jahren in NSG sogar noch Schritte weiter. Sie führten uns nicht nur in sie hinein und regten dazu an, auch einzelne Tiere und Pflanzen zu sammeln, sondern sie ließen uns, wenn nötig, sogar ad hoc Schutzmaßnahmen ergreifen. Als wir beispielsweise 1960 im NSG Irrendorfer Hardt (damals noch so geschrieben!) an einem Standort des seltenen Berghähnleins und des Platanenblättrigen Hahnenfußes eine illegal angelegte Fichtenpflanzung vorfanden, gab der weltberühmte Botaniker Walter Zimmermann Order an uns rund 30 Studenten: Wir gehen jetzt durch die Fichtenreihen, ziehen die Bäumchen leicht hoch, sodass die Wurzeln Bodenhaftung verlieren und die Pflanzen dann bei Trockenheit eingehen, aber zunächst so stehenbleiben, als sei alles in Ordnung mit ihnen.

Warum ich das über die NSG alles geschrieben habe? Ganz einfach: Mit der in Tübingen gewonnenen Ansicht über unsere Schutzgebiete – durchaus auch zu Studienzwecken und damit vielleicht später zu dadurch besonders ausgeprägten und fundierten Schutzmaßnahmen für unsere Natur wie im Falle unserer Vogelzählungen – konnte ich das Wildseemoor seinerzeit fortan besten Gewissens betreten.

Ich wollte die Lebensgemeinschaft unserer Märchenwälder kennenlernen, allen voran ihren gefiederten König, den Auerhahn, und wenn nötig, würde mich das ganz sicher auch zu Schutzbestrebungen beflügeln, so wie ich in Nagold Eisvögel, Greifvögel und andere nicht nur bewundert habe, sondern mich auch von Anfang an bereits in der Schulzeit vehement für ihren Schutz einsetzen konnte[9]. Und schließlich habe ich mich auch deshalb dem Auerhuhn über das Schutzgebiet Wildseemoor besten Gewissens genähert, weil alle Versuche, über Forstleute Beobachtungsmöglichkeiten zu bekommen, damals durchweg abgeblockt worden waren.

Heute, gut 60 Jahre später, bin ich heilfroh darüber, diesen Weg gegangen zu sein. Was konnten wir damit – vor allem auch mit meiner später aus dieser Anfangszeit resultierenden Auerhuhn-Forschungsgruppe – für eine Fülle von Erkenntnissen gewinnen! Sie hätte allemal gereicht, die Urhühner zumindest auf lange Sicht im Schwarzwald und vielleicht auch anderswo zu retten. Dass das nicht der Fall sein wird, liegt vor allem an der mangelhaften Umsetzung, wie wir noch sehen werden. Heute wäre ein Einstieg zum Studieren von Auerhühnern über ein Schutzgebiet wie das Wildseemoor – wenn es sie dort noch gäbe – natürlich nicht mehr zu rechtfertigen. Unsere Schutzgebiete sind inzwischen so sehr zu allerletzten inselartigen Refugien bedrohter Arten in der heute weitgehend ausgeräumten Kulturlandschaft geworden, zudem selbst an Arten stark verarmt und durch Tourismus „verrummelt“, dass ihre bescheidenen Reste an Artenvielfalt nur noch strenger Käseglocken-Naturschutz einigermaßen erhalten kann. Und das war natürlich in den 1960er-Jahren und auch noch lange danach noch völlig anders. So habe ich im Wildseemoor von 1955 bis 2000 nur einmal einen „illegalen“ Besucher angetroffen – einen Fotografen aus Karlsruhe, der Auerhuhn-Aufnahmen machen wollte. Aber nun noch einmal zurück zu anfänglichen Exkursionen ins Wildseemoor.

IM APRIL 1964

Abenteuerlich sind unsere frühen Exkursionen oben betitelt – und das waren sie auch. Natürlich hatte ich meinen Kommilitonen in Tübingen vom Urwald im Schwarzwald mit seinen urigen Verhältnissen und „Urviechern" vorgeschwärmt. Kein Wunder, dass mich einige unserer wildesten Naturburschen und auch „Burschinnen", die zusammen mit mir mit Herzblut Biologie studierten, bedrängten, doch einmal eine Exkursion dorthin zu unternehmen. Trotz aller Warnungen, dass es eine Sautour werden würde, ließ die Begeisterung nicht nach. Also mieteten wir am 21. April 1964 einen VW-Käfer an und brausten gegen 23 Uhr in Tübingen los in den Nordschwarzwald. Mein damaliger Tagebucheintrag für den 22. April lautet lapidar: „1.30 Uhr Ankunft Kaltenbronn, 4 Uhr am Balzplatz, dort sangen schon drei Hähne …" Aber bis dorthin! Von Kaltenbronn bis zum Wildsee über geschotterte Waldwege und den Bohlenweg bis zum See – das war für eine topfitte Studentin und vier gut durchtrainierte Kameraden auch in dunkler Nacht kein Problem, vor allem auch, weil wir dort eine Taschenlampe benutzen konnten. Aber dann ging's auf den rund einen Kilometer langen Pionierweg durchs Moor – dort dann natürlich ohne Taschenlampe und so geräuschlos wie irgend möglich, und damit begann eine Tortur. Ich will es kurz machen: Bis zum Märchenwald waren alle mehrfach bis zum Bauch in Moorgumpen eingebrochen, die Stiefel vollgelaufen, und die Kälte kroch bis zum Rücken hoch. Dennoch: Alle waren glücklich – wir sahen Auerhähne aus größerer Entfernung wunderbar balzen, auch wenn wir recht bald von Hennen entdeckt wurden und die Balz bald darauf endete. Der Rückweg über den Pionierweg gestaltete sich bei vollem Licht natürlich einfacher und bescherte uns ebenfalls wunderbare Beobachtungen: abstreichende Haselhühner, eine auffliegende Waldschnepfe und mehrere sich auf Latschenstämmen sonnende, schwarze, kupfern schimmernde Moorottern. Gegen Mittag sandte eine volle Sonne selbst in fast 1000 Metern Meereshöhe so wärmende Strahlen, dass sich unser Trupp, der etwas an Napoleons vom Russlandfeldzug zurückkehrende Armeereste erinnerte, auf den Rasen neben dem Kaltenbronner Rotwildgehege fallen lassen konnte. Das war ein Bild für die Götter: Fünf nahezu nackte Studenten, nur die Lenden bedeckt, denn fast alles, was wir an Kleidung hatten, lag um uns herum zum Trocknen ausgebreitet, und wir schliefen nach einer Bärenmahlzeit erst einmal wie Murmeltiere. Ein Wanderer, dem seine Neugier wohl keine Ruhe ließ, fragte schließlich, was uns denn wohl passiert sei. Oh, sagten wir ihm, am Wildsee sei die Plattform am Bohlenweg plötzlich unter uns weggebrochen, und wir hätten dann mit letzter Kraft und knapper Not gerade noch unser Leben retten können, bevor uns die Moormudde des Sees verschluckt hätte – und zur Mitte des Kolks hin sei irgendetwas wie ein Meerungetier abgetaucht. Er zog sich, „mein Gott“ stammelnd, zurück und ist wohl anschließend nicht sehr nahe an den Wildsee herangegangen. Und natürlich haben am Wildsee immer wieder „schlimme Geister“ ihr Unwesen getrieben, worüber es viele „glaubhafte“ Berichte gibt[49].

Zum Märchenwald und seinem Auerhuhn-Balzplatz gab es auch einen kürzeren und viel leichter zu begehenden Pfad als den Pionierweg, nämlich vom Fahrweg südlich des Hochmoors aus. Sein Einstieg lag ungefähr auf halbem Weg zwischen der großen Jagdhütte am Moorwaldrand und der Leonhardhütte, etwa da, wo der Schwarzbach beginnt, den Berghang hinunterzufließen. Aber dieser Weg war für uns absolut tabu – er wurde nämlich von Forstleuten und Jägern benutzt, um an insgesamt vier Hochsitze zu gelangen, die im Märchenwaldbereich vom Kolk bis in Richtung Jagdhütte zur Rotwildjagd aufgestellt worden waren. Er führte außerdem zu einem sogenannten Schirm (Ansitz mit dichter Reisigverkleidung) am Moorrandwald zur Beobachtung und zur Jagd von Auerhühnern. Dieser Pfad wurde zur Balzzeit sogar mit dem Besen gefegt, damit Forstleute und Jäger den Schirm im Dunkeln erreichen konnten, ohne sich durch knackende Ästchen oder Zapfen zu verraten. Derartige Details musste ich nicht nur mühsam erkunden, sondern erfuhr ich ab 1965 auch aus erster Hand: von Forstamtmann Erwin Merkel, wohnhaft und tätig im Forstamt Kaltenbronn. Bei ihm, der mir sehr wohlgesonnen war, saß ich während mehrjähriger Studien an Meisen und anderen Singvögeln im Schwarzwald öfters abends, bevor ich mich dann im Gebiet der Breitlohmüß in meinem VW-Käfer zum Schlafen niederlegte.

IM FRÜHJAHR 1975

Wie gut ich beraten war, den geschilderten „Jägerpfad" zu meiden, zeigte eine amüsante Episode aus dem Jahr 1975. Ich wollte meinem väterlichen Freund, Mentor und leidenschaftlichen Naturschützer, Tierarzt Dr. Egon Köcher aus Nagold, eine Freude machen und ihn noch einmal zum Wildsee mitnehmen, dessen herbe Schönheit er sehr liebte und auch in einem wunderbaren Aquarell festgehalten hatte, das seit Jahrzehnten unser Wohnzimmer ziert. Um ordentlich seltene Vögel zu hören und zu sehen, waren wir in Nagold in aller Herrgottsfrühe gegen drei Uhr aufgebrochen, in Richtung Kaltenbronn gefahren, hatten im Kegeltal am Schwarzbach unser Auto abgestellt und waren auf dem steilen, am Bach entlangführenden Fahrweg in Richtung Moor hinaufgestiegen – alles noch im Dunkeln. Bevor wir dann auf der Hochfläche die Forststraße von der Jagd- zur Leonhardhütte erreichten, sagte ich, ich würde mich, bevor wir bald Raufuß- und Sperlingskauz, Waldschnepfe und andere hören und eventuell auch Auer- und Haselhühner sehen würden, noch einmal kurz in die

Büsche verdrücken, und er möge schon langsam bis zur Forststraße vorgehen. Als ich dann nach kurzer Zeit folgte, hörte ich Stimmen und roch Zigarettenrauch. Dr. Köcher war auf drei Forstleute gestoßen, die vor dem Einstieg in den Jägerpfad zum Auerhuhn-Schirm noch schnell eine Zigarette rauchten und natürlich verwundert waren, um diese Zeit – gegen vier Uhr – schon einem Waldgänger zu begegnen. Nachdem sich Dr. Köcher vorgestellt hatte, erklärte er, dass er mit mir, einem Mitarbeiter der Vogelwarte Radolfzell, unterwegs sei, um seltene Vögel wie Auerhühner, verschiedene Käuze, Schnepfen usw. zu beobachten. Als ich erschien, konnte ich den Herren nochmals Entsprechendes erklären, auch, dass man in diesem Gebiet nur ganz früh morgens möglichst viele seltene Arten verhören und beobachten kann. Und auf die Frage nach unserem Wohin taten wir kund, was wir vorhatten: eine große Runde über die Leonhardhütte, den Wildsee, Grünhütte bis wieder zurück zum Auto. Die Herren schienen zufrieden, verschwanden auf dem Jägerpfad, und wir marschierten auf der Forststraße Richtung Wildsee. Aber: Einige Tage später bekam ich Post vom Forstamt Wildbad mit der Mitteilung, dass ich mich für eventuelle Auerhuhn-Beobachtungen im Wildseegebiet auf alle Fälle zunächst beim Forstamt melden müsse … Damit war mir klar: Seinerzeit hatten nicht einmal Berufsornithologen eine Chance, sich „einfach“ mit der Biologie unserer Auerhühner zu beschäftigen, vielleicht noch am ehesten, wenn man einen Einstieg über die Forst- oder Wildbiologie gewählt hätte, wie ich später von einigen Auerhuhn-Untersuchern erfuhr. Aber das hätte eine völlig andere Berufswahl erfordert. So blieb für mich, eine Strategie zu entwickeln, die mich einerseits so unter meine geliebten Hühner brachte, dass ich sie ohne sie im Geringsten zu stören aus nächster Nähe beobachten konnte, und andererseits dabei auch nicht von Forstleuten entdeckt zu werden, die mit Argusaugen über sie wachten. Das war ganz einfach, wie im nächsten Abschnitt beschrieben.

Zunächst habe ich nach der abenteuerlichen Studentenexkursion 1964 ins Wildseemoor ähnlich „wilde" Touren noch eine Zeitlang fortgeführt, aber zunehmend mit weniger Begleitern, die dann leichter zu führen waren, und auch im Bereich der Balzarena wurde ich immer behutsamer, um Störungen der Vögel so weit wie möglich zu vermeiden. Nach der letzten größeren Exkursion 1968 zusammen mit meinem Freund und späteren Direktoriumskollegen Eberhard Gwinner, Dr. Egon Köcher sowie meinem Vater (damals noch von der später abgebrannten „Enztallust" in Enzklösterle aus) habe ich fast nur noch einzelne Vertraute zur Balz mitgenommen, außer Familienmitgliedern vor allem engste Institutsmitarbeiter, allen voran über viele Jahre meinen Oberassistenten Uli Querner. Obwohl der sich wie eine Wildkatze nahezu unbemerkbar im Gelände bewegen konnte, wurden wir doch immer mal wieder vor allem von Auerhennen als Störenfriede am Balzplatz entdeckt, und der Ärger darüber führte mich dann zur Entwicklung einer einzigartigen Strategie. Dazu mehr im nächsten Kapitel ...

KEINE KUNST: ALS HAHN UNTER HÄHNEN UND HENNEN

Am 25. April 1968 war ich schon kurz nach Mittag im Wildseemoor und hatte mich unweit des Hochsitzes niedergelassen, der am Nordrand der Auerhuhn-Balzarena stand, also damals zum noch offenen Moor hin, etwa in der Mitte der Längsausdehnung der gut 400 Meter langen Arena. Um schon etwas vorzugreifen: Den Hochsitz gibt es heute noch, wie mir kürzlich Karl-Eugen Schroth berichtete, aber er liegt inzwischen längst umgestürzt im fast völlig dicht mit Bäumen zugewachsenen Moorwald und ist nur noch ganz wenigen Insidern bekannt. Damals war dieser Platz der beste für Auerhuhn-Beobachtungen im Gebiet: am (nördlichen) Rand der Hauptbalzarena, sodass man das meiste Balzgeschehen vor und nicht um sich hatte, dann fast zentral in deren Längserstreckung, sodass man nach Ost wie West gleichermaßen gut verhören konnte, weit genug weg vom Schirm, den Forstleute benutzten, und zudem auf einem kleinen Hügel, der wohl beim Aufstellen des Hochsitzes geschaffen worden war und auf dem man öfters sogar im Trockenen sitzen konnte.

Nach einer Mittagsruhe war ich nicht wenig erstaunt, als bereits um 15 Uhr vier Hähne anfingen zu singen und sich bis zum Abend hin immer wieder vernehmen ließen. Als dann gegen 17 Uhr ein Hahn direkt über mir in die etwa zehn Meter hohe Waldkiefer einflog, in die die Hochsitzleiter schräg hineinführte und in etwa sieben Metern Höhe über mir sang und worgte, blieb ich einfach regungslos auf dem Rücken liegen, streute mir etwas Moos übers helle Gesicht und schaute ihm zu, bis er gegen 19 Uhr in eine benachbarte Baumgruppe hinüberflog und dort weiterbalzte. Er hatte mich also nicht gesehen, nicht erkannt, obwohl ich nicht einmal gut getarnt nahe unter ihm gelegen hatte. Da kam mir die Idee: Wenn ich jetzt meinen Schlafsack dabei hätte ...! Dann bräuchte ich mich nicht – natürlich erst bei fast völliger Dunkelheit, um keine Hühner von ihren Schlafbäumen aufzujagen – mühsam wieder davon- und morgens in aller Frühe ebenso beschwerlich wieder anzuschleichen und trotz dieser Vorsicht dennoch nicht sicher zu sein, dabei doch von einem „Wachposten“ entdeckt zu werden. Vielmehr könnte ich dann, in dem Falle wörtlich zu nehmen, nicht nur mit den Hühnern, sondern sogar bei den Hühnern zu Bett gehen, um am nächsten Morgen bei ihnen zu sein, ohne mich durchs Gelände bewegen zu müssen, was immer riskant war im Hinblick auf „Verpatzen“.

Von der Idee war ich so angetan, dass ich sie flugs bereits am nächsten Tag ausprobiert habe. Meinen himalayatauglichen, mit Eiderentendaunen gefüllten Schlafsack, den ich bei Untersuchungen in Finnland von 1965 bis 1967 gebraucht hatte, in eine grüne, wasserdichte Schutzhülle gesteckt, warme Kleidung an und einen kleinen Rucksack gepackt mit Vesper – Wasser gab's im Hochmoor – ging's wieder zurück an den Rand des Märchenwaldes. Ein Bett auf dem Torfmoospolster stand sozusagen überall bereit, ich wählte eine breite Lücke in einer größeren „Kuschel“, in die sich’s gemütlich einkuscheln ließ. Und die beim Hinlegen entstehenden kleinen Wasserlachen konnten den Schlafsack durch die dichte Schutzhülle nicht erreichen. Ergebnis: in Worte nicht zu fassen, auch nicht ansatzweise mit himmlisch, einzigartig, fantastisch – allenfalls mit unbeschreiblich!

Damit war der Grundstein dafür gelegt, schrittweise Beobachtungsmöglichkeiten zu entwickeln, die es erlaubten, mich direkt unter Auerhühner zu gesellen, ohne dass sie dessen gewahr wurden. Und damit begann eine Ära generell faszinierenden Wald-Erlebens – so einmalig innig, reichhaltig und erfüllend, dass es mich von 1968 an jedes Jahr zum Nächtigen in unsere schönsten Wälder zog. Dabei wurde ich, wie ich mir nie hätte träumen lassen, in der Tat wie ein Hahn unter Hähnen und Hennen oder wie ein Waldschrat als Wesen des geheimnisvollen Waldes. Vielleicht etwas lyrisch schwülstig, aber man wird mich bald verstehen. Mancher wird sich denken, damit müssen sich doch großartige Möglichkeiten zum Fotografieren und Filmen ergeben haben – sicher! Aber ich habe sie nie dafür genutzt, aus dreierlei Gründen: Erstens lenkt das Aufnahmenmachen sehr vom genauen Beobachten ab – vieles entgeht einem dabei. Zweitens kann es leicht süchtig machen nach immer noch besseren Bildern, was ich unbedingt vermeiden wollte. Und schließlich gibt es gute Auerhuhn-Aufnahmen inzwischen mehr als bei uns noch lebende Vögel, so wie etwa in dem Prachtband „Metsola“ aus Finnland von Jorma Luhta, 2001.

Auch 2020, gerade ein Jahr, bevor ich diese Zeilen schreibe, war ich noch einmal mit Ruck- und Schlafsack im Hühnerwald – am 16. und 17. April am Röter Kopf bei Huzenbach. Diesmal war es – im 66. Auerhuhn-Beobachtungsjahr – zum Abschiednehmen. Denn dort ist nun, wie später noch berichtet, der letzte Balzplatz erloschen, an dem mir eine Art Familienleben mit Auerhühnern noch möglich war. 2020 schlief ich dort auch nicht sehr ruhig: Ich hatte sogar Todesangst wegen der entsetzlichen Trockenheit und in dem Gedanken an ein eventuell ausbrechendes Feuer. Da ließen Australiens Busch- und Kaliforniens Waldbrände grüßen – dazu später mehr. Doch nun zurück ins Jahr 1968.

DIE SCHLAFSACK-METHODE

Die 1968 erstmals praktizierte Schlafsack-Methode habe ich nach dem unten beschriebenen Schlüsselerlebnis in den darauffolgenden Jahren modifiziert, verfeinert und optimiert, und sie funktioniert stichwortartig kurz gefasst folgendermaßen:

Eintreffen im Beobachtungsgebiet (Balz- oder Schlafplatz, Gebiet zur Nahrungssuche, Huderplatz mit Kuhlen, sogenannten Huderpfannen, Brutplatz mit Nest oder „Gesperren") am frühen Nachmittag, wenn Auerhühner wenig aktiv sind und sich, wenn nötig, unauffällig wegdrücken können, oder ein eventuell „vertretener" abstreichender Vogel den Vorfall bis zum Abend lange hinter sich hat.

Schlafplatzwahl gut gedeckt, etwa in „Kuscheln" oder Fichten oder auch in relativ hohem Heidelbeergesträuch oder Farnkraut mit guter, aber nicht völlig freier Sicht nach allen Seiten, um gut zu sehen, aber nicht gesehen werden zu können; anfänglich durchaus auch randlich im zentralen Bereich eines Balzplatzes mit dem Vorteil, dass Hähne morgens meistens direkt um einen herum balzen, bisweilen so nahe, dass sie über das Fußende des Schlafsackes trippeln können, wie ich mehrfach erlebt habe, sodass man sie (wie balztolle Hähne, siehe unten) sogar leicht ergreifen könnte.

Faszinierend! Aaaaaber – anstrengend! In so einer Situation kann man sich oft lange Zeit, die während der Hauptbalz zur schmerzlichen Ewigkeit werden kann, nicht im Geringsten bewegen! Kein schmerzendes, „eingeschlafenes“ Bein verlagern, bei – sagen wir – minus sieben Grad Celsius keine „Eisfüße“ zum Aufwärmen anspannen und wieder loslassen, keine Kopfdrehung machen, nichts, ohne zu riskieren, womöglich Vögel um sich herum aufs Schlimmste zu verjagen. Da heißt es, sich unter Umständen stundenlang wie tot zu stellen – und so fühlt man sich auch danach, da kehrt Leben oft erst nach Stunden wieder in völlig steif gewordene Gelenke und abgestorbene Beine zurück.

Deshalb galt alsbald nur noch: Schlafplatzwahl in komfortabler Entfernung, so dass man aus guter Deckung heraus alles Interessante verfolgen kann, bei entsprechender Distanz auch mit dem dort zu benutzenden Fernglas, aber auch geringfügige Bewegungen fast jederzeit gefahrlos möglich sind. Und um die Beobachtungsmöglichkeiten zu optimieren, verfuhr ich so: Schon früh am Morgen gegen drei Uhr aus dem Schlafsack raus, in warme, wasserdichte olivgrüne Thermo-Hose und -Jacke hinein, die bei samtartiger Textur bei Bewegungen keinerlei Rascheln erzeugen und wasserdicht sind, sodass man sich in ihnen überall auf den Boden legen kann, etwa in Zwergsträucher auf Torfmoos, und in denen bei Temperaturen über null Grad Celsius auch Nächtigen im Freien ohne Schlafsack möglich ist. Dazu trug ich anfänglich eine grüne Tarnmütze mit Sehschlitzen, später eine grüne Schirmmütze, die ich tief ins Gesicht ziehen konnte sowie ein Camouflage-Tülltuch, das über Kopf, Brust und Rücken bis zum Hosengürtel reichte. Mit ihm konnte ich mich, wenn übergestülpt, überall im Handumdrehen wie unter einer Tarnkappe „unsichtbar“ machen, durch seine relativ groben Maschen aber dennoch gut beobachten, sogar das Fernglas benutzen, Notizen machen und vieles mehr. Fußbekleidung waren anfänglich Gummi-, z. T. sogar Watstiefel, später nur noch wasserdichte, gut gefütterte Bergschuhe mit hohem Schaft, eventuell zusätzlich Schneegamaschen, denn am Nachmittag hatte ich selbst bei noch viel Schnee Muse, mir einen ordentlichen Zugang zu bahnen. Die Hände schützten dicke grüne Wollhandschuhe, sowohl vor eisiger Kälte als auch davor, dass sie bei Bewegungen als helle Gebilde auffallen konnten. Bei sehr großer Kälte wirkte Wunder – ein guter alter mit Schafwolle gefütterter Muff.

Das frühe Verlassen des Schlafsackes hatte den Vorteil: Wenn nötig, war ich mit Beginn jeglicher Vogelaktivität sofort beweglich und konnte meinen Standort, wenn erforderlich, leicht mehr oder weniger verändern, um optimal hören und sehen zu können. Außerdem beobachtet sich's im Stehen wesentlich angenehmer als im Sitzen im Schlafsack.

Mit dieser Strategie – nachmittags in aller Ruhe und bei bester Sicht in einen Märchenwald, abends mit den Hühnern in die Federn, dort nach kräftigem Vesper noch ein im Schnee oder Moorwasser gekühltes Bier oder ein Viertel Rotwein, dabei die Waldeinsamkeit verspüren, nur erfüllt von den Stimmen ihrer vielerlei Bewohner, ihr allmähliches Abklingen zu erleben vom Übergang in die Nacht bis zur „Über allen Wipfeln ist Ruh"-Stille, bevor dann die ersten Eulen unter einem Zelt mit 1000 Sternen zu rufen beginnen – ermöglichte ich mir Jahr für Jahr die tiefgründigsten Naturerlebnisse, die man auf dieser Welt haben kann. Und was ich da alles, abgesehen von den Auerhahn-Beobachtungen, für die die Strategie ja ausgedacht worden war und von denen noch die Rede sein wird, erleben konnte – dafür ein paar Beispiele.

Am 20. April 1983 rückte kurz vor dem Dunkelwerden im Wildseemoor eine Singdrossel nahe an mein „Kopfkissen" – das haubenförmige Oberteil meines Schlafsackes – heran, ließ sich etwa sieben Meter hinter mir auf der Spitze einer Kuschel nieder und schmetterte von dort aus bis zum Schlafen noch eine Viertelstunde ihre Strophen. Ich konnte gar nicht fassen, wie „banaler" Singdrosselgesang, aus solcher Nähe vernommen, neben seinen bekannten flötenden Strophen von leisen glucksenden, wispernd-zwitschernden Kompositionen begleitet wird, die man sonst, von den immer auf Distanz bedachten Drosseln gar nicht zu hören bekommt, und offensichtlich nicht einmal über ein Richtmikrofon. Phänomenal! Ebenso war ich erstaunt, wie viele Vögel in hellen Sommernächten nicht nur im Norden, wie in Finnland erlebt, um Mitternacht herum singen, sondern auch bei uns, vor allem in relativ warmen Nächten unter sternenklarem Himmel – so immer wieder Fitis, Heckenbraunelle, Wiesenpieper. Oder, „aufregend lustig", als eine Rotte Wildschweine gute zehn Meter vor meinem Schlafsack auftauchte, grunzte, schnaubte und quiekte, nachdem sie wahrscheinlich Witterung von mir bekommen und nun wohl etwas verunsichert verweilte, wie um zu „beraten", was jetzt zu tun sei. Zum Glück hielten die Borstentiere mich nicht für etwas Fressbares, zogen aber dann rechts und links dicht an mir vorbei – da konnte das Herz schon mal hüpfen. Ebenso anfänglich, wenn in die Nähe gelangte Hirsche geradezu „explodierten", als sie Witterung von mir bekommen hatten und dann krachend durchs Geäst davonstürmten, als sei der Leibhaftige hinter ihnen her. Da sitzt man zunächst schon mal hochgeschreckt senkrecht im Schlafsack, aber bald werden auch derartige Geräusche vertraut und sind überhaupt nicht mehr störend. Ebenso das laute Schrecken von Rehen, manchmal so schallend, dass man meint, es müsse bis in umliegende Ortschaften zu hören sein. Und es kann durchaus eine halbe Stunde andauern und auch bei langsam abrückenden Tieren danach immer wieder aufflackern. Aber bis morgens Auerhühner aktiv werden, haben sich Rehe vom verdächtigen Schlafsackbereich verzogen und sind längst verstummt – ein riesiger Vorteil gegenüber früh morgendlichem Anpirschen. Trifft man dabei nämlich auf Rehe, kann ihr Schrecken so laut in die Zeit des Balzbeginns von Auerhähnen hinein andauern, dass die Vögel dann, ganz offensichtlich verunsichert, nur ganz zögerlich knappen, unter Umständen gar nicht singen und schon gar nicht am Boden balzen, wie ich es vor allem im Turbenmoos mit hoher Rehdichte etliche Male ärgerlich erlebt habe. Über viele weitere Beobachtungen – Dachs am Rucksack, offensichtlich von leckerem Vesper angelockt, Hermelin mit Maus im Fang auf dem Schlafsack, weil wohl Bau mit Jungen in einem benachbarten Baumstumpf, oder Kreuzotter unter der Schutzhülle des Schlafsackes – ließen sich mühelos weitere Kapitel anhängen, aber hier soll es ja um die Auerhühner gehen. Abschließend noch drei Anmerkungen.

Ich werde oft gefragt, ob ich nicht Angst hätte, wenn ich nachts so mutterseelenallein im finsteren „unheimlichen" Wald schlafe. Die Antwort: Mitten im Märchenwald zu nächtigen ist – oder besser war, bis zur Klimaerwärmung – heimelig und vollkommen geborgen, zum Schlafen einer der sichersten Plätze auf Erden. Dort stürzt kein Haus ein, explodiert keine Gasheizung, fährt kein Lastwagen von der Straße abkommend bis ins Schlafzimmer, und während ich etwa am Stuttgarter Hauptbahnhof oder auf einem Parkplatz nahe einem Gasthaus am Waldrand in „menschlicher Nähe" schlafend Gefahr liefe, ausgeraubt und vielleicht sogar als Penner erschlagen zu werden, kommt in den Märchenwald nachts keiner – nicht einmal ein Jäger oder Förster, von denen entdeckt zu werden ich anfänglich etwas Sorge hatte, aber völlig unbegründet, wie ich bald feststellen konnte und später noch berichten werde. Auch ein Gewitter im Waldmoor bringt keine Panik – in niedrigere Vegetation eingebettet mit vielen Bäumen als Blitzableiter drum herumstehend, kann man sich getrost recht sicher fühlen. Nicht beängstigend, aber ärgerlich ist, wenn der Wetterbericht eine wolkenlos sternenklare Nacht prophezeite und dann schon vor Mitternacht Landregen einsetzt, der selbst am Morgen noch den Auerhühnern die Lust zum Balzen mindert. Aber dagegen hilft ein zur Vorsicht immer mitgeführter großer Schirm, der Kopf- und Brustbereich so abdeckt, dass an den Rändern der Schutzhülle nirgendwo Wasser den Schlafsack erreichen kann – Abschirmung ähnlich wie in Carl Spitzwegs Gemälde „Der arme Poet".

Und Angst vor „gefährlichen" Tieren? In den meisten Gebieten der Erde völlig unbegründet, bis etwa auf Bereiche Afrikas, in denen Büffel oder Nilpferde grasen, Hyänen umherstreifen, und selbst dort reicht ein dünnwandiges Zelt für sichere Nachtruhe. Und auch, wenn bei uns Braunbär, Luchs und Wolf die Wälder wieder bevölkern würden, ließe sich gefahrlos im Schlafsack nächtigen. Denn es ziehen, wie in Alaska erlebt, selbst Grizzly- und Kodiakbären in der Nacht „anständig" an einem vorbei, solange man beachtet: nichts Essbares oder stärker Geruchverbreitendes wie Seife oder Zahnpasta in der Nähe im Rucksack oder gar im Schlafsack. Bei hungrigen Eisbären sähe es anders aus, aber von denen kann man im Märchenwald allenfalls mal träumen, wenn es etwa bei unter minus zehn Grad Celsius im Schlafsack bärig kalt wird.

Die zweite Anmerkung: Nächtigen im Schlafsack im Wald bedeutet ganz anders zu schlafen als im Bett – es ist viel mehr Intervallschlaf, auch, wenn man viele Nächte so hintereinander verbringt. Ein abspringender Hirsch, ein bellender Fuchs, ein schreckendes Reh, ein glockenhell über einem rufender Raufußkauz – das alles sind Geräusche, die einen leicht aufwachen, aber auch ganz schnell wieder einschlafen lassen. Gefühlt sind die Schlafphasen sehr tief und fest, und da man sich ja mit den Hühnern zur Ruhe begibt, habe ich mich morgens stets herrlich ausgeruht und frisch gefühlt und schon bald erwartungsvoll auf erste „telak"-Rufe oder dergleichen gelauscht. Ganz anders sieht es aus, wenn man sich morgens um zwei, drei oder vier Uhr erst mühsam an einen Balzplatz anpirschen muss. Da kann es passieren, dass man dann beim Ansitzen sogar noch einmal eindöst und erstes Knappen u. a. verpasst.

Und die dritte und letzte Anmerkung: Wohl meine schönste Schlafsack-Übernachtung war die zusammen mit einem meiner besten Freunde – unserem Jack-Russell-Terrier „Bongo". Ich hatte ihm oft von der Hahnenbalz erzählt, wenn ich heimkam und nach Wald roch. Er hätte gern mehr erfahren und vor allem, warum er nicht hatte dabei sein dürfen, da ich ihn eigentlich überall mit hinnehmen konnte, selbst zum Joggen im Walde. Und da er adlig war – er zierte seinen Stammbaum mit dem Namen „Bongi vom Haubenstein" – war es natürlich Ehrensache, dass er einmal zur Auerhahnbalz mitdurfte, zur Ehrenrettung eigentlich sogar musste. Denn: Grünröcke hatten ihm zuvor Übles widerfahren lassen – nämlich beim Wesenstest durchzufallen! Und das, obwohl er im Gegensatz zu nicht einmal adligen mitgetesteten „Kötern" von „Schießern" keine Angst vor einem angreifenden Schwan gezeigt, sich nicht durch Grillwürste hatte ablenken lassen und anderes mehr, sondern sich lediglich geweigert hatte, durch eine Gruppe von Lodenmäntel tragenden „Grünen" mit umgehängten Schießeisen hindurchzugehen. Und das aus gutem Grunde: Das hatte ich ihm nämlich bereits abdressiert, damit er im Bereich von Schloss Möggingen, in dem sich unser Institut befand[9], nicht gelegentlich anwesende Jagdgesellschaften unseres Schlossherrn belästigte. Aber auch eine aufklärende Mitteilung darüber half nichts – die Jury ließ ihn gnadenlos durchfallen, weil, wie mir hinterher zugetragen wurde, die Waidwerker fürchteten, der Professor könne, als bekannter Naturschützer, mit einem geprüften Jagdhund eventuell ein gefährlicher Spion ihres Treibens werden …!

Also machten wir uns am 12. April 2001 nachmittags gemeinsam auf den Weg zum großen Balzplatz am Röter Kopf bei Huzenbach. Ich muss vorher noch vorausschicken, dass Bongo, obwohl ein selbstbewusster „Kopfhund", mir, wenn wir allein zusammen unterwegs waren, nicht nur aufs Wort gehorchte, sondern auch auf leichte Kopfbewegungen und Handzeichen. Bei erhobenem Zeigefinger wusste er, da ist etwas Spannendes, wich dann nicht von meiner Seite und gab vor allem keinen Laut von sich. Was für eine Freude für ihn, als ich ihm neben meinem Schlafsack ein kleines Nachtlager einrichtete! Vor dem Schlafengehen haben wir dann abends noch bäuchlings am Waldrand gelegen, um aus guter Deckung heraus zwei letzte Wanderer dicht vor uns vorbeiziehen zu lassen – auch Bongo völlig regungslos, nachdem ich ihm erklärt hatte, dass die uns keinesfalls entdecken dürften, wenn wir hier in der Nähe in Ruhe schlafen wollten. Die Nacht war herrlich. Ich hatte Bongo zwar vor dem Einschlafen gesagt, er müsse absolut ruhig sein und dürfe keinesfalls knurren oder gar bellen – doch damit war er überfordert. Aber er wusste sich wunderbar zu helfen. Als mit Sicherheit Rehe und vermutlich auch anderes Getier wie Fuchs, Marder usw. in unsere Nähe kamen und er wohl vor lauter Anspannung fast zu platzen drohte, kam er nahe an meinen Kopf heran und weckte mich mit leisem Winseln. Wir prüften dann die Lage und schliefen alsbald wieder, und ich wusste, das mit der gemeinsamen Balzbeobachtung am nächsten Morgen, das wird klappen! Dazu später noch kurz mehr.

Was für eine Freude! Mit der Schlafsack-Strategie konnte ich nun meine geliebten Auerhühner fast wie Haushühner im Hühnerhof beobachten und noch dazu, ohne sie zu stören. Natürlich wurde es mein Ehrgeiz, weder beim Anmarsch ins Beobachtungsgebiet am Nachmittag, schon gar nicht während meiner dortigen Anwesenheit und auch nicht beim Abgang, ein Auerhuhn zu „vertreten“, was meistens gelang. Dieser Methode – so, als sei man gar nicht dagewesen – konnte keine andere das Wasser reichen. Das Schlechteste, um Auerhühner anzugehen, ist das oben beschriebene Anspringen (mit drei Schritten beim Wetzen während der Gesangsstrophe). Dabei passiert vieles, was einzelne Vögel und nicht selten ganze Balzgesellschaften vertreibt – etwa ein vierter Schritt, zum nötigen Ausbalancieren auf unebenem Boden, Zertreten eines übersehenen Astes, Stehenbleibenmüssen im offenen Gelände, weil ein angesprungener Hahn nicht weiterbalzt, plötzlich abstreichende stille „Beobachter", die man, irgendwo in der Nähe sitzend, gar nicht gesehen hat. Deshalb galt auch die Hahnenjagd in der Regel mindestens als schwierig, obwohl Hähne sich bei geschickter Näherung, wie beschrieben, sogar mit der Hand hätten fangen oder mit Luft- und Flobertgewehr schießen lassen.

Die heutzutage am meisten praktizierte Methode zum Verhören und damit auch zum Zählen für Bestandserhebungen sowie auch zum Fotografieren ist Ansitzen im Balzplatzbereich, entweder einfach in guter Deckung oder auch hinter eigens dafür eingerichteten Schirmen, in kleinen Tarnhütten oder -zelten oder auch auf Hochsitzen, und das entweder durch Zugang abends oder morgens. Beides hat erhebliche Nachteile, wie ich später als Mit-Verhörer auf vielen Touren erlebt habe. Ein Grundübel ist dabei, dass die Ansitze nicht selten viel zu spät aufgesucht und ebenso zu früh wieder verlassen werden, d. h., wenn es noch nicht völlig dunkel bzw. die Balz noch im Gange ist. Dabei können am Abend Hähne und Hennen vertreten werden, die bereits Schlafbäume bezogen haben, und auf denen morgens auch oft die Balz begonnen hätte. Und kommt man morgens sehr spät, werden unter Umständen noch kurz vor Balzbeginn Platzhähne vergrault, was bis zum Ausfall der Balz an einem solchen Tag führen kann. Und leider führt morgendliches Anpirschen selbst dann noch zu Störungen, wenn man sich sogar schon ein, zwei Stunden vor Balzbeginn in Verstecke begibt, was Langschläfern und gestressten Beobachtern kaum möglich ist.

Also – es geht nichts über die Schlafsack-Methode. Und die ist nicht nur komfortabel und von allen die auerhuhnfreundlichste, sie bringt auch für die Bestandserfassung und damit auch für den Auerhuhn-Schutz die besten Ergebnisse. Vom bereits am Nachmittag gut gewählten Schlafplatz aus habe ich unter völlig ungestörten Verhältnissen zwei Verhörungen und Sichtungen vor mir – erst abends und dann noch einmal morgens. Und mit der Kombination von Schlafsack und anschließend möglicher Beweglichkeit in Tarnkleidung kann man optimale Erfassungsmöglichkeiten erreichen. Auf diese Weise konnte ich dann im April 1968 erstmals Licht in das Dunkel bringen, wie viele die „vielen" im Märchenwald am Wildseemoor zu vernehmenden Auerhähne denn wohl sein mögen. Es waren damals vom Moorrandwald bis über den Pionierweg hinaus mit Sicherheit 14! Die im Nahbereich trippelnden, flatternden, kämpfenden drei, vier, fünf, sechs Hähne waren schon optisch gut zu erfassen, die etwas hinter ihnen balzenden ebenfalls noch anhand ihrer Flattersprünge u. a. gut zu zählen, und die in den mehr hinteren Rängen der Arena balzenden an ihren Hauptschlägen. Und da gab es dann einen Grenzbereich, für den sich nicht mehr mit Sicherheit sagen ließ, ob aus einer weit entfernten Ecke zugetragene „Pfropf"-Laute von einem oder mehreren Hähnen stammten. Daher die Aussage: sicher 14, aber ob möglicherweise noch ein oder zwei mehr da waren, war nicht zu entscheiden. Da hätte es eines zweiten Beobachters in einiger Entfernung bedurft.

Ich hatte später – vor allem während der Periode intensiver Auerhuhn-Forschung, über die unten noch berichtet wird – oft Gelegenheit, entweder an Zählungen in Beobachtergruppen teilzunehmen oder Untersuchungen an Balzplätzen mit „bekannter" Anzahl von Vögeln durchzuführen. Und dabei wurde mir erst so richtig klar, wie wichtig ein gut gewählter Beobachtungsplatz in Verbindung mit idealen Rahmenbedingungen ist, um zu verlässlichen Zahlen zu gelangen. Erst viel später habe ich erfahren, dass auch Auerhuhn-Zähler in Schottland in „Versteckzelten" am Balzplatz genächtigt haben, um optimale Ergebnisse zu bekommen[31].

MEINE ZEHN EINDRUCKSVOLLSTEN BEOBACHTUNGEN

DER SCHNEEHÖHLEN-HAHN

Trotz ihrer kargen Kost im Winterhalbjahr – oft mehr als sechs Monate lang nichts als Koniferennadeln und Triebspitzen – schaffen es Auerhühner, auch in Gebieten mit extremer Kälte zu überwintern: in Skandinavien bis über den Polarkreis hinaus, in Sibirien bis in den Bereich des Kältepols unserer Erde oder in den Alpen bis in die Baumgrenzzone hinauf. Das gelingt, wie schon besprochen, mit einer Reihe von Vorkehrungen, die allesamt auf Energiesparen ausgerichtet sind: So wenig wie möglich bewegen, Hals und Beine oft ins Gefieder einziehen (so weit wie möglich Kugelgestalt annehmen), nachts Körpertemperatur etwas absenken und – zum Nächtigen, aber auch zum Ruhen tagsüber – in den Schnee eingraben, wie oben beschrieben, oder auch einschneien lassen (Vignette Seite 111). Dieses sehr viel Energie sparende Beziehen von „Iglus“ ist besonders in kalten Bereichen des Verbreitungsgebietes von Auerhühnern zu beobachten, bei uns hingegen selten. Das war auch früher so, als unsere Winter noch bitterkalt waren, und so habe ich unter mir bekannten Auerhahnbeobachtern nur von ganz wenigen erfahren, dass sie bei uns Auerhühner in Verbindung mit Schneehöhlen beobachten konnten. Mir gelang eine derartige Beobachtung im Schwarzwald ein einziges Mal und bleibt damit etwas herausragend Besonderes.

Am 6. April 1975 war ich nachmittags zu einer sechsstündigen Skitour aufgebrochen, die mich südlich des Schluchsees vom Äulemer Kreuz bis Muchenland und wieder zurück zum Auto führte, das ich am Kreuz geparkt hatte. Ich war mit meinen oben beschriebenen Bushwackern mutterseelenallein in den tief verschneiten Bergwäldern unterwegs, um im Rahmen fortpflanzungsbiologischer Studien vor allem nach Haubenmeisen Ausschau zu halten. Da Schnee- und Sichtverhältnisse ausreichend waren, entschloss ich mich am Nachmittag, mit den zum Steigen hervorragend geeigneten Skiern vom Hangweg am Oberen Habsberg in rund 1150 Metern Höhe noch in gerader Linie zum etwa 1250 Meter hohen Bergkamm aufzusteigen. Von dort aus konnte ich notfalls auch noch in der Dämmerung an der Schnepfhalde entlang zum Kreuz-Parkplatz zurückfinden, da ich den Weg gut kannte.

Da es inzwischen ruppig kalt geworden war und ich bei dem sehr beschwerlichen Aufstieg durch den Hochwald nicht übermäßig ins Schwitzen geraten wollte, stieg ich bedächtig und somit fast geräuschlos bergauf, wobei ich in der Windstille auch alle Geräusche weit um mich herum gut wahrnehmen konnte. Oben angekommen, machte ich gegen 16 Uhr erst einmal Halt in einer Gruppe kleinerer, locker stehender Fichten, um mich auf die Skistöcke gestützt auszuruhen und in den offenen Bergkammbereich hinein zu beobachten und zu lauschen. Nachdem ich dort etwa zwei Minuten lang regungslos verharrt hatte, bewegte sich plötzlich etwa zweieinhalb Meter vor mir der Schnee, und etwas Dunkles kam ganz langsam wie in Zeitlupe hervor und wurde ganz allmählich zu – einem Auerhahn! Aus einer Schneehöhle herausgeklettert sicherte er zunächst nach allen Seiten, beäugte auch mich, und lief dann, nicht einmal sehr aufgeregt, in die Jungfichten hinein und entzog sich meinen Blicken. Ich inspizierte noch kurz die Höhle – sie führte leicht schräg in den Schnee hinein und hatte etwa die doppelte Länge des Körpers des Vogels – und dann zog ich so leise wie möglich von dannen. Ob der Hahn zu seinem Iglu zurückgekehrt sein mag? Wohl eher nicht, da Auerhühner derartige Schneehöhlen nur einmal benutzen und neue in wenigen Minuten anlegen können.

Was für eine Beobachtung! So einem großen, äußerst vorsichtigen Vogel Auge in Auge sozusagen vor seinem Schlafgemach gegenüberzustehen – das war einzigartig und unvergesslich! Ich habe außer am Habsberg noch zweimal in meinem Leben Vögel aus dem Schnee auftauchen sehen. Als ich 1966 in Südfinnland im März mit Skiern von einer Exkursion durch Waldhügel zur Hauptstraße von Turku nach Askainen zurückkehrte, hatte ein Schneesturm so getobt, dass der Straßenverkehr völlig zum Erliegen gekommen war. Nachdem der „Blizzard" kurz nach Mittag vorbei war und die Sonne wieder lachte, besah ich mir die Misere von einem kleinen, mit Birken bewachsenen „Feldherren"-Hügel nahe der Straße aus. Da stand ein Omnibus, bis zur Windschutzscheibe eingeschneit, von Turku her bahnte sich eine Schneefräse langsam einen Weg, und von meinem Auto, das ich am Straßenrand in eine in den Schnee freigeschaufelte Bucht geparkt hatte, war nichts zu sehen – es war bis übers Dach eingeschneit. Als ich, auf meine Skistöcke gestützt, überlegte, wie ich am besten mein Auto vor der Schneefräse retten könnte – da wurde plötzlich der Schnee vor mir lebendig. Nicht weniger als acht Birkhühner polterten kurz nacheinander links, rechts und direkt vor mir – etwa zehn bis 15 Meter unterhalb der Kuppe, auf der ich stand – aus Schneehöhlen kommend auf und davon. Ich nehme an, die Vögel hatten sich bei dem Schneetreiben um Tagesmitte einfach einschneien lassen und waren dann vor dem Verlassen ihrer schützenden Verstecke von mir überrascht worden.

Die zweite Beobachtung betrifft ein Rotkehlchen. Nachdem ich auf unserer Streuobstwiese in Billafingen viele junge Hochstamm-Bäume gepflanzt hatte[9], habe ich in den ersten Wintern regelmäßig deren Wurzelansätze auf etwaige Verbissschäden durch Wühlmäuse kontrolliert und im Hinblick auf Schneefall die Lücken zwischen den Wurzelgabelungen mit etwas Stroh ausgestopft. Als ich im Winter 1980 an einem Spätnachmittag noch vor der Dämmerung auf Kontrolle war und es zuvor geschneit hatte, war ich nicht wenig erstaunt: Beim Kontrollieren der Wurzelansätze eines jungen Apfelbaumes kam mir unter der lockeren Schneedecke von etwa fünf Zentimetern Höhe – ein Rotkehlchen entgegen! Es schaute etwas verdutzt drein, schüttelte sich kurz und flog dann ab. Es hatte ganz offensichtlich im Wurzelbereich des Baumes unter dem Schnee eine Höhlung bezogen, um dort gut geschützt zu nächtigen. Ich nehme an, dass auch andere Kleinvögel häufig vielerlei „Iglus“ nutzen, um in günstigem Mikroklima zu übernachten, aber wann hat man schon das Glück, davon zu erfahren!

DER BALZPLATZ-ANZEIGER

Im Südschwarzwald hatte ich seit den 1960er-Jahren an vielen Stellen Auerhühner beobachtet, insgesamt an über 100 Plätzen, war aber lange Zeit auf keinen größeren Balzplatz gestoßen, sondern immer nur auf Balz-„Plätzchen“ mit ein bis zwei balzenden Hähnen. Vor allem im Raum Dachsberg–Ibach–Todtmoos gab es eine ganze Reihe davon. Als mir Baron von Bodman wieder einmal stolz von seinem im Schwarzwald geschossenen Hahn vorschwärmte und dabei erzählte, an was für einem wunderbaren Balzplatz im Brunnmättlemoos (bei Wehrhalden) er ihn seinerzeit erlegt hatte, beschloss ich, mir dieses Moor noch einmal genauer anzuschauen, nachdem ich dort 1972 nur ganz kurz gewesen war und etwas Hahnenlosung gefunden hatte.

Also machte ich mich am 4. April 1976 zum Moos auf den Weg, als ich in der Nähe ohnehin zu tun hatte. Der Besuch war recht enttäuschend, da das Hochmoor inzwischen sehr stark zugewachsen war und seinen ursprünglichen Charakter weitgehend verloren hatte. Ich fand zwar etwas Auerhuhnlosung, offensichtlich unter einem Schlaf-, vielleicht sogar Balzbaum, sah am Rande des Moores auch zwei Hennen, aber nichts deutete auf ein größeres Auerhuhn-Vorkommen oder gar einen entsprechenden Balzplatz hin. Als ich mich gegen 16 Uhr wieder aus dem Gebiet zurückziehen wollte, sah ich plötzlich hoch über mir – einen Auerhahn. Und zwar so, wie ich nie zuvor einen beobachtet hatte: hoch am Himmel, in mehr als doppelter Höhe der dort stehenden Bäume fliegend, in zügigem Ruderflug mit kurzen Gleitphasen geradewegs nach Süden. Dabei wirkte der Vogel keinesfalls so, als sei er aufgejagt worden und auf der Flucht, noch machte er Anstalten, bald zu landen, sondern flog so, als strebe er in zumindest einiger Entfernung irgendein Ziel an. Um diese Jahres- und Tageszeit, so schoss es mir durch den Kopf, könnte das eventuell ein ihm bekannter Balzplatz sein mit der Vorgabe, dort polternd einen Schlaf- und Balzbaum zu beziehen?

Ich holte meine topografische Karte hervor und siehe da: Nach Süden hin schloss sich in gerade mal reichlich einem Kilometer Entfernung oberhalb der Schwarzen Säge das nächste größere Moor an – das Turbenmoos!

Für dieses Mal war es zu spät, um noch dorthin zu gelangen, aber ein paar Tage später, am 13. April, fand ich Zeit dazu. Als ich kurz nach Mittag vom Schwarzenbächletal von der Schwarzen Säge aus zum Moor aufstieg, strichen am Hang zwei Hähne ab – ein erstes gutes Zeichen – und oben fand ich vor allem im Bereich des Moorgrabens viel Auerhuhnkot, mehrere Schlafbäume mit Haufen von Losung darunter und auch Federn. Außer Frage, dass ich hier nach diesen vielversprechenden Anzeichen schon am frühen Nachmittag in bewährter Weise am Rande des dortigen Spirkenmoores ein Nachtlager einrichtete und bald danach bestens getarnt sozusagen von der Bildfläche verschwand.

Der Rest ist schnell erzählt. Am Abend polterten im Bereich des Moorgrabens drei Hähne in Randfichten ein, worgten und sangen auch eine Zeitlang, und am nächsten Morgen balzten mindestens fünf Hähne, und auch etliche Hennen ließen sich vernehmen. Was für ein wunderbarer Balzplatz in was für einer stillen, abgeschiedenen Gegend, fast wie in Skandinavien oder Russland! Dieses „Hahnenmoos“, wie ich es in meinem Tagebuch immer nannte (nachdem es in der Karte keinen Namen trug), wurde mir der beliebteste Auerhuhn-Beobachtungsplatz im Südschwarzwald. In den nächsten Jahren ließen sich dort mit Sicherheit bis zu sechs gleichzeitig balzende Hähne feststellen, und auch Hennen waren stets in ähnlicher Anzahl anwesend. Leider waren es dann 1980 nur noch vier Hähne, 1981 und 1982 sogar nur noch zwei, 1993 sah ich dort den letzten balzenden Hahn, und spätestens 2002 war der Balzplatz völlig verwaist.

Natürlich habe ich nie erfahren, ob der seinerzeit hoch überm Brunnmättlemoos gen Süden überfliegende Hahn einer der im Turbenmoos balzenden Gesellen war – aber ins „Hahnenmoos“ hingeführt hat er mich auf alle Fälle, und dafür war ich ihm dankbar. Und sehr gefreut hat mich, dass die Deutung der Beobachtung des hoch fliegenden Hahnes so erfolgreich war, auch wenn sie vielleicht gar nicht gestimmt hat.

Einige der „Hahnenmoos“-Vögel sind übrigens verewigt worden. Der damals im Forstamt bei Lindau (nahe Todtmoos) tätige Revierleiter Walter Eckerle hat im Turbenmoos nicht nur regelmäßig Auerhühner beobachtet und gezählt, sondern auch fotografiert und gefilmt. Seine Aufnahmen sind in dem Film „Fressen und gefressen werden“ zu sehen, den er in Verbindung mit der Forstlichen Versuchs- und Forschungsanstalt Freiburg – FVA – und der Arbeitsgruppe Raufußhühner hergestellt hat. Weitere Auerhuhn-Filme der FVA sind tituliert „Das Abenteuer um die Ecke – Auerhühner im Schwarzwald“ und „Fristlose Kündigung fürs Auerhuhn – Wohnungsnot im Schwarzwald“.

ÜBER EINE STUNDE AUGE IN AUGE – UND GEWONNEN

Nachdem das eigentlich Unvorstellbare und Unfassbare brutale Realität geworden war: der Balzplatz im Märchenwald des Wildseemoores ab 2001 vollkommen erloschen, völlig verwaist, fand ich einigermaßen Ersatz in einem Balzareal am Röter Kopf bei Huzenbach. Dieses hatten meine Frau und ich per Zufall entdeckt. Als wir am 24. April 1993 gegen 9.30 Uhr vom Höllkopf bei Kohlwald auf dem Höhenweg zum Huzenbacher See und Großhahnberg (was für ein Name!) wanderten, hörten wir um 9.45 Uhr zwischen Steinmäuerle und Kleemüsse plötzlich dicht neben dem Fahrweg einen Auerhahn balzen, singen und Flattersprünge vollführen. Wir sahen ihn auch kurz vom Weg aus und zogen dann weiter. War das ein „Einzelkämpfer“, eventuell ein balztoller Hahn – um diese Tageszeit noch an einem Fahrweg balzend? Oder war es ein noch später Sänger einer größeren Balzgesellschaft?

Des Rätsels Lösung folgte in den nächsten Minuten. Kurz nach der Begegnung tat sich vom Weg aus vor uns ein kleines Hochmoor auf, das ich natürlich kurz inspizierte. Und dort sah ich – ohne Übertreibung – zentnerweise Auerhuhnlosung, auch „Falzpech", sowie Federn! Keine Frage: Hier befand sich ganz sicher ein großer Balzplatz! Die Probe aufs Exempel folgte dann im Jahr 2000, wie im nächsten Abschnitt berichtet, und zeigte: Wir hatten in der Tat einen großartigen Balzplatz mit z. T. mehr als zehn gleichzeitig balzenden Hähnen entdeckt! Später erfuhr ich, dass hier in den 1920er-Jahren in den sogenannten „Röter Streuplätzen" noch große offene Pfeifengrasflächen bestanden, die der Streugewinnung dienten und vor allem in ihren Randbereichen vielen Auerhühnern ideale Lebens- und Balzplatzbedingungen boten (Karl Ebert briefl.). Ich habe diesen Balzplatz dann, nachdem jener im Wildseemoor völlig verwaist war, bis auch zu seinem Erlöschen – nämlich 2020 – oft besucht, einmal sogar mit unserem Hund Bongo, wie bereits geschildert. Hier aber will ich nun über einen „Härtetest" berichten, den ich dort einst erbringen musste und erfreulicherweise auch konnte, was mir noch heute in den Knochen steckt. Dazu in Kürze aus meinem Tagebuch:

17. April 2003, 13 Uhr Ankunft am Rathaus-Parkplatz in Huzenbach, dann Aufstieg zum Röter Kopf, 17 Uhr Eintreffen am Balzplatz. Dort am Rande Niederlassen zum Ausruhen zwischen kleinen Fichten, wo ich dann später auch mein Nachtlager einzurichten gedachte. Das Tarntuch zwar über die Schultern gelegt, aber Kopf und Hände um diese Zeit noch völlig frei in der Sonne, zumal als nächstes eine Dose Ölsardinen verdrückt werden sollte, was erfahrungsgemäß ideal ist, um nachts im Schlafsack ordentlich „einzuheizen". Gerade als ich die Sardinendose öffnen will, rauscht wie aus dem Nichts ein Auerhahn heran und fällt (wie später mit Schritten ausgemessen) gerade mal 15 Meter entfernt in etwa acht Metern Höhe in

eine Fichte ein, und zwar so, dass er direkt freie Sicht zu mir hat. Ich erstarre zur Bildsäule, und während seine roten Rosen im warmen Licht des späten Nachmittags blutrot leuchten, ärgere ich mich schwarz – warum hatte ich nicht längst meine Tarnmütze und Handschuhe angezogen! Und so wird er nun jeden Moment abrauschen, weil er mich am Balzplatz hat sitzen sehen. Doch da beginnt er, in aller Ruhe Fichtennadeln abzubeißen und zu verschlucken. Mein Gott, er hat mich also noch nicht erkannt, und erfahrungsgemäß wird er nun wohl auch etwas im Geäst umhersteigen, um an andere Nadeln zu gelangen und zumindest auch den Kopf wenden, sodass er nicht mehr direkt zu mir herüberschaut. Ich halte den Atem an und warte – und dann: hält er im Fressen inne, sichert, schiebt wie in Zeitlupe mit immer länger werdendem Hals seinen Kopf aus dem Fichtengezweig hervor, wendet mir die rechte Kopfseite zu und schaut unverwandt und wie gebannt zu mir herüber, so, als dächte er – da stimmt doch etwas nicht – da sitzt doch …

Zum Glück hatte mir schon Konrad Lorenz gesagt, dass Auerhühner trotz ihrer Schönheit „ziemlich dumme Hühner“ sind, etwa im Vergleich zu seinen „schlauen“ Graugänsen, und somit auch nicht über gute Gestaltwahrnehmung verfügen. Das heißt, sie sollten nicht leicht etwa aus einem hellen Kopf und hellen Händen, die von mir zu sehen waren, abstrahieren können, da sitzt ein Mensch (und hoffentlich nur ein Vogelbeobachter und kein Jäger). Rothirsche zum Beispiel verfügen über sehr gute Gestaltwahrnehmung und können etwa Jäger auch in absonderlichen Verkleidungen als Menschen „entlarven“, Feldhasen hingegen nur über schlechte. So kann ein Hase selbst in offenem Gelände ganz nahe an einen heranhoppeln, ohne das lange, ruhig vor ihm stehende „Gebilde“ als Mensch zu erkennen, solange er keine Witterung von einem bekommt.

Dieses und mehr ging mir durch den Kopf, als mich der Hahn weiterhin ohne jegliche Regung fixierte. Aber all das nützte mir herzlich wenig. Vielmehr hätte ich liebend gern gewusst, was in seinem Hirn vorging, ob er sich überhaupt den Kopf zermarterte oder aber einfach nur auf die geringste Bewegung von mir wartete, um sich seines Verdachtes sicher zu sein und dann abzureiten. Aber den Gefallen wollte ich ihm natürlich nicht tun. Zum Glück saß ich recht behaglich, nichts tat weh, und so konnte ich mich schon auf ein Weilchen gegenseitiges Belauern einstellen. Das war mir auch etliche Mühsal wert, denn die Tatsache, durch Ungeschick einen Hahn am Balzplatz verpatzt zu haben, darüber hätte ich mich fürchterlich und lange ärgern müssen!

Den Rest will ich kurz machen. Da ja Auerhühner – wie oben geschildert – Vögel sind, die in nahezu zeitloser Ruhe leben können, nahm sich mein Gegenüber in diesem kritischen Fall die nötige Zeit: es waren schlussendlich eine Stunde und zehn Minuten. Ein Zeitabschnitt in meinem Leben, den ich heute noch lebendig nachempfinde. Und dann – flog er ab? Natürlich nicht – sonst hätte ich die Geschichte nicht erzählt. Er zog langsam seinen Hals wieder ein, seinen Kopf zurück, und begann wieder, Fichtennadeln abzubeißen und zu schlucken. Und dann tat er auch das, worauf ich eingangs so gehofft hatte: Er stieg mehr seitlich ins Geäst, um an anderer Stelle zu fressen, wobei er sogar gänzlich die Sicht zu mir verlor. Nach einer weiteren Stunde flog er dann doch noch ab, aber sehr laut polternd und nur in den übernächsten Baum, um dort seinen Balz- und Schlafbaum für diesen Abend zu beziehen.

Da wusste ich: Dieses gegenseitige Abtasten Auge in Auge, über eine Stunde, er offensichtlich voller Argwohn, dass da wohl etwas nicht stimmen könnte, und ich, voller Furcht und Sorge, ob meiner Leichtfertigkeit entdeckt zu werden, hatte ich zu meinen Gunsten entschieden! Darüber freue ich mich immer noch riesig. So wie ich noch gern daran zurückdenke, wie gut mir an jenem Abend die Ölsardinen und danach ein Bier und ein Viertel Rotwein geschmeckt haben, bevor ich nach dem Belauschen einer wunderbaren Baumbalz hochzufrieden entschlummert bin.

Müßig zu sagen, dass ich mich für Auerhuhn-Beobachtungen fortan auch schon mittags vollständig getarnt habe. Da ich kein Buddhist bin, ist stundenlanges Verharren in Reglosigkeit auch angesichts herrlichster Auerhühner für mich keine erstrebenswerte Disziplin. Wie hervorragend meine Tarnung auch am hellen Tag funktioniert, konnte ich später fast von demselben Platz aus noch auf wundersame Weise testen, nämlich durchs Fernglas – an einem Förster. Dazu später mehr. Übrigens: Später habe ich beim Lesen entdeckt, dass auch andere Auerhuhn-Beobachter Hähne erlebt haben, die über eine Stunde sicherten, um „sicher zu gehen"[81].

DER KAMIKAZE-HAHN

Am 21. April 2000 stand wieder einmal ein traumhaft schöner und höchst interessanter Tag ins Haus. Ich erreichte um 13.30 Uhr Huzenbach und war bei strahlendem Sonnenschein bis um 16.30 Uhr zum Balzplatz am Röter Kopf aufgestiegen. Als ich mich dem kleinen Hochmoor im nördlichen Bereich der Balzarena näherte, hörte ich zu meiner großen Überraschung bereits zwei Hähne balzen – Bodenbalz, mit eifrigem Singen, Kröchen und Flatterspringen – und das in voller Nachmittagssonne! Ich schlich mich bis an die randlichen Kiefern des Moores heran und konnte mich dort zwischen zwei kleineren Bäumchen mit weit herunterreichender Beastung einigermaßen in Deckung bringen. Was für ein Anblick! Auf einem Teppich fahlgelblicher vorjähriger Pfeifengraspolster im fast baumfreien zentralen Bereich des kleinen Moores waren zwei Hähne gerademal etwa 20 Meter vor mir „in voller Fahrt". Sie umkreisten sich in langen Bahnen mit schnellem Trippeln, wobei sie ihre abgespreizten Flügel geräuschvoll über das dürre Gras schleifen ließen, ganz ähnlich wie Truthähne, wodurch das sogenannte „Rauschen" erklang. Danach konnten sie wieder auf einer Bülte stehen bleiben, um dort zu singen und zu kröchen, und dann erneut wieder zu starten – mit Trippeln oder auch einem Flattersprung.

Es roch eindeutig nach Kampf – und der sollte auch bald kommen. Bei den kreisenden Bahnen kam nämlich einer der Hähne plötzlich in voller Fahrt bis auf etwa fünf Meter an mich heran, blickte zu mir, blieb ähnlich wie ich angewurzelt stehen – und als ich in meiner Vorstellung eigentlich schon das nun erwartete polternde Abstieben „hörte", geschah Unglaubliches. Der Hahn schoss – wie ich es von unseren in Volieren gehaltenen Vögeln kannte – blitzschnell auf mich zu und begann wie tollwütig in meine Hose zu beißen, sprang dann hoch, biss im Brustbereich ins Hemd, zielte auch nach meinem Gesicht und verpasste mir beim Versuch, ihn abzuwehren, mit einem kräftigen Biss eine Quetschwunde in den Handteller, die sofort ordentlich zu bluten anfing. Als ich meinen Rucksack abwarf, um eventuell an Handschuhe zu gelangen, wurden die Attacken, nun auch mit Flügelschlägen, so heftig, dass ich meinen Kopf ins Geäst einer der kleinen Kiefern steckte und dem Kämpfer den Rücken zuwandte. Daraufhin sprang er mich von hinten an, biss sich mit seinem kräftigen Schnabel in der Anorak-Kapuze fest und schlug mir seine Flügel um die Rippen. Nachdem ich ihn abschütteln konnte, zog er sich ein paar Meter zurück, schoss aber alsbald wieder heran, um mich erneut wie von der Tarantel gestochen zu bearbeiten.

Mir war klar, den würde ich so schnell nicht los und da galt es, härtere Saiten aufzuziehen. Auch Wegschleudern mit gestrecktem Bein half nichts, ebenso wenig der Versuch, ihn mir mit einem dicken Ast vom Leibe zu halten. So fing ich ihn schließlich mit schnellem Zugriff direkt unter dem Kopf am Hals, wie oft an angreifenden

Hähnen in der Voliere und balztollen Hähnen anderswo geübt (siehe unten), zog ihn rasch hoch und nahm ihn unter dem rechten Arm in den Schwitzkasten. So fixiert konnte er weder zubeißen noch mit den Flügeln schlagen, versuchte aber, sich mit Aufbietung aller Kräfte aus der misslichen Lage zu befreien, was mich ordentlich anstrengte. Dabei konnte ich ihm aus nächster Nähe ins Antlitz schauen und sah an seinem gewaltigen Schnabel mit etwa drei Zentimetern Ansatzhöhe, dass es sich um einen erfahrenen „alten Raufer" handelte, der seine fünf Jahre auf dem Buckel haben mochte. Nach etwa einer Viertelstunde, in der ich ihm gut zugeredet hatte, wollte ich den Schwitzkasten-Effekt testen und ließ ihn wieder zu Boden. Und siehe da: Er nahm zwar sofort wieder Balzstellung ein, drohte auch dickköpfig und kröchte, griff aber nicht mehr an und hielt etwa einen Meter Abstand zu mir. Ich holte mir den dicken, zuvor verwendeten Ast wieder, fuchtelte damit ordentlich vor ihm herum und war erleichtert zu sehen, dass er dabei langsam ins Moor zurückwich. Bald darauf klappte er seinen hoch aufgefächerten Schwanz zusammen, machte sich schlank und zog ruhig in den unteren Bereich des Moores, wo er im Gehölz verschwand. Ich war heilfroh, dass dieser unglaublich kämpferische Vogel keinen Herzinfarkt bekommen hatte und sich offenbar wohlauf wieder von dannen machen konnte. Erst jetzt bemerkte ich, dass der andere Hahn inzwischen auf einer kleinen Kiefer aufgebaumt hatte und dort eifrig weiterbalzte. Er hatte sich von unserem Scharmützel offenbar nicht sonderlich stören lassen.

Uff! Nach diesem Schrecken am hellen Nachmittag hieß es erst einmal, Kriegsrat halten. Natürlich war gar nicht daran zu denken, diesmal am Rande des Balzplatzes mein Nachtlager einzurichten. Würde mich der Kämpfer dort abends oder morgens entdecken, könnte der Teufel los sein und wir würden unter Umständen mit unseren Auseinandersetzungen die ganze Balzgesellschaft vergrämen. Also inspizierte ich den auf der anderen Seite des Fahrweges angrenzenden Hochwald (der damals noch stand, bevor er Jahre später einem Sturm zum Opfer fiel) und fand dort, etwa 50 Meter vom Weg entfernt, eine kleine Fichtendickung, die zum Nächtigen bestens geeignet war. Von dort aus ließ sich frühmorgens leicht wieder der Hauptweg erreichen und ebenso der Rand der Balzarena.

Nachdem ein bequemes Nachtlager eingerichtet war, kroch ich gegen 20 Uhr in meinen Schlafsack, genoss meinen Schlummertrunk und tat das, was meinem Herzblatt, meiner Frau, und mir hoch und heilig war: Ich rief sie vom Handy aus an, sagte ihr, dass ich wohlauf sei und nicht irgendwo mit gebrochenem Bein im Wald läge und sich langsam die Ameisen über mich hermachten. Und umgekehrt erfuhr ich, dass mit ihr sowie Haus, Hof, Schafen und Hund alles in Ordnung war, sodass wir uns beide unbesorgt schlafen legen konnten. Zu diesem Zweck hatte ich im Laufe der Zeit für alle meine Beobachtungsgebiete ausgelotet, wo ich mit welchem Netz Empfang hatte. Von manchen Balzplätzen aus konnte ich meiner Frau sogar morgens in aller Herrgottsfrühe übers Handy ein Stimmungsbild vermitteln – den Gesang von Drosseln, Flattersprünge von ganz in der Nähe balzenden Hähnen oder auch einfach Zähneklappern nach einer saukalten Nacht. Das wäre was für eine Whatsapp-Gruppe von mir gewesen, die ich aber – Gott bewahre – nie hatte und auch nie hätte haben mögen.

Nun aber zurück zum abendlichen Telefonat. Ich lag, wie gesagt, bereits im Schlafsack und sprach mit gedämpfter Stimme, sodass mich etwa späte Wanderer vom Hauptweg aus nicht hätten hören können, als – ich meinen Augen nicht trauen wollte! Ins Telefon stammelte ich, ich muss erst mal Schluss machen, melde mich später noch mal – der verrückte Hahn kommt wieder!! Und in der Tat: Vom oberen Eck des Hochwaldes, wo ein Seitenweg in den Fahrweg mündet, sah ich in der sich bereits der Dunkelheit nähernden Dämmerung den breit gefächerten Schwanz eines Auerhahns, sich hin und her bewegend, wenn der Vogel über quer liegende Äste klettern musste, bedenklich näherkommen. Der Kampfhahn – schoss es mir in den Kopf! Er hatte mich wohl mit seinem überaus scharfen Gehör vom Moor aus reden gehört. Ich sprang so schnell ich konnte aus meinem Schlafsack und in meine Schuhe, um ihn noch abzufangen, bevor er mein Nachtlager entdeckt hätte – nicht auszudenken! Als ich vor ihm stand, griff er nicht sofort an, kam aber sichtlich angriffslustig nahe an mich heran. So konnte ich ihn, wie ein durch „flügellahmendes" Flüchten mimender Kiebitz einen Fuchs verleitet, bis zum Hauptweg zurücklocken. Als er dort dann angriff, wanderte er abermals in den Schwitzkasten – aber nun war guter Rat teuer! Die Idee, ihn in meinen Rucksack zu packen und nur den Kopf hinausschauen zu lassen, verwarf ich wieder – er würde so keinesfalls Ruhe geben, sondern sich eher in der langen Nacht umbringen. Die zweite Idee gefiel mir besser. Oberhalb der beschriebenen Wegeinmündung gab es eine angepflanzte Fichtendickung, Baum an Baum, fast undurchdringlich, die Bäume etwa fünf bis knapp zehn Meter hoch. Da es mittlerweile zwar nicht stock-, aber richtig dunkel geworden war, sollte er aus diesem Dickicht, richtig eingebracht, nicht so schnell wieder herausfinden, wie ich mich zurückziehen konnte. Also trug ich ihn zur Fichtenschonung, suchte mir eine günstige Stelle und warf ihn zwischen die zweite und dritte Baumreihe etwa in Kopfhöhe vor mir vorsichtig ins lockere Geäst, wo genau das passierte, was ich erhofft hatte: Dort blieb er zunächst wie verdutzt ruhig in den Zweigen hängen, konnte aber von da aus als schwerer Vogel nicht losfliegen und sank, sowie er sich bewegte, bei jeder Bewegung tiefer ins Gezweig zum stockdunklen Waldboden hin. Bis das erfolgt sein mochte, war ich über Stock und Stein davon, erreichte unbehelligt meinen Schlafsack und schickte die letzte Nachricht für diesen Tag wohlweislich nur noch flüsternd an den Bodensee.

Wie erwartet, verlief die Nacht ruhig – auch Kamikaze-Auerhähne sind keine wirklich nachtaktiven Vögel, selbst wenn sie sich tagsüber nicht genügend austoben können. Voller Spannung fieberte ich der Balz am nächsten Morgen entgegen. Um 3.30 Uhr schlüpfte ich in meine Tarnkleidung, pirschte zum Fahrweg und hörte schon kurz nach 4 Uhr den ersten Hahn von der Balzarena her knappen. Bis nach 7 Uhr balzten dann insgesamt sechs Hähne, und auch mindestens so viele Hennen tauchten auf. Ich hielt mich an diesem Morgen in gebührendem Abstand, um den Kampfhahn nicht noch einmal zu provozieren, und stieg dann gegen 8 Uhr wieder ab gen Huzenbach.

Blieben die interessanten Fragen: Hatte es sich bei dem über alle Maßen aggressiven Vogel um einen der sogenannten balztollen Hähne gehandelt, die später noch besprochen werden? Diese treten jedoch normalerweise als Einzelkämpfer auf und nicht als Mitglieder einer Balzplatz-Gemeinschaft. Oder war dieser Haudegen am Nachmittag nur dermaßen im Kampfrausch gewesen, dass er auch auf mich losgegangen war, nachdem ich dort plötzlich neben seinem Kontrahenten als Dritter auftauchte? Und was mag wohl nach unserer Begegnung aus ihm geworden sein?

Auf letztere Frage gibt es Hinweise. Mein Freund, der Auerhuhn-Spezialist Klaus Roth, berichtete mir, dass am in Rede stehenden Balzplatz nach meinem Besuch noch andere von einem angreifenden Hahn berichtet haben. Aber er ist wohl dort nicht lange in Erscheinung getreten, wie sonst oft üblich (siehe unten). Denn: Unsere Forschungsgruppe Auerhuhn hatte seinerzeit alle Forstämter im Schwarzwald gebeten, balztolle Vögel für Hormonuntersuchungen und Besenderung für Telemetrie-Studien zu melden – aber vom Kamikaze-Hahn hörten wir nichts mehr. Gut möglich, dass er das Schicksal so manches Artgenossen hat teilen müssen und erschlagen worden ist. Ich weiß von etlichen, absolut sicheren solchen Fällen und zudem von einer ganzen Reihe sehr wahrscheinlichen. Auch Gründe dafür gab es etliche. Griffen derartig aggressive Hähne Frauen oder gar Kinder an, wurden sie natürlich von beherzten Männern mit Knüppeln abgewehrt und dabei nicht selten erschlagen, und von derartigen Beschützern sogar guten Gewissens. Andere Vögel wurden zum hochwillkommenen „Opfer" – als normalerweise unerreichbares Hochwild nun zur leichten Beute auch für Nichtadlige –, wobei der Balg zum Präparator, der Kern in den Bräter wandern konnte (wie ich aus Einsichtnahme in gewisse Tiefkühltruhen weiß). Und einige Hähne mussten auch ihr Leben aufgrund von Wetten lassen, die alkoholisierte „Natur"-Burschen untereinander abschlossen. Ein spektakulärer Totschlag eines Auerhahns bei einer Fete am Feldberg wurde erst jüngst vor Gericht verhandelt, mit Arrest und Geldstrafe geahndet und fand sogar Widerhall auf einer ganzen Seite im „Spiegel" (Ausgabe 37, 2020).

Was immer aus dem Kamikaze-Hahn, dem stolzen Kämpfer für die Erhaltung seiner Art im Schwarzwald, auch geworden sein mag, ein Andenken an ihn ist geblieben: Als ich ihn im Schwitzkasten hatte, habe ich mir erlaubt, ihm eine der wunderschönen Unterschwanzdecken zu ziehen – und die ist auf Seite 49 in meinem Auerhuhn-Tagebuch ab 1977 eingeklebt (Vignette Seite 174).

NOCH FÜNFMAL WIE IN RUSSLAND

In den ausgedehnten Moorwäldern der russischen Taiga gibt es bisweilen Auerhuhn-Balzarenen, die sich mit 20, 30 balzenden Hähnen so dicht aneinanderreihen, dass sie sich auf Strecken von nur wenigen Kilometern auf über 100 Hähne aufsummieren können. Wegen der Abstände, die die Vögel zueinander halten, kann man die natürlich niemals alle auf einmal sehen oder hören, aber von einem guten Beobachtungsplatz um die 20 auf alle Fälle. Beobachtungen in ähnlichen Größenordnungen waren früher auch im Schwarzwald in etlichen Gebieten möglich, als es noch zahlreiche Arenen mit über 20 gleichzeitig balzenden Hähnen gab. Aber ich hätte mir nicht träumen lassen, ein derartiges Eldorado auf meine alten Tage im Schwarzwald noch einmal kennenzulernen, und noch dazu von 2004 bis 2012 – am Großen Geißkopf.

Über unser Auerhuhn-Forschungsprogramm (siehe unten) hatte ich 1998 wieder Verbindung bekommen zu meinem ehemaligen Studienkameraden Klaus Roth, mit dem ich schon während unseres ersten gemeinsamen Semesters im Sommer 1959 zu Raufußkauz-Beobachtungen im Raum Calw unterwegs war. Klaus Roth, begeisterter Ornithologe, hatte sich nach dem Studium als Gymnasiallehrer in Freudenstadt niedergelassen und saß dort seit 1967 an der Quelle für Beobachtungen seines Lieblingsvogels, dem Auerhuhn. Im Laufe der Jahre wurde er mit Akribie zum besten lokalen Kenner der Art, vor allem der Verbreitung und der Balzplätze, mit Schwerpunkt Nordschwarzwald. Und als 1969 regelmäßige systematische Bestandserhebungen begannen, wurde Roth der federführende Kopf dafür im Nordschwarzwald.

Nun, gemeinsam in Untersuchungen zum Schutz der Auerhühner im Schwarzwald tätig, lud mich Klaus für den 30. April 2004 zu einem „schwierigen“ Verhör an einen größeren, nicht leicht zu überschauenden Balzplatz ein, dem am Großen Geißkopf. Dort galt es, in Anbetracht der inzwischen starken Abnahme der Art im Schwarzwald (zur Erinnerung: Balzplätze am Wildsee, im Turbenmoos usw. waren längst erloschen) die Anzahl der dort noch zahlreich balzenden Hähne von jetzt ab so genau wie möglich zu erfassen.

Dafür hieß es bereits um 2 Uhr aufzustehen, 2.40 Uhr Abfahrt in Freudenstadt, 3.15 Uhr Abstellen des Autos hoch oben im Bergwald und dann noch fünfzehn Minuten Aufstieg durch lückigen

Wald über Moos, Grasbüschel und durch Heidelbeergesträuch hinauf zum Karkessel unterhalb der Bergkuppe. Klaus bezog am Rande des Kars einen zum Beobachten eingerichteten Schirm, und ich klomm noch etwa 50 Meter auf den Karboden hinauf, wo ich mich in meiner Tarnkleidung in einer Gruppe kleiner Fichten optisch betrachtet „auflöste". Von dort aus konnte ich einen Großteil des Karkessels überblicken, ebenso den größten Teil der Karwand zur Bergkuppe hin, die sich gen Westen wie ein riesiges Amphitheater erhob, und zudem war ich weit genug entfernt von dem kleinen gurgelnden Bach, der nördlich von mir den Karboden entwässerte. Ein einzigartig günstiger Platz zum Sehen und Verhören, wie sich bald und bis 2012 herausstellen sollte.

2004: Gegen Ende der Balzzeit erst ab 5.30 Uhr zögerliches Knappen, dann aber fällt ein Hahn nach dem anderen ein, und eine halbe Stunde später singen mindestens zwölf Hähne, einige vollführen auch Bodenbalz mit Flattersprüngen – die „Hähne singen wie im Chor" steht darüber in meinem Tagebuch, und ein wohl zweijähriger Zutreter erscheint immer mal wieder direkt vor meinem Versteck, knappend und kröchend.

2007: Früher im Jahr, mehr in der Hauptbalzzeit, und damit nochmals eine deutliche Steigerung gegenüber 2004. Anfahrt und Aufstieg wie gehabt, ab 3 Uhr Ansitz im Versteck und um 5 Uhr balzen bereits 14 Hähne – nicht weniger als acht (!) sind zeitweise von meinem Beobachtungsplatz aus gleichzeitig bei der Bodenbalz zu sehen! Wie früher im Wildseemoor ließen sich auch hier die Hauptschläge von Vögeln aus den hinteren Rängen nicht eindeutig bestimmten Hähnen zuordnen, sodass gut und gern mindestens 16 gebalzt haben können. Besonders interessant war zu beobachten, wie einer der Platzhähne („Weißschwanz") einen etwas aufsässigen Junghahn mit einem längeren Verfolgungsflug aus dem Kar vertrieben hat. Diesmal konnten wir die Balzarena erst 10.20 Uhr verlassen, nachdem sich die Vögel um uns herum zur Nahrungssuche begeben hatten und nur am Fuße der Karwand noch letzte balzten.

2008: 7. Mai. Obwohl wegen deutlicher Zuwächse von Jungfichten sowohl am Karhang als auch am –boden nur sechs Hähne gleichzeitig bei der Bodenbalz zu sehen und insgesamt 14 eindeutig zu hören sind, reicht die Schätzung der Gesamtzahl diesmal mindestens bis 20! Deshalb die Vorgabe: in einem der nächsten Jahre Zählung mit mehreren im Gebiet verteilten Beobachtern.

2011: Anfahrt und Aufstieg wie üblich, Ansitz ab 3.45 Uhr, diesmal zu viert – mit Walter Finkbeiner und Klaus' Sohn Michael, die sich beide nördlich vom Karbächle postierten. Um 5.35 Uhr setzte die Balz fast schlagartig im ganzen Karbereich ein, und wir konnten 15 bis 16 Hähne ganz sicher lokalisieren, und sehr wahrscheinlich haben an diesem Morgen 21 Hähne gleichzeitig miteinander gebalzt! Damit dürfte die Arena am Großen Geißkopf seinerzeit der beste Auerhuhn-Balzplatz in Mitteleuropa gewesen sein! Dort morgens zu sitzen, zu lauschen und zu staunen mutete an wie ein traumhafter Ausflug in die unendlich weiten Wälder von Väterchen Russland – und das alles dicht unter der oben entlangführenden Schwarzwald-Hochstraße! Das Schauspiel: Klaus nannte es eine Fünf-Sterne-Balz!

Aber: Bald war aus der Traum. Am 23. April 2015 konnten wir mit der oben beschriebenen Vierer-Gruppe gerade mal knapp zehn Hähne zusammenaddieren, und ich hatte von meinem Platz aus lediglich sechs Hähne und drei Hennen ermittelt. Das Gebiet hatte sich inzwischen deutlich negativ verändert, in meinem Tagebuch steht dazu: „überall starker Fichtenaufwuchs". Und bei meinem letzten Besuch am Geißkopf am 15. April 2019 konnten wir mit einer Beobachtergruppe von inzwischen sieben Auerhuhn-Kennern nur einen einzigen Hahn verhören und später einen zweiten, nicht balzenden Junghahn beim Fressen beobachten. Unfassbar, was für

Ein Auerhahnporträt – Faszination pur: die roten Rosen, der bestechende Blick, ein imposanter Bart und der mächtige, nach der Balz ramponierte Schnabel

Nicht minder faszinierend, aber geradezu grazil dagegen das Porträt der Auerhenne

Eine Auerhenne in ihrer ganzen Pracht: obwohl nur braun und schwarz-weiß mit einem Tupfer Rot – dennoch eine Symphonie aus Gestalt, Färbung und Zeichnung

Der allmählich abdankende gefiederte König unserer Wälder – eine der prächtigsten Gestalten der gesamten Vogelwelt: majestätisch!

Blick vom Moor in Märchenrandwald fast wie früher am Wildsee – jedoch Finnland 2003

Moorkiefern am Wildsee-moor in den 1980er-Jahren

Sekundärwald im Nordschwarzwald, in dem die meisten Fotos der Bildtafeln aufgenommen wurden: zur Balz noch geeignet, für Küken bereits zu starker Aufwuchs

„Weißschwanz" – ein „Elster"-Hahn – auf für die Balz idealem, teppichartig offenem Moosboden, umgeben von Heidelbeeren, schon im ersten Morgenlicht bei der Bodenbalz

Ganz erstaunlich, wie sich Auerhähne – etwa bei Störungen, bevor sie sich verdünnisieren – schlank machen und wie dünn und lang die sonst eher gedrungen wirkenden Vögel dann erscheinen

Moosbeeren im Wildseemoor, eine aussterbende Futterpflanze des Auerhuhns

Auerhuhn-Lebenselixier: die saftstrotzende Moorkiefer

Ein Biss – und ein ganzes Büschel Kiefernnadeln kann mitsamt der Zweigspitze verschluckt werden

Winterkotwürstchen mit Resten von Koniferennadeln auf Torfmoos

Sommerkot mit weißer Harnsäure aus meist tierischer Nahrung

Drei Kleckse Falzpech und Kotwürstchen, auf Volierenboden

Eine Huderpfanne zwischen Fichtenwurzeln

Auerhahn im dünnen Geäst einer Lärche zur Aufnahme der beliebten sprossenden Nadeln

Ein nach der Balz ruhender sichernder Hahn – ein lebendes Denkmal, nicht selten bis zu einer Stunde so verharrend

Mittagsruhe – völlig entspannt – mit geschlossener Nickhaut (ein Nick-erchen)

Ein einzigartiger Schnappschuss: Beide Bugflecken leuchten wie Signallichter.

Ähnlich einmalig: Ein Hahn taucht morgens aus seinem „Iglu" auf.

Auerhenne im Fichtengezweig, hier sichernd

Eine Auerhenne, kurz vor dem Abbeißen von Fichtennadeln

Auerhenne, aus Fichtenzweigen abfliegend

Auerhenne auf Baumstubben: Hier zeigt sich das Raufußhuhn.

Auerhahn balzend auf einer gut begehbaren Restschneefläche

Welch prächtiger Anblick! Hals und Schwanz bilden ein U, der Kopf ist keck aufgeworfen, blaugrauer Hals, grüner Brustschild und Bugfleck erstrahlen schon vor Sonnenaufgang.

Balzender Hahn von hinten: Auch die geperlten Unterschwanzdecken sind eine Pracht.

Balzender Hahn in maximaler Drohgebärde: Federn vom Schnabel bis zum Schwanz gesträubt und gespreizt, und dazu ertönt Furcht einflößendes Kröchen.

Hier betritt ein echter Platzhahn die Bühne – wahrlich kraftstrotzend!

Dann setzt er an …

und hebt mit wuchtigen Flügelschlägen ab …

… zu einem imponierenden Flattersprung …

…, bei dem die weißen Unterflügel feenhaft aufblitzen können.

Danach gilt es, einem Konkurrenten entschieden entgegenzutreten.

Und wenn partout keiner weichen will, ist Androhung von Schnabelkampf angesagt …

… oder auch Flügelschlagkampf …

…, der dann im wahrsten Sinne des Wortes schlagartig knallend einsetzen und bisweilen für den Verlierer tödlich enden kann.

Dem Sieger gesellen sich Hennen zu, die gegen Artgenossinnen auch ordentlich dickköpfig und -halsig drohen können.

In intakten Auerhuhnbeständen scharen sich meist etliche Hennen um einen Platzhahn und verharren dabei oft geduldig in Begattungsaufforderungshaltung (rechts im Bild).

Die ganze Pracht einer Balzplatzgruppe leuchtet auf, wenn sie von den Strahlen der Morgensonne erreicht wird.

Schließlich – nach oft stundenlangem Vorspiel – die recht selten zu beobachtende Begattung

Ein idealer Brutplatz: Die Henne ist in Färbung und Zeichnung bestens in die schwer begehbare Umgebung eingepasst, und das Nest ist zudem überdacht.

Ein ähnlich günstiger Brutplatz, gut gedeckt unter tiefhängendem Gezweig

Ein typisches, wenn auch kleines Gelege in einer flachen Bodenmulde

Sechs frisch geschlüpfte Küken noch zwischen ihren Eischalenresten in einer kaum vertieften einfachen Nestmulde auf Bodenstreu

Eine Henne mit mindestens sieben Eintagsküken – ein nahezu optimales Gesperre, heute fast überall eine Seltenheit

Ein Prachthahn aus unserer Volierenhaltung – lammfromm für das Foto

Ein balztoller Hahn – „Hans“ – harmlos von hinten …

…, aber höchst angriffslustig von vorn (mit Andreas Kieling 2012 im Nordschwarzwald).

Auerhenne „aufgebaumt“ auf einer Spezialwaage in der Voliere

Aus Beerkraut ragende Sender-Antenne (Pfeil) zeigt eine darunter brütende Henne an.

Balzender Auerhahn mit vier Hennen in einer Voliere der Vogelwarte Radolfzell, eine Idylle fast wie in der freien Natur

Auerhähne, am Boden oft recht gedrungen erscheinend, sind – wenn in der Luft – erstaunlich elegante Flieger, wenn auch bei uns in eine düstere Zukunft.

Hahn wie am Galgen, eine Prognose für ihn im Nationalpark

Ein beherzter letzter Aufruf zur Rettung des Urhuhns im Schwarzwald

eine Stille ins Kar eingezogen war – keine Bodenbalz, kein Flattersprung, keine Hennen.

Auch wenn die Beobachter vor Ort später im Jahr noch insgesamt drei Hähne und mehrere Hennen konstatierten und für 2020 eine ähnliche Anzahl – das Ende der Auerhuhn-Ära scheint auch am Geißkopf eingeläutet zu sein. Zudem balzten die letzten Mohikaner inzwischen nicht mehr oben im mittlerweile stark mit Fichten zugewachsenen Kar, sondern da, wo es noch einigermaßen offen ist: im Bereich der breiten Fahrwege unterhalb des Kars. Ein Ausweichmanöver, das sich seit über 50 Jahren längst durch den gesamten Schwarzwald zieht. Wege – und bisweilen sogar geteerte Straßen, wie im Hotzenwald beobachtet – sind für Auerhähne an und für sich sehr schöne ebene freie Balzarenen, aber leider für Feinde wie Fuchs und Habicht von weither einzusehen, sodass ihre Benutzung wie auch für dort Küken führende Hennen den Feinddruck erhöht.

DREI KRONJUWELEN VOM WILDSEEMOOR

Über die Auerhuhn-Beobachtungen in meinem Lieblings-Märchenwald im Wildseemoor könnte ich liebend gern ein eigenes ganzes Buch schreiben, aber hier will ich es bei drei ausgewählten Schmankerln bewenden lassen.

Das Öffnen der Himmelstür

Wie oben beschrieben, zog ich am 26. April 1968 zum ersten Mal mit meinem Schlafsack ins Wildseemoor, um dort am Rande der großen Balzarena zu nächtigen und auf diese Weise Störungen durch abendliches Wegschleichen und morgendliches Anpirschen zu vermeiden. Der 27. April wurde dann für mich ein geradezu himmlischer Tag.

Vor lauter Aufregung hatte ich ab Mitternacht kaum noch geschlafen, nurmehr in kurzen Phasen gedöst, und als gegen 4 Uhr ein erster Hahn anfing zu knappen, fiel eine riesige Erwartungsanspannung von mir ab, denn nun brauchte ich nur noch in Ruhe zu beobachten.

In aller Kürze: Bis zu vier Hähne konnte ich gleichzeitig von meinem Versteck aus in voller Balz beobachten, und der mir am nächsten kommende Hahn blieb längere Zeit gerade mal 20 Meter vor mir stehen, um zu sichern, bevor er wieder loslegte – was mein Herz vor Aufregung zunächst fast zum Stillstand brachte. Doch dann die Erlösung: Er hat mich nicht bemerkt – alles gut. Nachdem noch einige Hennen aufgetaucht und ein paar Schnabelkämpfe ausgefochten worden waren, zerstreute sich die Balzgesellschaft gegen 9 Uhr in alle Richtungen, und ich konnte mich – unentdeckt, ohne gestört zu haben – zurückziehen. Damit hatte sich für mich eine Himmelspforte für traumhafte Beobachtungen aufgetan – nämlich künftig von Kämpfen, Kopulationen, Küken führenden Hennen und vieles mehr, es war zum Frohlocken!

Näher dran geht nicht

1985, damals, 46 Jahre alt, war ich fit: Etwa zweimal die Woche zum Waldlauf unterwegs, legte dabei jeweils etwa vier bis acht Kilometer zurück, und bei schönem Wetter schwang ich mich öfters abends auf mein Rennrad für eine gute halbe Stunde „wilde" Berg- und Talfahrt. Deshalb konnte ich am 18. April es wagen, mein Nachtlager nur etwa 25 Meter vom oben beschriebenen Beobachtungsschirm der Forstleute einzurichten. Dass der Schirm von ihnen benutzt werden würde, war nach meinen Beobachtungen und Mitteilungen von Forstamtmann Erwin Merkel sehr unwahrscheinlich – meistens herrschte dort Ruhe. Und wäre jemand erschienen, hätte ich in meinem Versteck ausharren müssen, bis die Luft wieder rein gewesen wäre. So aber war mein Plan: Wenn niemand erscheint, robbe ich vor Balzbeginn bis unter den Schirm und wäre dann direkt bei den Platzhähnen, die sich regelmäßig vor ihm austobten. Und das gelang tatsächlich: Um 5 Uhr war ich dort so in Heidelbeergesträuch und Reisig eingetaucht, dass mich selbst ein über mir im Schirm sitzender Beobachter wohl nicht entdeckt hätte – ich hätte das jedenfalls nicht befürchtet.

Um 5.45 Uhr ging es los. Drei Hähne polterten vor und neben mir nieder, weitere Richtung Moor, und vollführten gut eineinhalb Stunden lang ihr volles Balzprogramm einschließlich eines heftigen Kampfes mit Schnäbeln und Flügeln. Mit ihren kreisenden Bahnen waren sie abwechselnd zwischen 20 und vier Metern von mir entfernt, und wenn der vor mir balzende „Schirm“-Platzhahn sich weiter entfernte, konnte ich mich sogar etwas bewegen und meine Beine weit in die Heidelbeeren vorstrecken und den Kopf an einen der Schirmpfosten anlehnen, sodass ich geradezu bequem lag. In dieser Position ist der „Schirm“-Hahn bei aufgeregten Trippelläufen dann zweimal über meine Füße hinweg marschiert – zum Greifen nahe, unbeschreiblich! Das ist mir später nur noch einmal passiert, als ein aufgeregter Kämpfer übers Fußende des Schlafsackes lief.

Wenn der „Schirm“-Hahn nur wenige Meter neben mir stand und sang, wetzte oder kröchte, konnte ich Details beobachten, wie später nur an balztollen Hähnen, von in der Voliere gehaltenen Vögeln oder in sehr guten Filmaufnahmen. So sah ich damals zum ersten Mal genau, wann und wie weit sich der Schnabel beim Knappen und weiteren Teilen der Balzstrophe öffnet, wann er bewegt und stillgehalten wird, dass das Auge beim Wetzen im Wesentlichen offen bleibt, aber die Nickhaut mehrfach darüber hin„flackert“, in welchem Rhythmus dabei der Kopf aufgeworfen und der Bart gesträubt wird, bei welchen Lauten der grüne Brustschild mitschwingt, Grübchen erkennen lässt, wie bisweilen heißer Atem wie bei einem brunftenden Hirsch als kleine Wolke in die kalte Morgenluft aufsteigt (siehe Titelbild) und vieles mehr. Zum Glück hatten sich an diesem Morgen keine Hennen bei den drei Hähnen eingefunden, die hätten mich nämlich – unter Umständen nur ein paar Meter ruhig vor mir sitzend – zu absoluter Regungslosigkeit verdonnert.

Ein großartiges Erlebnis! Dennoch war ich froh, als ich mich nach etlichen Stunden „Starre" wieder richtig lockern konnte. Und klar war auch: Aus etwas größerer Entfernung und mit dem Fernglas zu beobachten war wesentlich komfortabler. Zudem gab es später Möglichkeiten zu Beobachtungen aus nächster Nähe an balztollen und in Volieren gehaltenen Vögeln in Hülle und Fülle.

Schlummerlied und Weckruf

1984: Nach einem Vortrag in Bad Teinach am 15. April bei fast schon Sommerwetter Aufstieg zum Moor, das ich gegen 17 Uhr erreichte. Da ich recht müde war, schlüpfte ich um 21.15 Uhr am Randbereich der Arena in meinen Schlafsack und staunte, als in dieser hellen Nacht um 22 Uhr immer noch Hähne sangen, mindestens vier, unablässig, sodass vom Moor-Randwald ständig Strophen zu mir herüberklangen. Eine geradezu feierliche Stimmung! Sie erinnerte mich an Nikolaus Lenaus Gedicht „Lieblich war die Maiennacht …", und ich war gespannt, wie lange die Hähne in sie hineinsingen würden. Als ich bei der nächsten vernehmbaren Strophe auf die Uhr schaute, war es – 5.15 Uhr! Und es sang ein Hahn, weitere knappten. Das war ganz offensichtlich der Beginn der morgendlichen Baumbalz! Und ich war – auch offensichtlich – abends nach 22 Uhr todmüde sozusagen mit Auerhahngesang als Schlummerlied eingeschlafen und nun wieder mit entsprechendem Gesang geweckt worden. Dies war und blieb ein einmaliges Erlebnis!

ZWEIMAL GOLD AM SILBERBERG

Am Silberberg bei Todtnau befand sich, bis zu seinem Erlöschen um 2020, 20 Jahre zuvor der letzte große Balzplatz im Südschwarzwald mit mehr als zehn gleichzeitig balzenden Hähnen. Der Betreuer, Forstamtmann Wolfgang Ebser, hatte dort zwei kleine, mit grünlicher Folie bespannte Verstecke aufgebaut, von denen aus man zu dritt, auf einer schmalen Holzbank sitzend, durch Sehschlitze die Balzgesellschaft sehr gut beobachten und auch fotografieren oder filmen konnte. So waren dort u. a. Thomas Asch und Andreas Kieling tätig gewesen. Und ich hatte das große Glück, am Silberberg ein paarmal in Begleitung Gast sein zu dürfen – einmal für eine höchst spannende wissenschaftliche Studie und ein andermal, um einem prominenten Sponsor unserer Auerhuhn-Forschung die sagenumwobenen Urhühner vor Augen zu führen. Beide Male haben sich die prominenten Platzhähne so von ihrer besten Seite präsentiert, dass sie – wäre Balz eine olympische Disziplin – sich eine Goldmedaille verdient hätten.

Das Forschungsprojekt

Mit dem geplanten Aufstellen von Windkraftanlagen (WKA) auch auf den Höhen des Schwarzwaldes lebte ein Schreckensszenario auf: Die WKA würden mit ihren Rotoren nicht nur hörbaren Lärm, sondern auch für uns nicht wahrnehmbaren Infraschall erzeugen, und der würde nicht nur Menschen und Haustiere negativ beeinflussen, sondern könnte vor allem den stark gefährdeten Auerhühnern den Garaus machen. Denn in der Fachliteratur wurde die Hypothese vertreten, unsere Waldhühner würden mit Infraschall untereinander kommunizieren, und diese Verständigung könnte durch die WKA beeinträchtigt werden.

Da Vorhaben für WKA wie Pilze aus dem Boden schossen, war rasche Klärung des Sachverhaltes nötig. Also machten wir uns am

22. April 2004 ans Werk: Abfahrt in Todtnau 3.30 Uhr bis zur großen Talwiese am unteren Waldrand des Silberbergs, von dort fünfzehn Minuten mühsamer Aufstieg zum Gipfelbereich durch Tiefschnee, der noch so mächtig war, dass beim Steigen bisweilen unsere schweren Rucksäcke im Schnee aufsaßen. Doch um 4.15 Uhr war die erste Hürde genommen: Im oberen Versteck saßen auf dem Bänkchen mein damaliger enger Mitarbeiter im Auerhuhn-Forschungsprogramm (siehe unten) Dr. Manfred Lieser und ich, im unteren Versteck hatte mein Oberassistent Uli Querner Posten bezogen, und hinter uns am Fuße der die Ansitzhütte stützenden Fichte kauerte Wolfgang Ebser, der von dort aus Sichtkontakt zu Uli halten konnte.

Nun galt es, bei ganz schwachem Taschenlampenlicht all unser Hightech aufzubauen: eines der besten Infraschall-Aufnahmegeräte, das der damalige Markt hergab, ein entsprechend hochwertiges Mikrofon, einen Laptop, auf dem wir ggfs. von Auerhühnern produzierten Infraschall – für uns ja unhörbar – zeitgleich hätten optisch erkennen können sowie Bettwärmer (mit heißem Wasser gefüllte Gummi-„Wärmflaschen"), mit denen wir die Geräte bei den herrschenden Minusgraden in Betriebswärme halten konnten.

Und dann folgte banges Warten auf den Urhahn, möglichst direkt vor Hightech! Und der kam, zum Glück! Aber vorher mussten wir Blut und Wasser schwitzen: Alles nur Erdenkliche meldete sich ab 5 Uhr der Reihe nach – Waldschnepfe, Raufuß- und Waldkauz, Ring-, Sing- und Misteldrossel, Meisen, Kreuzschnäbel und sogar ein über uns hinwegziehender Baumpieper – aber kein Auerhahn! Unsere Befürchtung lag auf der Hand: Wahrscheinlich hatten uns die in Bäumen um den Balzplatz herum nächtigenden Vögel durch den Schnee stapfen gehört und waren verunsichert.

Aber – um 5.30 Uhr kam die Erlösung! Drei Hähne begannen zu singen, kurz darauf setzte Bodenbalz ein, an der sich bis zu sechs Hähne beteiligten, auch drei Hennen gesellten sich dazu, und die

Balz blieb in vollem Gange bis 10.30 Uhr! Und: Ein Hahn hielt sich die meiste Zeit vor unserem Versteck auf, teilweise gerade mal fünf bis drei Meter entfernt! So konnten wir alles aufnehmen und auf Infraschall testen, was von Interesse war – Knappen, Gesang, Hauptschlag, Wetzen, Worgen und Kröchen, Flattersprünge und Flug, dazuhin auch Rauschen von Windböen in den Baumwipfeln, überhinfliegende Flugzeuge – das war eine Ausbeute – fantastisch!

Bei einem zweiten Ansitz am 27. April konnten wir dann zusätzlich noch von kämpfenden Hähnen die Knalllaute, die entstehen, wenn sie sich mit Flügelschlägen traktieren, auf Infraschall testen. Über die Ergebnisse wird im Kapitel Auerhuhn-Forschung berichtet.

Prominenter Gast

Dass wir ein Jahrzehnt lang intensive schutzrelevante Forschung an Auerhühnern und vor allem auch in Bezug auf den Schwarzwald betreiben konnten, verdanken wir zunächst einem wohlwollenden Förderer und einem damit verbundenen glücklichen Umstand, wie später berichtet. Hier schon vorab kurz über den Besuch mit ihm, Dr. Winfried Benz, seinerzeit Generalsekretär des Deutschen Wissenschaftsrats, bei den Silberberg-Urhähnen – und zwar am 28. April 2005.

Zugegeben – es war zunächst ein Fehlstart. Obwohl wir am Abend zuvor, am 27. April, schon um 19 Uhr im Gasthaus Feldberg gegessen und uns nach einem Gläschen Wein im Hause Ebser schon um 22.30 Uhr zur Bettruhe begeben haben, hatten wir trotz des hohen Besuches am nächsten Morgen etwas verschlafen und waren dadurch erst kurz nach 5 Uhr im Versteck – natürlich viel zu spät. Und weit schlimmer: Beim späten Einschlupf ins Versteck haben wir den Schirm-Platzhahn, der über uns im Baum saß, böse verpatzt, und der riss zu allem Übel auch noch einen zweiten Hahn mit sich. Als mich Dr. Benz erschrocken fragte, was das wohl gewesen sei, sagte ich ihm nur – nichts Aufregendes, irgendein „Nachtvogel". Man kann sich sicher gut vorstellen, wie verdattert Ebser und ich neben unserem erwartungsvollen Gast saßen und wir Blut und Wasser schwitzten, als der Reihe nach Amsel, Drossel, Fink und Meise und die ganze Vogelschar zu singen begannen, nur – wegen unserem Ungeschick – ums Verrecken kein Hahn. Draußen herrschte Frost, im Versteck auch, aber wir beide schwitzten – vor Not und Pein.

Doch dann – endlich, doch noch – begannen zwei Hähne mit Bodenbalz, aber: weit unter uns, am unteren Versteck, für Dr. Benz gar nicht einsehbar. Dann war in unserer „Ölsardinen-Dose" förmlich zu spüren, wie sich Ebser „verhirnte", was wir eventuell tun könnten, um die offenbar verfahrene Situation doch noch irgendwie zu retten. Und da machte es holterdipolter „wuffwuff-wuffwuff" – und ein paar Meter vor unserem Versteck stand: ein kräftiger Hahn, der sofort wie wild zu balzen begann. Dr. Benz fuhr begeistert hoch, Ebser und Berthold sanken erst mal erleichtert in sich zusammen, und zumindest ich sandte ein Stoßgebet zum Dank gen Himmel.

Und nun nur noch in Stichworten: Schlag auf Schlag polterten weitere Hähne zu Boden – drei – fünf – sieben – am Ende waren es sicher neun, vielleicht sogar elf! Überall Flattersprünge, an mehreren Stellen heftige Kämpfe. Um 8.30 Uhr kam von unten vom Hang her zu Fuß wild balzend unser Gold-Junge, der Schirm-Platzhahn, vertrieb den dort balzenden Hahn und zeigte uns sein Können – oft gerade mal fünf Meter von uns entfernt – bis 11 Uhr, als er langsam zur Nahrungssuche von dannen zog. Kurz vor 9 Uhr flog eine Henne direkt über uns in die Fichte, gockte laut, sodass die Hähne verrückt spielten, und fiel dann rechts vom Versteck bei einem zweiten Platzhahn ein. Sie umkreiste ihn ein paarmal, duckte sich, und dann kam es tatsächlich zur Kopulation.

Inzwischen waren alle aus dem Häuschen – wir drei sind nicht nur wie Welpen in einem engen Fuchsbau mehrfach um- und übereinander herumgeklettert, um Dr. Benz den jeweils besten Beobachtungsplatz einzuräumen, sondern redeten auch halblaut miteinander, was aber nicht einmal den Hahn vor unserem Versteck störte. Eine Kopulation! Vor lauter Begeisterung habe ich unserem Gast kräftig auf den Rücken gehauen, und mich dann aber gleich bei ihm dafür entschuldigt. Später sagte er mir dazu: „Wissen Sie, wenn ich irgendwo berichte, welch einzigartige Beobachtungen ich am Silberberg machen konnte, dann wirkt das immer ganz besonders, wenn ich hinzufüge, dass selbst der Professor so angetan war, dass er mich vor lauter Begeisterung einfach aufs Kreuz gehauen hat!“

Ja, wer hätte das nach diesem Fehlstart gedacht! Um 11.15 Uhr konnten wir uns aus unserem Versteck den Berghang hinunter unbemerkt davonschleichen, während oben Richtung Gipfel fleißig weitergebalzt wurde. In meinem Tagebuch steht für diesen Tag in Anlehnung an meinen Freund Klaus Roth „Zehn-Sterne-Balz“ und neben dem Eintrag „Silberberg“ ist rechts und links je eine Krone eingezeichnet – diese Balz hatte wahrlich vielem die Krone aufgesetzt!

Leider ist Dr. Benz inzwischen verstorben. Ich hoffe, dass ihn diese Zeilen über den Silberberg dennoch erreichen werden, vor allem, damit er noch darüber schmunzeln kann, wenn er erfährt, was es mit dem „Nachtvogel“ auf sich hatte!

ZUR HAHNENBALZ – MIT HUND

Manch Forstmann wird allein beim Lesen dieser Überschrift einem Herzkasper nahe sein, vor allem, wenn er an seine oder an Hunde von Forstkollegen denkt. Diese wunderbaren, meist menschenfreundlichen, auf alle möglichen Formen der Jagd und Suche ausgebildeten Könner vermögen in der Regel nur eines nicht: außerhalb ihres Arbeitsbereiches gut zu folgen. Wie oft habe ich bei Waldbegehungen erlebt, dass die „Aus“, „Ruhe“ und Sonstiges schreienden Forstleute lauter waren, als die bei Demonstrationen vor Ort ohnehin schon laut kläffenden und jaulenden mitgeführten Vierbeiner, die oft auf Dauer einfach nicht ruhig zu stellen waren und dann ins Auto weggesperrt wurden. Oder ein anderes herrliches Beispiel: Als ich 1999 mit unserem Bongo, der oben bereits vorgestellt wurde, im Linzgau zum Waldlauf unterwegs war und er lustig mit mir, natürlich unangeleint, da er absolut auf Wort und Zeichen folgte, durch den Wald trabte, hielt ein Geländewagen vor mir an, ein Förster stieg aus, bedeutete mir, stehen zu bleiben, und erklärte mir dann, dass ich den Hund im Wald unbedingt anleinen müsse, weil er sonst wildern könne, was sogar seinen Abschuss zur Folge haben könnte. Als ich ihm erklärte und mit „Komm“ und „Sitz“ auch vorführte, dass und wie gut Bongo parierte und das auch, wenn etwa Rehe unmittelbar vor uns den Weg querten, verließ sein Hund den Wagen durch die offenstehende Tür. Ich dachte erst, ich müsse nun unseren deutlich kleineren Hund vor ihm schützen, aber nicht nötig. Denn der braune Waldi nahm irgendeine Spur auf und pirschte neben uns den Steilhang hinunter, trotz allen Rufens des Försters. Aber mit Hilfe des hinterhergeschickten Bongo konnten wir dann den Spurensucher bald wieder zurückbeordern. Weitere Details des anschließenden Gespräches will ich dem Leser hier ersparen, und auch meine Empfehlung, Waldi vielleicht einmal ein paar Grundregeln von Folgsamkeit beizubringen, sind wohl wie Schall und Rauch verpufft. Was ich aber damit sagen kann, ist: Bongo war ein Hund, mit dem ich es wagen konnte, gemeinsam sogar eine Auerhuhnbalz zu besuchen und selbst, wenn uns dabei Forstleute begegnet wären!

Über unsere Nacht vom 12. auf den 13. April 2001 am Röter Kopf im und neben dem Schlafsack habe ich oben bereits berichtet. Unseren Schlafplatz hatte ich so gewählt, dass wir nach meinen

Erfahrungen vor Ort etwa 40 bis 60 Meter von balzenden Hähnen entfernt sein sollten, also weit genug auch für gewisse Bewegungen. Außerdem war es ein Platz mit ziemlich hohem Heidelbeergesträuch, in dem Herr und Hund gut gedeckt ansitzen konnten – ich gut getarnt unter der Schirmmütze und meinem Camouflage-Tuch, und Bongo mit weißem Fell tief unten im Beerkraut am Boden.

Ab 3.30 Uhr waren wir auf Posten, kurz nach 4 Uhr begannen die ersten Hähne zu knappen und alsbald auch zu balzen. Bongo lauschte zunächst eher mehr andächtig als erregt, als aber die Flattersprünge bei der Bodenbalz einsetzten, war er kaum noch zu halten – nun wollte er auch was sehen! Zum Glück hatte er für das, was ich ihm alsbald erlaubte und was wir tags zuvor schon geübt hatten, ideale Voraussetzungen: nämlich trotz weißem Fells einen fast schwarzen Kopf mit nur einem weißen Mittelstreif und den auch noch mit schwarzem Stirnfleck – also fast schon Tarnzeichnung. So durfte er, als die Hähne völlig mit sich, mit Kämpfen und Hennen beschäftigt waren, sich auf die Hinterbeine stellen und erstmals über das Beerkraut hinweg ein Auerhuhn-Tollhaus bestaunen. Als er dann vor lauter Anstrengung zu zittern begann, zog ich ihn vorsichtig unter das Tarntuch auf meinen Schoß, von wo aus wir dann in aller Ruhe gemeinsam das Treiben der fünf bis sechs Hähne und ein paar Hennen bis gegen 7 Uhr beobachten und uns dann, von den Auerhühnern vollkommen unbemerkt, zurückziehen konnten.

Das war schon was – mit fast weißem Hund bei der Hahnenbalz, ohne zu stören! Da hätten die seinerzeitigen Herren Wesenstest-Verweigerer wohl vor lauter Staunen ihr Maul nicht mehr zugekriegt. Und vielleicht hat diese wundersame Hund-Auerhuhn-Begegnung dazu beigetragen, dass Bongo bald darauf – auf noch wundersamere Weise – uns ganz entscheidend dazu verhalf, unser erstes in der Voliere erbrütetes Auerhuhnküken namens Herkules erfolgreich aufziehen zu können, dazu später mehr.

DIE BAUMKÄMPFER

Auerhähne führen ihre während der Balzzeit regelmäßigen Schnabel- und Flügelschlagkämpfe in aller Regel auf dem Boden aus. Kommen sich Hähne in Bäumen gefährlich nahe, bleibt es dort bis auf ganz wenige Ausnahmen[80] fast immer beim Worgen, Kröchen und Drohen, und alles Weitere wird auf dem Fechtboden in der Arena ausgetragen. Davon gab es am Röter Kopf am 18. April 2003 eine interessante und recht amüsante Ausnahme, über die hier kurz berichtet wird – einen Kampf, zumindest versuchsweise, im Geäst einer Kiefer.

4.30 Uhr erstes Knappen, alsbald Gesang, dann erste Bodenbalz – zwei – drei – fünf, sechs Hähne poltern zu Boden, weitere, wahrscheinlich bis neun oder gar zehn singen randlich der Arena, mindestens vier Hennen gesellen sich dazu, und nach einer Stunde Balzbetrieb wie im Tollhaus steht darüber in meinem Tagebuch: „Der ganze Wald wurdelte." Als sich zwei der Haupthähne im Zentrum der Arena eine Zeitlang ordentlich mit Beißen und Schlagen traktiert hatten, macht einer Reißaus und fliegt in eine der knapp zehn Meter hohen, locker beasteten Waldkiefern auf einen ihrer langen, waagerechten, bis auf die Benadelung im Spitzenbereich kahlen Äste. Dort kann er nicht nur gut stehen, sondern auch laufen, und von dieser hohen Warte aus auch gut zu dem am Boden verbleibenden Vertreiber hinunterdrohen. Als dem das zu viel wird, fliegt er ebenfalls in die Kiefer, landet aber einen Ast tiefer, sodass zwischen beiden etwa eine Hahnenhöhe Abstand bleibt. Und dann beginnt ein köstliches Schauspiel – gerade etwa fünfzehn Meter vor mir, das ich gut versteckt gemütlich sitzend in Ruhe beobachten kann.

Der untere, wohl stärkere Hahn versucht bei maximaler Streckung nach dem oberen zu beißen, woraufhin dieser erst mehr zum Stamm, später mehr zum äußeren Astbereich vorsichtig balancierend ausweicht. Dann aber sieht der obere seine Chance, nach dem

Nacken des unteren zu beißen, was aber zu einem Ausrutscher führt, den der Vogel jedoch abfangen kann. So geht das Treiben etwa eine Viertelstunde – dann nimmt es ein jähes Ende: Als der obere Hahn seine Flügel beim Drohen abspreizt, beißt der untere in seine Handschwingen, zerrt, schlägt mit beiden Flügeln, wobei offenbleibt, um zu kämpfen oder zu balancieren, und dann passiert es – er rutscht aus (Vignette Seite 183) und fällt wild flatternd die etwa fünf Meter in die Tiefe, wo er ziemlich unsanft auf dem Boden aufschlägt. Zurück bleibt in der Kiefer ein hochaufgerichteter, wonniglich drohender Hahn, während der Gefallene zwar auf dem Boden weiterbalzt, aber keinen Anlauf mehr zurück zur Kiefer nimmt. Mich erinnert das Ganze etwas an Wilhelm Buschs fliegenden Frosch, etwa in der Abwandlung:

„Wenn einer, der mit Mühe kaum
geflattert ist in einen Baum
schon meint, dass er auch dort ein großer Kämpfer wär',
so kann es sein: Er irrt sich sehr!"

DREI UND VIER AUF EINEN STREICH

Von den wunderbaren insgesamt 20 Raufußhuhnarten, die derzeit auf unserer Erde leben, kommen in Europa fünf vor – Auer-, Birk- und Haselhuhn sowie Alpen- und Moorschneehuhn[6, 13, 31]. Da die meisten zumindest bei uns inzwischen sehr bis extrem selten geworden sind, ist es für Vogelfreunde immer ein Tag der Freude, wenn man gleich mehrere Arten an einem Tag zu sehen bekommt. Ich hatte einen Dreier- und sogar einen Vierer-Tag in meinem Leben, über die ich hier kurz berichte.

Anfang Mai 1966. Ich liege morgens beim Hellwerden im Schlafsack auf einer Holzpritsche im ehemaligen Gärtnerhaus unweit vom freiherrlichen Schloss auf dem inselartigen Grundstück Lemsjöholm/Lempisaari in Südfinnland etwas nördlich von Turku, am Rande der Ostsee. Seit März untersuche ich dort auf dem Landsitz meines väterlichen Freundes und Förderers, Professor Dr. Lars von Haartman, der mich schon bei meiner Doktorarbeit über Stare unterstützt hatte[9], die Fortpflanzungsbiologie verschiedener Vogelarten. Gärtnerhaus – das war eine im 19. Jahrhundert aus massiven Stämmen gezimmerte Blockhütte, inzwischen teilweise verfallen und nur noch sporadisch von Holzfällern genutzt. Sie lag idyllisch ganz für sich auf einem kleinen felsigen Hügel, mit Kiefern, Wacholder, Heidelbeeren und Flechten bewachsen, dahinter ein Feldstreifen, dann Wald. Das einzig noch bewohnbare Zimmerchen mit Holzpritsche hatte ein Überlebenselement: vorn neben der Tür einen säulenförmigen Ofen, der fast bis zur Decke reichte, mit Eisenblech ummantelt und mit Schamott ausgekleidet. Richtig eingeheizt, sodass das Blech an manchen Stellen glühte, hielt das kleine Kraftwerk den Raum von gerade etwa fünf mal drei Metern dermaßen warm, dass ich dort immer, auch bei minus zehn Grad Celsius, bei offenem Fenster schlafen musste, mit dem Kopf nahe am Fenster. So hatte ich zwar manchmal morgens leichten Reif auf den Haaren, aber immer warme Füße, und ohne den zunächst glühenden Ofen wäre der Raum nachts oft viel zu sehr ausgekühlt.

Diese lange Beschreibung war nötig, um sich Folgendes vorstellen zu können: In diesem Raum habe ich über zehn Jahre verteilt insgesamt etwa ein ganzes Jahr lang genächtigt, in den Monaten März bis Oktober, und dabei vom Bett aus alles Erdenkliche gehört – brunftende Elche, sich beißende knurrende Schneehasen, Uhus, Kraniche, balzende Waldschnepfen, um Mitternacht rufende Kuckucke und singende Rotdrosseln sowie von März bis Mai jeden Morgen das „Kullern“ balzender Birkhühner, von denen es auf Lemsjöholm Dutzende gab. Sie „kullerten“ auch an jenem besagten

Maimorgen, als ich plötzlich nahe vorm Fenster ein leises „tuk-tuk, tuk, tuk-tuk“ hörte. Ich äugte vorsichtig von der Hüttenwand her hinaus und sah draußen auf der ein paar Meter vor dem Fenster stehenden Teppich-Klopfstange einen Haselhahn stolzieren! Er hatte sein Kopfgefieder gesträubt, stelzte beim Laufen auf der Stange immer wieder ruckartig seinen Schwanz und schaute zum Glück nicht zu mir, sondern interessiert ins Gelände. Obwohl ich Birk- und Haselhühner dort nahezu täglich beobachten konnte – ihn so vom Bett aus in aller Ruhe aus der Nähe betrachten zu können, das war schon einmalig.

Auerhühner waren auf der Nachbarinsel Livonsaari regelmäßig, auf Lemsjöholm hingegen nur gelegentlich anzutreffen. Deshalb freute ich mich sehr, als ich am Nachmittag jenes Maitages unweit vom Gärtnerhaus einem jungen Hahn begegnete, der diesen Tag damit zu einem Drei-Sterne-Raufußhühnertag machte.

Damals konnte ich noch nicht ahnen, dass mir schon wenige Jahre danach sogar noch ein Vier-Raufußhuhn-Arten-Tag beschert werden würde – und zwar 1970 im Karwendel in den Kalkalpen. Da alle dort seinerzeit beobachteten Arten heute noch an denselben Plätzen vorkommen und möglichst ungestört bleiben sollten, mache ich hier keinerlei nähere Ortsangaben. Nur so viel: Eine eintägige Bergtour zusammen mit einem befreundeten Kollegen begann frühmorgens beim Einstieg in den Bergwald an einem Bachufer mit der Beobachtung von zwei Erlenkätzchen verzehrenden Haselhühnern, und später strich dicht vor der Baumgrenze ein Auerhahn vor uns ab, der im Heidelbeergesträuch unterwegs gewesen war. In der Krummholzzone der Latschen angekommen, entdeckten wir mit dem Fernglas in Lücken zwischen ihnen nicht nur grasende Rothirsche, sondern auf einigen der Legföhren vier in der Sonne ruhende Birkhühner. Und als sich später aus einer oberhalb der Latschen gelegenen Blockhalde heraus ein rhythmisches Schnarren vernehmen ließ, war klar: Schneehühner – und davon bekamen wir bald auch noch den rufenden Hahn zu sehen. Ein wunderbarer Tag!

Zum Glück gibt es in den Alpen, vor allem in Österreich, noch etliche Stellen, wo derartige „Vier auf einen Streich"-Tage auch heute noch möglich sind. Nur wenige wissen, dass ein solcher Tag früher sogar einmal im Schwarzwald möglich gewesen wäre. Auerhühner kamen dort bis in die 1970er-Jahre noch an vielen Orten vor, Haselhühner noch an etlichen, und im 18. Jahrhundert konnte man im Wildseemoor eine Zeitlang eingebürgerten Alpen- und Moorschneehühnern begegnen und damit zu einer Zeit, in der auch das 1978 in Baden-Württemberg gänzlich ausgestorbene Birkhuhn im Schwarzwald noch vereinzelt auftauchte.

Tja, alle hier näher ausgeführten Beobachtungen beziehen sich auf Hähne – und die Hennen? Wer Auerhühner gut kennt, weiß, wie interessant es beispielsweise ist, eine Küken führende Henne zu beobachten, aber auch, wie nahezu unmöglich, dabei nicht von ihr entdeckt zu werden. Deswegen habe ich spektakuläre Beobachtungen an Hennen nur in der Voliere machen können, aber die passen nicht gut hierher in die Beschreibung von Naturerlebnissen.

AMÜSANTE BEGEGNUNGEN RUND UMS AUERHUHN

Der Umgang mit Förstern und Jägern war für mich als Berufsbiologen und -ornithologen beileibe nicht immer einfach, vor allem bei Waldbegehungen zu ungewöhnlichen Tageszeiten, bei außergewöhnlichen Untersuchungen in Wäldern oder auch, wenn ich unseren Hund dabeihatte, zwar folgsam ganz in meiner Nähe, aber unangeleint. Da gab es nicht nur gelegentlich barsche Dispute, sondern auch zweimal Bedrohungen mit der Waffe, und eine Zeitlang geriet ich regelrecht in die Schusslinie.

Fall 1: Beim Befahren einer für den öffentlichen Verkehr gesperrten Forststraße im Linzgau am hellen Nachmittag, unterwegs zur Kontrolle von Grasmückennestern, und deshalb mit einem großen Schild hinter der Windschutzscheibe „Vogelwarte Radolfzell – Dienstfahrt“ inklusive Telefonnummer des Instituts, stoppte mich plötzlich ein entgegenkommendes Auto, das mitten in der Fahrbahn anhielt. Ein Jagdpächter stieg aus, wie er mir später erklärte, und der kam – ich traute erst meinen Augen nicht – mit gezückter, auf mich gerichteter Pistole auf mich zu. Erst, nachdem ich ihn über den Zweck meiner Fahrt informiert hatte, ließ er sie allmählich sinken. Wahrlich keine angenehme Begegnung!

Fall 2: Als ich von einer Bestandsaufnahme von Berglaubsängern im Hegau zum Auto zurückging – unser Hund ein paar Meter vor mir –, stieg vor uns ein Jägersmann eilig vom Hochsitz, beschimpfte mich laut und erklärte mir, wenn ein solcher unangeleinter Köter erschiene, bevor ich zu sehen sei, könne der sofort erschossen werden, und wenn ich dann ungünstig dazukäme, könne es auch mich erwischen. Weniger unangenehm, schon eher amüsant. Und das wurde es erst recht, als ich ihm sagte, wer ich sei, seinerzeit vor allem Mitglied des Wissenschaftlichen Beirats des Deutschen Jagdschutzverbandes, und hinzufügte, dass eine entsprechende Mitteilung ihn wohl den Jagdschein kosten würde. Da roch es plötzlich nicht mehr nach Moschus, sondern nach Angstschweiß. Und schließlich lud mich der ernüchterte Waidmann sogar zum Rehessen ein – was ich allerdings heute immer noch guthabe.

Fall 3: Von 1964 bis 1970 untersuchte ich unter anderem im Nord- und Südschwarzwald die Brutbiologie von Singvögeln, wozu für Gonadenuntersuchungen auch Vögel gesammelt werden mussten. Dafür war ich gut ausgestattet: mit einem Stipendium der Deutschen Forschungsgemeinschaft, zeitweilig als Angestellter des Landes Baden-Württemberg am Staatlichen Museum für Naturkunde in Schloss Rosenstein in Stuttgart, einer Fang- sowie Abschusserlaubnis für Vögel im gesamten Bundesland vom zuständigen Ministerium in Stuttgart und einem Waffenschein zum Führen verschiedener Gewehre „zum Sammeln von freilebenden Tieren für wissenschaftliche Zwecke“ vom Ordnungsamt. Als Untersuchungsgebiete hatte ich nach Rücksprache mit dem zuständigen Ministerium einschließlich des Justizministeriums Staatswälder gewählt – sozusagen als Jedermanns-Wälder – und nicht etwa Privatwald, und zwar im Südschwarzwald im Bereich des Schluchsees, im Nordschwarzwald im Gebiet des Hohloh.

Im Süden gab es keine Probleme, wohl aber im Norden. Als ich das zuständige Forstamt in Gernsbach von meinem Vorhaben informierte, kam die Antwort: unmöglich! Kein Jäger dürfe mit Waffe ein fremdes Revier betreten, und wenn, müsse er damit rechnen, als möglicher Wilderer erschossen zu werden. Da half auch nicht weiter, als ich erklärte, dass ich ja gar kein Jäger sei und auch keine „Beute" mache, sondern die für wissenschaftliche Zwecke gesammelten „Objekte" anschließend in die Sammlung des Staatlichen Museums übergingen. Das einzige Zugeständnis war dann: Ich müsse eine entsprechende Begehung immer Tage voraus im Forstamt anmelden, damit Zeit bliebe, die Förster und Jäger zu benachrichtigen, sodass nicht Gefahr bestünde, als vermeintlicher Wilderer ums Leben zu kommen. Das jedoch war vor allem im Hinblick auf die im Bergwald sich häufig kurzfristig ändernden Wetterbedingungen völlig undenkbar. Also ließ ich die Angelegenheit noch einmal auf dem Amtsweg vom Museum aus beim Justizministerium prüfen, und da kam eine klare Antwort: Genauso wenig wie etwa eine im Wald übende Einheit der Bundeswehr erst beim Forstamt eine Genehmigung dafür einholen müsse, sei ich dazu verpflichtet, solange ich im Staats- und nicht im Privatwald unterwegs wäre. Aber: Um nicht eines Tages doch noch als vermeintlicher Wilderer mit Blattschuss zu enden, ergänzt um die Empfehlung, die im Aktionsbereich tätigen Förster und Jäger kurz zuvor zu informieren. Und damit wandte sich die Angelegenheit rasch zum Besseren.

Ich ließ nämlich nun das „große" Forstamt in Gernsbach links liegen und klopfte beim „kleinen" Forstamt in Kaltenbronn an, und dort traf ich mit Forstamtmann Erwin Merkel einen wirklich „guten“ Förster an – verständnisvoll, unkompliziert, hilfsbereit. Fortan informierte er die Forstleute und Jäger im Hohloh-Gebiet, sodass ich gefahrlos meinen Studien nachgehen konnte. Unser Umgang wurde zudem freundschaftlich, und so erfuhr ich von ihm im Laufe der Zeit vor allem auch alles, was seinerzeit über Auerhühner in der Region und über das Wildseemoor bekannt war – ein Schatz an Wissen, von dem ich heute noch zehre. Auch bekam ich dabei viele äußerst interessante und hilfreiche „Hintergrund“-Informationen, da wir sehr vertrauensvoll miteinander umgingen.

Wie sehr das der Fall war, erhellt die folgende Episode. In seiner Amtsstube hing an der Wand ein ausgestopfter Raufußkauz – in Jagdkabinetts eine Seltenheit. Auf meine Frage, woher er den denn habe, sah er mich lange an, bevor er gestand: Der habe ihn einmal beim morgendlichen Verhör von Auerhähnen zwecks beauftragter Bestandserfassung bei seinem längst nicht mehr einwandfreien Gehör mit anhaltendem Gerufe dermaßen geärgert, dass er ihn „gebutzelt“ habe. Das von einem Forstmann zu mir – da muss man sich schon gut verstehen! Somit hatte mir die anfängliche Forstamtsmisere auch einen einzigartigen Auerhahn-Informanten beschert – was für ein Glücksfall!

Fall 4: Übel mitgespielt hat meiner Frau und mir auch ein Förster am Rande des Ötscher in Österreich 1991 bei einer Berg- und ornithologischen Erkundungstour über den Gipfel und durch die anliegenden Wälder. Wir hatten unseren VW-Bus völlig ordnungsgemäß am Rande einer für den öffentlichen Verkehr freigegebenen Schotterstraße außerhalb der Fahrbahn auf einem dort breiten Randstreifen geparkt und staunten bei Rückkehr gegen Abend nicht schlecht: Alle vier Reifen waren platt! In unserer Not – damals noch ohne Handy – liefen wir zu einem Landhaus, von wo aus wir den ÖAMTC um Hilfe ersuchen konnten, und die überaus freundlichen Leute verrieten uns: Das kann nur der in der Nähe ansässige Förster gewesen sein, hinlänglich bekannt als rabiater Unhold. Erstaunt und eigentlich ungläubig machten wir uns auf den Weg zum Forsthaus und waren bald noch mehr erstaunt: Dieser Grünrock-Berserker gab unumwunden zu, uns den Platten beschert zu haben – schließlich müsse er, um seinem Wild Ruhe zu erhalten, den Tourismus eindämmen und vor allem die Piefkes fernhalten. Immerhin wurde ich dieses Mal nicht mit der Waffe bedroht. Auf eine Eingabe beim Forstministerium in Wien wurde mir mitgeteilt: Jo mei, sehr bedauerlich, Touristen sollten sich doch eigentlich wohlfühlen, und man wolle sich mit dem Herrn in Verbindung setzen, der allerdings noch nie auffällig geworden sei. Die netten, hilfsbereiten Leute, mit denen wir uns heute noch schreiben, waren hingegen der Meinung, man sollte diesem schon seit Jahren regelmäßig Autos „entlüftenden" Anarchisten endlich mal das Handwerk legen, aber die lokalen Behörden zeigten sich leider sehr bedeckt. Jo mei.

Die geschilderten, zum Teil doch recht unangenehmen Erfahrungen mit Förstern und Jägern hatten mich veranlasst, bei Waldbegehungen äußerst vorsichtig zu sein und Begegnungen und gar Dispute mit ihnen so weit wie möglich zu vermeiden. Dazu verhalf eine Reihe von einfachen Tricks. Kam ich morgens – grün gekleidet – schon vom Berg her etwa von einer Frühtour oder der Auerhahnbalz auf ein Dorf zu, konnte ich sicher sein, dass in ihren Autos zur Arbeit aufbrechende Forstleute und Waldarbeiter entweder nur ganz langsam an mir vorbeifuhren, um mich fragend zu beäugen, oder einfach anhielten, um mich, nicht selten spürbar argwöhnisch, direkt nach dem Woher und Wohin zu befragen. Das hörte völlig auf, als ich für solche Situationen im Gepäck hatte: knallrote Stutzen, die von den Schuhen bis zum Knie reichten, ein rot-weiß kariertes Hemd und einen in einem Kitschladen am Flughafen von Atlanta erstandenen blau-gelben Schlapphut. Und: Wenn ich in dieser Wanderer-Verkleidung schon morgens talwärts ging, lenkte ich meine Schritte, wenn ich ein Auto vernahm, kurzerhand so lange bergwärts, bis der Wagen an mir vorbeigefahren und entschwunden war und marschierte erst danach wieder talwärts weiter. Da war dann ein „Sammer aber scho früh dran, heut" alles, was ich noch lächelnd winkend zu quittieren hatte.

Ein weiteres größeres Problem war: wo das Auto sicher und unverdächtig parken? Große Parkplätze wie etwa im Bereich des Wildseemoores um Kaltenbronn herum schieden völlig aus, einmal wegen Aufbruchgefahr, und zudem hätte sich dort für ein nächtlich so einsam parkendes Vehikel jeder Förster interessiert, zumal dort bisweilen vom Auto aus Rothirsche gewildert wurden. Also blieben am besten Ortschaften übrig, die aber in einigermaßen günstiger Entfernung zu interessanten Gebieten dünn gesät, meist sehr klein waren und kaum unauffällige Parkmöglichkeiten boten – so etwa auch Sprollenhaus unterhalb des Wildseemoores und Huzenbach in der Nähe vom Röter Kopf. In Huzenbach konnte ich mein Auto schließlich problemlos am Rathaus stehen lassen, aber in Sprollenhaus gab es Probleme. Als ich am 23. April 1985 gegen 9 Uhr vom Moor zu meinem Auto in der Nähe vom Kindergarten kam, öffnete eine Frau im benachbarten Haus ein Fenster und rief mir zu, dies sei kein öffentlicher Parkplatz und außerdem, wo ich denn um diese Zeit schon herkäme. Ich nehme an, letzteres zu erfahren war ihr besonders wichtig. Ich schaute mich deshalb erst vorsichtig um, ob auch niemand mithören könne, und sagte ihr dann, ich hätte bei einer Dame im Dorf übernachtet, und da die aber verheiratet sei, könne ich dort nicht parken, ohne mein Gspusi in Gefahr zu bringen. Die Ruferin war sprachlos, und ich konnte in Ruhe losfahren. Und im Dorf dürfte für ein Weilchen ein höchst interessantes Gerücht die Runde gemacht haben ... Ich habe später bis 1998, bis zum Erlöschen des Balzplatzes im Wildseemoor, dort noch oft geparkt. Beim nächsten Mal hatte ich zwei Hefte des „Wachturm" von den Zeugen

Jehovas auf dem Armaturenbrett im Auto liegen. Fragen dazu, und überhaupt, gab es in Sprollenhaus an mich jedoch nie mehr.

Bei aller Vorsicht, ganz vermeiden ließen sich Begegnungen mit Förstern und Jägern etwa im „verdächtigen" Umfeld von Auerhuhn-Balzplätzen natürlich nicht. Und die konnten irrwitziger Art sein – dazu noch zwei Highlights.

24. April 2002: Ich saß um 17.30 Uhr am Rande des kleinen Moores am Röter Kopf recht frei zwischen den schütteren Kiefern, um mich in der Sonne zu wärmen, eigentlich problemlos, da dort um diese Zeit keinerlei Auerhühner zu erwarten waren. Plötzlich jedoch kam vom tieferliegenden Waldrand her ein „Grünrock" – Förster oder Jäger – direkt auf mich zu, und an ein Verschwinden war überhaupt nicht mehr zu denken. Er kam ganz dicht an mich heran, grüßte dann freundlich (!) und sprach mich an. Doch statt der erwarteten Frage: „Darf ich fragen, was Sie hier machen?", fragte er mich: „Sind Sie angemeldet?" Als ich völlig irritiert zurückfragte: „Angemeldet?", antwortete er: „Ja, zur Verhörung." Und da wusste ich Bescheid. Da sollte offenbar eine abendliche Auerhuhn-Verhörung zur Bestandsermittlung stattfinden und offensichtlich mit mehreren dazu geladenen Leuten. Der Rest war schnell erklärt. Wir stellten uns einander vor, Förster R. sagte mir, er sei für hier oben am Moorrand eingeteilt und weitere Herren unter der Führung von Klaus Roth (meinem Freund!) weiter unten sowie südlich von hier. Auf die Frage, was ich hier mache, erklärte ich, dass ich schon den ganzen Nachmittag auf vogelkundlicher Exkursion sei, jetzt noch auf das Rufen von kleinen Eulen warten und mich dann sehr bald zurückziehen würde – schließlich müsse ich noch nach Huzenbach hinunter. Dass das erst am nächsten Morgen der Fall sein und ich in gut zwei Stunden nur etwa 70 Meter von hier gemütlich in meinen Schlafsack kriechen würde, das konnte ich ihm natürlich nicht verraten. Als er aber bei „kleinen Eulen" stutzte, fragte ich ihn, ob er

denn den hier vorkommenden Sperlingskauz kenne, was er so etwa mit „Jein" beantwortete. So führte ich ihm das weiche „dü"-Pfeifen des Vogels eine Zeitlang vor, woraufhin er meinte, den habe er sehr wohl schon vernommen. Später gab es ein lustiges Hallo, als Klaus Roth zu Förster R. sagte, er müsse doch heute den Sperlingskauz gut gehört haben, dessen Ruf aus Richtung seines Standortes bis zu ihm hin zu hören gewesen sei. „Und wie", konnte R. erwidern, „aus allernächster Nähe – und zwar von Prof. Berthold, der ihn für mich imitiert hat." Und dann fügte er noch hinzu: „Alle Achtung – der ältere Herr steigt heut' noch bis Huzenbach ab!" Dieses Lob war unverdient, aber nach herrlichem Schlaf und einem wunderbaren Hahnenbalz-Morgen haben Klaus und ich über die nette Episode herzlich gelacht.

Auch die zweite Kurzgeschichte hat mit dem Sperlingskauz zu tun, aber da war mir weniger zum Lachen zumute. 19. April 2009, 16 Uhr – ich richtete mich oberhalb des Balzplatzes am Röter Kopf, etwas unterhalb der Forststraße, gemütlich ein. Da es recht ruhig war und ich hier schon längere Zeit keinen „Spauz" mehr gehört hatte, lockte ich ab 19 Uhr und etwa eine halbe Stunde lang immer wieder mit „dü, dü", bis ich meinte, nur etwa 30 Meter unterhalb meines Versteckes eine leichte Bewegung gesehen zu haben. Und oh Schreck – dort saß ein „Grünrock" mit Hut und Zigarette im Mund und suchte mit seinem Fernglas die Gegend zu mir hin ab, offensichtlich nach dem vermeintlichen Sperlingskauz. Und: Unweit von ihm saß ein zweiter, sein Fernglas ebenfalls auf mein Versteck hin ausgerichtet. Schon vor lauter Schreck fror ich förmlich ein – ganz offensichtlich zwei Hahnenverhörer, die dort Ansitz genommen hatten. Der Spauz schwieg natürlich schlagartig totenstill, und als die beiden nicht mehr unablässig zu mir herschauten, konnte ich sie mir durch mein Fernglas hindurch genauer anschauen und erkannte einen als den dort regelmäßig Hähne verhörenden, ehemaligen

Wildhüter. Es gab dann noch einen sehr kritischen Moment: Als ich ihm durch mein und durch sein direkt auf mich gerichtetes Fernglas geradewegs in beide Augen sehen konnte. Meine aber waren nur winzige Sehschlitze in einem perfekten Versteck, und vor seinen zog zudem Zigarettenrauch hoch – und als sein Glas weiterglitt, konnte ich wieder aufatmen. Zum Glück war mir klar, dass die Herren nicht nach dem Käuzchen suchen würden, nachdem es gar nicht mehr rief. Wieder einmal hatte sich mein vollkommenes Verstecktsein in der Vegetation bestens bewährt.

Eine meiner interessantesten Begegnungen mit einem Hahnen-Mann, auch leidenschaftlichem Hahnen-Jäger, hatte ich in einem der seinerzeit schönsten Gegenden im Herzen Europas – dem Mühlviertel in Österreich am Rande des Böhmerwaldes. Und das kam so.

Um 1970 betreute unser Institut, die Vogelwarte Radolfzell, noch die Vogelberingung in Österreich, und in Sandl oben im Viertel hatte einer unserer ehrenamtlichen Mitarbeiter, Otto Erlach, seine „Datscha", und die lag, nur durch die ins Waldviertel führende Straße getrennt, direkt gegenüber von einem Schloss, in dem Josef Graf Czernin-Kinsky mit Familie lebte. Als wir ab 1974 am Neusiedler See im Rahmen des oben genannten „Mettnau-Reit-Illmitz-Programms" eine Vogelfangstation betrieben und alljährlich nach Österreich kamen, versuchte mich Otto Erlach auch ins Mühlviertel zu locken, und da er meine Vorliebe für Raufußhühner kannte, mit der Vorgabe, im Raum Sandl gäbe es sie noch alle drei – Auer-, Birk- und Haselhuhn. Dass letztere beiden schon längst ganz beziehungsweise fast verschwunden waren und er eigentlich nur vorhatte, über mich zum Grafen Verbindung zu bekommen, erfuhr ich erst später, war aber nicht schlimm.

Erlach brauchte sich nicht sehr zu bemühen. Ich war nämlich im Juli 1974 von Bayerisch Eisenstein im Bayerischen Wald den Nordwaldkammweg entlanggewandert – durchs ganze Mühl- und Waldviertel, bis hinüber nach Zwettl – auf einer Tour wie „Waldschrat im Märchenwald“ – und anschließend die ganze Strecke mit gelben Postbussen etappenweise wieder zurückgezuckelt, einzigartig! Da seinerzeit der Eiserne Vorhang die Grenze zu Tschechien entlang verlief, herrschte überall wie im Niemandsland himmlische Ruhe, keinerlei Flugzeuge, kaum Autos, nirgendwo Lärm, und die Leute lebten dort in einfachster bescheidener Zufriedenheit, überwiegend in Waldeinsamkeit, als sei die Zeit seit Jahrhunderten stehen geblieben. Dazuhin für Wanderer gastronomisch ein Paradies: Im Gasthof Fleischbauer in Sandl gab’s zu Mittag ein Einheitsessen – Bäuscherl mit Knödel –, direkt nebenan in der Fleischerei das köstliche Bäuscherl-Gewürz zum Mitnehmen im Tüterl, in Karlsstift selbst gemachten Sekt aus Holunderblüten, in Großpertholz gleich rechts im ersten Haus am Platz – bei Sepp Bauer, Fleischer und Wirt – heiße rote Hirschen-Wurst und am Sonntagmorgen, wenn die Frauen in der Kirche beteten, für die Männer warmen Lebersterz vom Blech – und dazu fast in jeder Gemeinde köstliches vor Ort gebrautes Bier …! Als ich davon meinen Mitarbeitern und Studenten vorschwärmte, gab’s kein Halten mehr, und so fielen wir bei Otto Erlach 1975 im Rudel ein.

Mein erster Besuch beim Grafen – ich war allein, ohne den armen Otto zum Abendessen geladen – war ein Erlebnis. Obwohl er etwas wie ein Relikt aus der k.-u.-k.-Zeit wirkte, entpuppte er sich rasch als verblüffend unkonventioneller Praktiker, höchst erfahrener Waldbauer und Waidmann und gut informierter Botaniker. In mir fand er in dieser fast sibirischen Waldeinsamkeit einen höchst willkommenen adäquaten Gesprächspartner. Um Zeit für vielerlei Gedankenaustausch zu haben, war die Familie rasch abgehakt: zunächst seine aus Holland stammende Gemahlin Theresia, die gern und seiner Meinung nach viel zu oft nach Wien fuhr, was er überhaupt nicht verstehen konnte, da dort ja nur „ausgeschamte Schlawiner“ lebten, sein Bub, der in Sandl zur Schule gegangen war und ihm viel Freude machte und ein Verwandter aus dem Hause Thurn und Taxis – mein Tischnachbar, der sich um mein leibliches Wohl zu kümmern hatte, und den er mir als den besten Schuhputzer vorstellte, den er je im Hause hatte. Aber dann ging's zur Sache – und am nächsten Morgen vor allem in den Wald.

Mit den Waldungen vom benachbarten Schloss Rosenhof mit Park und Teichen war er Herr über mehr als 50 Quadratkilometer Waldungen – mit Bergen, Tälern, Bächen, in denen noch Fischotter Forellen jagten, und Auerhühnern, die noch an zwei Plätzen balzten. Obwohl er nur einen Arm einsetzen konnte, fuhr er mich mit seinem VW-Käfer bis in die letzten Winkel seines großartigen Besitzes und zu seinen „Schätzen“: einem Urwaldrest mit riesigen Buchen, die er vor seinen Forstleuten schützte, zu Standorten seltener Pflanzen wie dem Siebenstern, und in einige der eingestreuten Hochmoore – eines davon mit einer der beiden kleinen Restpopulationen vom Auerhuhn. Später wurde leider mitten in dem Moor ein Hochsitz errichtet. Der Graf schreibt über das Verschwinden des Auerhuhns aus seinen Wäldern in einem Buch über sein Lebenswerk als Waidmann („Es ist des Jägers Ehrenschild“): „Die Schuld an dieser Misere … trugen vornehmlich die Unruhe im Walde und vielleicht noch mehr die Biotopveränderungen“. Dabei hatte er schon seinerzeit versucht, Touristen aus dem Auerhuhn-Gebiet fernzuhalten, indem er etwa an Sitzbänken Schilder aufstellen ließ mit dem Wunsch „Bitte Kreuzottern nicht beunruhigen“. Leider konnten später auch keine Auerhühner mehr aus der Nachbarschaft zuwandern, denn mit denen ging es ähnlich bergab.

Als ich im Mai 1988 das im benachbarten Waldviertel liegende wunderbare Hochmoor „Große Heide – Durchschnittsau“ erneut besuchte (zu dem man unweit vom Schloss Rosenhof vom Anwesen

„Hennerbichler" gelangt), traute ich meinen Augen nicht. Dieses einst einzigartige Auerhuhn-Gebiet war völlig entwertet worden: Ein breiter Rundweg trennte den Hochwald vom Moor und hatte den Moorrandwald – also genau den wichtigsten Lebensraum der Hühner – durchschnitten, am Rande des Moores war ein Aussichtsturm errichtet worden, und außer den gerade noch vier verhörten, an verschiedenen Stellen balzenden Hähnen und drei Hennen fand ich Federn von einem frisch geschossenen Hahn. Da waren also Erschließung und Jagd gleichermaßen dabei, dem Urhahn in diesem Gebiet den Garaus zu machen. Vor den Auerhühnern hatte das Gebiet auch schon fast alle Haselhühner und auch gänzlich seine Birkhühner verloren. Dabei waren letztere noch ein paar Jahrzehnte zuvor so häufig gewesen, dass sie in den benachbarten Gugu-Wiesen bis in die Nähe der Gehöfte balzten und Helga Gwinner, die Frau meines früheren Direktoriumskollegen Eberhard[9], sie dort noch im Rahmen ihrer Doktorarbeit studieren konnte. Heute würde man alle drei Raufußhuhnarten – wären sie noch da – kaum mehr balzen hören können. Seit dem Fall des Eisernen Vorhangs ist das ganze Gebiet völlig verlärmt, vor allem durch endlose Ketten von Lastzügen, die zwischen Bayern, Österreich und Tschechien pendelnd mit ihrem Motorengeheul durch die Bergwälder kriechen.

Zurück zum Grafen. Als Waidmann in seinem einzigartigen Waldparadies und auf Jagdsafaris von Spanien über Ungarn und Schweden bis nach Südamerika und oft in hochkarätiger Jagdgesellschaft unterwegs, hatte er sich im Laufe der Zeit ein enormes Wissen über jagdbare Tiere erworben, so auch über das Auerhuhn. Mit ihm konnte ich mich über „Schnabelmauser" ebenso gut unterhalten wie über „Blinddarm-Verdauung" – und damit kamen wir natürlich auch auf das sonderbare Wort „Falzpech" zu sprechen, mit dem Jägersleut den einmal am Tag abgegebenen Blinddarmkot bezeichnen. Dieses „Balzpech" ist zäh, klebrig, unangenehm riechend und aufgrund seines hohen Chlorophyllgehalts überwiegend dunkelolivgrün. Aber woher dann der seltsame Name „Pech", und auch noch in Verbindung mit Falz, synonym gebraucht für Balz? Der Graf war hoch erfreut, dass ich Bedeutung und Ursprung des seltsamen Begriffes nicht kannte, und hat sie mir liebend gern erklärt, wie man gleich verstehen wird. „Herr Professor", pflegte er dann zu beginnen, und wenn ich ihm darauf sagte, dass ich nur Dozent sei, meinte er, „macht nix, werdn's eh bald."

Also: Pech kommt daher, dass der zunächst grünlich- bis sogar gelb gefärbte Blinddarmkot sich beim Altern pechartig schwärzlich verfärbt, und am besten sieht man Blinddarmkot-Pflatsche auf festem Schnee und gehäuft am ehesten am Rande von Balzarenen. Sind Balz und Schnee passé, werden sie nur noch von Spezialisten unter Schlafbäumen entdeckt, da sie dann in Bodenvegetation, Kotwürstchen usw. verschwinden. Deshalb entstand und besteht heute noch bei vielen Jägern – und selbst bei gestandenen Förstern, die sich jahrzehntelang mit Auerhühnern beschäftigt hatten – die Meinung, diese Kotform gäbe es nur zur Balzzeit. Falzpech meint also: Balzzeit-Kot. Aber warum dann im Gegensatz zu den üblichen, immer recht wohlgeformten trockenen Kotwürstchen dünn, durchfallartig? Und nun wird's lustig – verschmitzt erklärte mir der Graf: „Die ständige Balzerei, Rauferei mit Rivalen und Treterei von brünstigen Hennen – all das strenge die sonst so ruhig lebenden Hahnen dermaßen an, dass es ihnen immer mal wieder „den Pfropfen naushauen würde", so wie man von Schlawinern vom Hörensagen wisse, dass sie sich beim Besuch von „losen Damen" (wie die Österreicher Liebesdienerinnen nennen) bisweilen dermaßen echauffieren könnten, dass sich der geplagte Leib schließlich mit einem Dünnschiss Luft mache – nicht Balzpech, sondern eher Pech bei der Balz, sozusagen. Aber es kommt noch besser. Da sich die Hahnen wochenlang wie regelrechte Kampf- und vermeintliche Begattungsmaschinen gebärden konnten, mussten sie trotz ihres Falzpechs eine beneidenswerte Kondition haben und wohl bis zum Hals vollgepumpt mit Testosteron sein. Und davon sollte eigentlich auch noch ordentlich was im Falzpech stecken! Also habe so mancher Jägersmann – und er kenne etliche davon, durchaus auch Adlige, meinte der Graf – immer mal wieder Falzpech geschleckt, um seine Lenden zu stärken. Wie viel es geholfen hat, sei jedoch nicht überliefert ...

Als ich bei einem Vortrag über Auerhühner im Hause Fürstenberg in Donaueschingen diese Geschichte zum Besten gab und hinzufügte, dass es viel effizienter sei, dafür Hühnerkot vom Hofe zu nehmen, da Haushühner täglich viel öfter kopulieren als Auerhühner und zudem rund ums Jahr, sagte mir hinterher der Erbprinz, darüber sei sein Papa „not amused“ gewesen. Jo mei, vielleicht waren ja heimliche Schlecker im Vortragssaal zugegen gewesen.

Als der Graf in den 1970er-Jahren wieder einmal mit mir tief in seinen Waldungen unterwegs war, kamen wir an ein völlig einsam liegendes aufgelassenes Forsthaus. Ich war fasziniert von der Idylle des ganz aus Holz gezimmerten Anwesens und meinte, das wäre ein Platz zum Wohnen! Und der Graf entgegnete spontan und begeistert: „Bitte – wohnen Sie hier, ich überlasse es Ihnen gern. Hier können Sie Bücher schreiben, Kraft tanken, philosophieren …“ Das war ein Angebot, wie man es wohl in 1000 Jahren nicht wieder bekommt. Vielleicht hätte ich es angenommen, wenn damals nicht schon die Totenglocken für den Urhahn im Mühl- und Waldviertel angefangen hätten zu läuten.

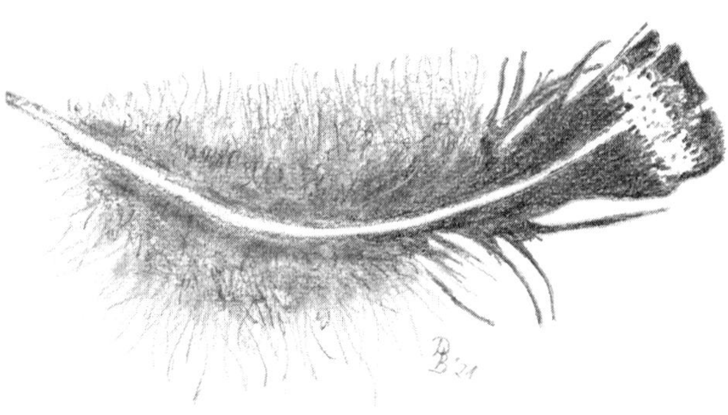

DÜSTERE WOLKEN AM AUERHUHN-HIMMEL

Beginnen wir mit einer kurzen erdgeschichtlichen Betrachtung. Aus Torfuntersuchungen und Pollenanalysen wissen wir, dass der Schwarzwald „schon bald nach der Eiszeit (wieder) bewaldet wurde“[49], vor allem mit Berg- oder Moorkiefern, wie unten näher beschrieben[57]. Wenn vor etwa 5000 Jahren schon ordentliche Waldbestände vorhanden waren, sind dort sicherlich alsbald Auerhühner aus ihren präglazialen Beständen wieder heimisch geworden, da sie um diese Zeit schon in bereits wieder von Menschen besiedelten Gebieten in der Nähe des Schwarzwaldes nachgewiesen wurden (u. a. bei Engen am Rande des Baarschwarzwaldes[27]). Da die Landnahme durch Siedlungen erst ab dem 10. Jahrhundert verstärkt einsetzte, hatten die Auerhühner den Schwarzwald sozusagen etwa 4000 Jahre lang für sich, bevor Homo horribilis, der schreckliche heutige Mensch, sich anschickte, sie mehr und mehr aus ihren Märchenwäldern zu vertreiben. Mit Beginn der deutschen Jagdliteratur im

16. Jahrhundert[42] kam es auch zu ersten schriftlichen Belegen über Auerhühner im Schwarzwald[56].

Über Bestandsveränderungen unserer Vogelwelt in Deutschland in den letzten 200 Jahren sind wir recht gut informiert. Aus einer ersten zusammenfassenden Übersicht 1849 vom Altmeister der Vogelkunde, Professor Johann Friedrich Naumann, wissen wir, dass um 1800 bei vielen Vogelarten, vom Rebhuhn über Lerchen bis zu Meisen, Finken und anderen, deutliche bis starke Rückgangserscheinungen erkennbar wurden, die auch schon erste Schutzmaßnahmen bewirkten (wer sich dafür näher interessiert, kann darüber mehr in meinem 2017 bei Ullstein erschienenen Buch „Unsere Vögel …“ erfahren). Informationen über das Auerhuhn sind dabei besonders zahlreich, da die Bestände der Art als „hoch geehrtes Hochwild“[34] von Jägern und Förstern überall recht genau überwacht wurden. Bis ins frühe Mittelalter, als Deutschland ganz überwiegend noch Waldland war, kamen Auerhühner nahezu überall vor – von den großen Tiefebenen im Norden über alle Mittelgebirge bis in die Bergwälder der Alpen. Mit den großen Waldrodungen beispielsweise in Niedersachsen vom 11. bis 13. Jahrhundert an wurde bereits damals ihr Lebensraum stark und fortlaufend eingeengt, und so sind dann etwa in der Lüneburger Heide Auerhuhn-Bestände bereits im 19. Jahrhundert ganz erloschen. Entsprechend bald endeten auch die Vorkommen etwa im Hunsrück und im Teutoburger Wald, und dann folgten Eifel, Pfälzer Wald u. a. Einstige Vorkommen bei uns auf der Schwäbischen Alb, im Stuttgarter Raum (!) und im Schönbuch bei Tübingen erloschen bereits vom 16. bis 19. Jahrhundert. Gute, recht stabile Bestände konnten sich bei uns nur im Schwarzwald und im Odenwald halten. Ähnlich waren die Verhältnisse in Bayern, wo Vorkommen im Raum München (!), am Ammer- und Starnberger See frühzeitig erloschen, in einer Reihe von Gebieten im voralpinen Hügelland erst später.

Trotz dieser enormen Areal- und Bestandsverluste kam zunächst keine Panik auf, da es von etwa 1890 bis 1920 im Zuge einer relativ warmen trockenen Periode in Verbindung mit fürs Auerhuhn günstiger Waldbewirtschaftung zunächst zu einer beträchtlichen Bestandserholung und Wiederbesiedlung selbst seit langem verwaister Gebiete kam[27]. Bei uns bezogen Auerhühner damals wieder Stuttgarter (!) Waldgebiete, den Schönbuch, sogar den Rammert und auch Gebiete im Schwäbisch-Fränkischen Wald, in der Hohenloher Ebene sowie im Taubergebiet und im Tettnanger Wald am Bodensee. Aber die positive Entwicklung hielt nicht lange an: Zwischen 1930 und 1950 lösten sich diese neuerlichen Vorkommen rasch wieder auf, und spätestens nach dem Zweiten Weltkrieg setzte überall, auch in den Hochburgen der Verbreitung wie im Schwarzwald, deutlicher und bald immer stärker werdender Rückgang ein[27], und aus den bis vor dem Krieg düsteren Wolken am Auerhuhn-Himmel wurden nun zunehmend dunkle.

Was den im vorliegenden Buch im Fokus stehenden Schwarzwald anbelangt, sind wir in der überaus glücklichen Lage, ebenfalls eine Übersicht aus früher Zeit zu besitzen: „Ursachen des Rückganges des Auerwildes und Maßregeln, die solches verhindern sollen", verfasst und veröffentlicht 1882 von Heinrich Sondinger, Fürstlich Fürstenbergischer Forstverwalter[63]. Und was wir von diesem exzellenten Auerhuhn-Kenner und Waldgestaltungs-Praktiker erfahren, ist ganz erstaunlich. Wichtig ist zunächst die Feststellung, dass seinerzeit die Auerhuhn-Bestände in einem „großen Theil des Schwarzwaldes" noch recht stabil waren, in anderen Teilen aber deutlich zurückgingen. Das heißt: Düstere Wolken gab es durchaus auch im Schwarzwald schon, aber dunkle offensichtlich noch nicht. Hochinteressant ist dann die Wertung der für den Rückgang angesehenen Faktoren: Jagd, zunehmende Beunruhigung, Veränderungen im Wald sowie Prädatoren (Fuchs, Marder, Greifvögel u. a.).

Für einen Großteil des Schwarzwaldes, in dem sich Auerhuhn-Vorkommen „seit je in Händen der Landesherren oder jagdschonenden Großgrundbesitzer befinden", wird Bejagung nicht als Ursache von Bestandsrückgängen angesehen, wohl aber für den „insbesondere im badischen Schwarzwalde überwiegenden Gemeinde- und Bauernwald", soweit der nicht von „jagdschonenden Großgrundbesitzern bezüglich des Auerwildes in Afterpacht genommen ist". Im verbleibenden Gemeinde- und Bauernwald aber „werden wohl mit wenigen Ausnahmen Auerhahnen und -hennen todtgeschossen, wann und so oft man derselben habhaft werden kann, da leider das Badische Jagdgesetz für die Auerhahnen keine Schonzeit und für die Hennen nur eine solche vom 2. Februar bis 23. August vorschreibt". Selbst für damalige Verhältnisse im Nachhinein nahezu unfassbar! Da hat sich wohl das „gemeine Volk" am ihm lange verwehrten „Hochwild der Hohen Herren" ordentlich bedient, und sicher nicht nur im Hinblick auf Trophäen, sondern vor allem auch wegen des überaus schmackhaften Wildbrets.

Für heutige Verhältnisse unvorstellbar, und das konnte die Art auch wohl nur deshalb verkraften, weil Auerhühner damals sicher sehr häufig waren. Als sie noch „in fast allen größeren Waldgebieten" und im gesamten Schwarzwald bis in die Täler und Randbereiche bis in die Rheinebene hinunter vorkamen (im Bienwald, Südpfalz, bis 1923!) und etwa Herzog Eberhard III. 1656 sogar noch Hahnenbalz bei Herrenberg aufsuchen konnte[27], dürfte ihr Gesamtbestand im Schwarzwald in einer Größenordnung von bis gegen 10 000 Hähnen und ebenso vielen Hennen gelegen haben (siehe oben).

Da im 19. Jahrhundert im Schwarzwald die meisten Gebiete mit Auerhuhn-Vorkommen von Adligen und „jagdschonenden Großgrundbesitzern" bejagt wurden, war die Jagd seinerzeit offenbar keine wesentliche Ursache für den Rückgang der Art. Eine gewisse Bejagung diente aber nicht nur der Trophäenbeschaffung und der Lust am Jagen, sondern auch dem Schutz des Waldes. Denn damals war etwa im „Lehrbuch für Jäger“ von Hartig zu lesen: „Wo sich Auerwild in bedeutender Anzahl aufhält, wird es durch Abbeißen der Endknospen an den Mittelschüssen des jungen Nadelholzes nachtheilig.“ Auch Sondinger beobachtete in seinen Fohrenpflanzungen vom Auerwild verursachten „empfindlichen Schaden“, der natürlich nach Regulierung verlangte.

Und ein weiteres Eingreifen hielt Sondinger für nötig – und damit kehren wir zurück zum schon behandelten „alten Raufer“. Sondinger schrieb: „Hat ein … Hahn … einmal eine gehörige Stärke erreicht … duldet er keinen zweiten … und behütet seine Hennen. Mit zunehmendem Alter kann er aber seine Hennen mit Erfolg nicht mehr treten … In einem solchen Falle sollte keine Mühe gescheut werden, einem solchen alten Hahne das Lebenslicht noch rechtzeitig auszublasen.“ Schließlich benannte Sondinger als „weiteres Erfordernis zur Erhaltung des Auerwildes …, dass der Abschuss der Hahnen erst erfolge, wenn alle Hennen getreten sind“, was in der „jagdschonenden“ Praxis im Schwarzwald gegeben sei. Anderswo hingegen wurde, so berichtet er für Bayern, zum Teil so früh und intensiv auf Hahnen gejagt, dass „schließlich nur mehr Hennen vorhanden waren, welche kurz darauf auch verschwanden“.

BEUNRUHIGUNG

Sie hält Sondinger seinerzeit nicht für gravierend, da sich Auerhühner auch bei intensivem Forstbetrieb und anderen menschlichen Aktivitäten gut einzunischen vermögen, sofern ihnen genügend Freiräume bleiben. Dazu trägt wesentlich bei, dass „das Auerwild nicht nur nicht scheuer als jedes andere Wild, sondern sogar weniger scheu, als zum Beispiel Wildgänse und Wildenten" ist. „Es kommt hier … häufig vor, dass man zu Auerwild, namentlich zu Hennen, wenn sie auf Wegen im Sande baden, bis auf mehrere Schritte hinkommt." Das deckt sich mit Berichten über brütende Hennen, die sich auf dem Gelege sitzend sogar anfassen oder zur Kontrolle der Eier anheben ließen[80, 22]. Das wirft die interessante Frage auf, ob Auerhühner vielleicht früher zutraulicher und heute, bedingt durch immer mehr Störungen, zwar nicht scheuer, aber vorsichtiger geworden sind, wie wir das von vielen anderen Tierarten kennen.

PRÄDATOREN

Was Beutegreifer anbelangt, vertritt Sondinger eine extreme Haltung, die die Jagdpraxis durch Jahrhunderte, zum Teil bis heute, begleitet hat: „Schließlich gehört zur Erhaltung des Auerwildbestandes die Ausrottung jeglichen Raubzeuges." Er geht dann auf „Marder, Fuchs, Habicht u. s. w." ein, warnt: „Der Schaden … welchen ein einziges Habichts- oder Falkenpaar unter der Vogelwelt anrichtet, wird vielfach zu wenig gewürdigt" und empfiehlt: „In guten Auerwildbeständen sollte man nicht nur im Winter dem Raubzeuge scharf nachgehen, sondern dasselbe auch in der übrigen Zeit vertilgen, sei es nun durch Schießen, Fangen und Graben, oder, wo letzteres nicht gutgehen kann, durch Legen von mit Strychnin vergifteten Vögeln in die steinigen Baue u. s. w." Ähnlich äußerte sich auch Wurm (1885) für den Nordschwarzwald: „Alles Raubzeug (namentlich Füchse … Hauskatzen, Marder, Iltisse, Wiesel, Eichhörnchen, Igel, Adler, Uhu, Habichte, Sperber, Elstern, Raben, Würger, Nussheher, im Norden auch Bär, Fjällfrass, Luchs und Wolf) … ist … auszurotten … selbst … durch Strichnin" – brutal!

Obwohl Sondinger „alles Raubzeug" im Hinblick auf den Erhalt von Auerwild geradezu verteufelt, bleibt seine Beurteilung im Hinblick auf alle möglichen Gefährdungsursachen erstaunlich neutral: „Es wird wohl richtig sein", dass man „dem Raubzeuge … die Abnahme des Auerwildes nicht ganz zuschreiben kann." Und dann kommt er zum wichtigsten Faktor: „Nach meinen Erfahrungen gehören zur Erhaltung des Auerwildes in erster Reihe Balz- und Tummelplätze", die ideal sein müssen und, wie wir sehen werden, durch Waldbaumaßnahmen – Habitatgestaltung würden wir heute sagen – schon damals mit Erfolg aufgebessert werden konnten.

WALD ALS LEBENSRAUM UND SEINE GESTALTUNG

Als sich Sondinger, der 1871 Fürstlich Fürstenbergischer Forstverwalter wurde, über das Auerwild und seine Lebensraumansprüche kundig gemacht hatte, schreibt er darüber einen Absatz, der so typisch für den gesamten Schwarzwald und seine Auerhuhn-Misere ist, dass ich ihn hier in voller Länge einfüge:

„Von dem Fürstlich Fürstenbergischen Forstbezirke Friedenweiler bildet der Kloster- und Krähenbacherwald einen zusammenhängenden 2114 Hektar großen, 780 bis 1010 Meter über dem Meere liegenden Waldkomplex, derzeit fast ausschließlich mit Fichten, Fohren und Weißtannen bestockt. Dieser Wald hatte wahrscheinlich früher wohl überall Auerwild als Standwild. Seit Menschengedenken kam jedoch dasselbe als Standwild nur im Klosterwalde vor und da vorzugsweise auf dem dortigen durchschnittlich 960 Meter über dem Meere gelegenen Hochplateau, auf welchem früher großentheils nur Hochmoore waren. Früher waren dort 20 und mehr balzende Auerhahnen keine Seltenheit. Zu Anfang der Dreißiger Jahre wurden diese, meist flachen Hochmoore mit großem Erfolge entwässert, viele Wege gebaut und ein immer intensiver werdender Forstbetrieb trat an die Stelle der früheren Femelwirthschaft. In dem Maße, als der Wald besser wurde, namentlich als man immer mehr zur künstlichen Verjüngung durch Pflanzung schritt, nahm das Auerwild nach und nach ab, so daß es in der allgemeinen Beschreibung des Forsteinrichtungs-Revisions-Werkes von 1867 bei der Jagd heißt: Der gegenwärtige Wildstand besteht in Auerwild, welches seit mehreren Jahren stark abgenommen hat ..."

Also: Hochmoor-Märchenwald wie im Wildseemoor – das war der einst ideale Auerhuhn-Lebensraum auch im Friedenweiler Gebiet, und den konnte Sondinger natürlich auch dort seinerzeit nicht wiederherstellen. Als es ihm aber „durch Aufräumen des Raubzeuges" nicht gelang, das „Abnehmen des Auerwildes ... zu steuern", ließ er 1873 „an mehreren geeigneten Orten künstliche Balz- und Tummelplätze" anlegen – erste Habitatgestaltung fürs Auerhuhn im Schwarzwald! „Ich wählte hierzu meist schlechte, verkrüppelte Bestände (wie sie für vernässte, anmoorige Märchenwald-Reste typisch sind), lichtete in denselben auf etwa zehn bis zwanzig Ar großen Stellen sehr stark und duldete ... keinen Unterwuchs. Schon nach einigen Jahren wurden diese Stellen vom Auerwilde ... großentheils als Balz- und Tummelplätze angenommen. Trotzdem ... im genannten Walde der intensivste Forst- und Kulturbetrieb besteht ... hat in den letzten Jahren das Auerwild stetig zugenommen ... 1879 waren im Klosterwalde in einem früheren Hochmoore (!) auf einer Fläche von etwa 100 Hektar (auf künstlichen Balzplätzen) 18 und seither jährlich 12 bis 16 Auerhahnen verhört worden, nachdem dort Jahre vorher nurmehr 2 – 4 Auerhahnen vorhanden waren."

Damit war eigentlich klar aufgezeigt, was für den Erhalt von Auerhühnern in unseren Wäldern erforderlich war: Habitatgestaltung, vor allem Auslichtung der inzwischen weitgehend trockengelegten Hochmoorrand-Märchenwälder – und der dort wie nahezu überall durch intensive Forstwirtschaft immer dichter bepflanzten und damit immer „schwärzer“ gewordenen Waldungen. Leider blieb es in Bezug auf Habitatverbesserungen bis nach dem Zweiten Weltkrieg bei kümmerlichen Ansätzen. Und so kam es, wie es kommen musste: Die Auerwild-Bestände begannen überall im Land dramatisch abzunehmen. In Baden-Württemberg konnten sich nach dem Erlöschen des Bestandes im Odenwald um 1975 Restbestände nur noch in den Höhenlagen des Schwarzwaldes halten, aber auch da nicht mehr stabil, sondern deutlich abnehmend. So musste schließlich 1971 die Reißleine gezogen werden: vollständiges Jagdverbot und die Einleitung gezielter und intensiver Schutzmaßnahmen. Über die gesamten Bestandsveränderungen des Auerhuhns im Schwarzwald, soweit bekannt, siehe im Kapitel „Der unaufhaltsame Niedergang“.

ZEHN JAHRE FASZINIERENDE AUERHUHN-FORSCHUNG

Nie im Leben hatte ich vorgehabt, aus freien Stücken am Auerhuhn Forschung zu betreiben, auch nicht unter den exzellenten Bedingungen des Instituts, das ich lange Zeit leiten konnte – der Vogelwarte Radolfzell als Einrichtung der Max-Planck-Gesellschaft (MPG). Dafür waren die Waldhühner viel zu sehr unter den Fittichen von Forst und Jagdschutz, als dass ich als Nichtangehöriger einer forstlichen Fakultät oder eines wildbiologischen Instituts für effiziente Forschung ausreichend Zugriff auf die wohlbehüteten Vögel bekommen hätte. In Skandinavien oder in Sibirien ja, wo etwa mein Kollege Professor Dr. Alexander Andreev vom Institut für Biologie des Nordens in Magadan aus faszinierende Auerhuhn-Studien durchgeführt hat[2], aber von uns aus hätte ich wohl leichter Untersuchungen an Harpyien im brasilianischen Urwald oder an Elfenbeinmöwen auf Wrangel Island betreiben können als Auerhuhn-Studien im Ländle. Aber wieso dann schließlich doch? Ganz einfach: Ich kam dazu wie die Jungfrau zum Kinde, und sogar auch durch eine Empfängnis –

und zwar von Geld. Und noch dazu von millionisch viel Geld, wie man im Schwäbischen sagt, und das kam so.

Sommer 1998: Unser Institut war zur eigenständigen Forschungsstelle der MPG aufgestiegen[9], und zur „Belohnung" für unsere jahrzehntelange, harte Arbeit hatte ich im Hof von Schloss Möggingen einige der altehrwürdigen Volieren so herrichten lassen, dass sich in ihnen Auerhühner wohlfühlen und wir – die Institutsmitarbeiter – sowie Schlossbesucher diese majestätischen Vögel fortan genießen konnten. Dann kam ein Anruf aus Berlin von Dr. Winfried Benz, Generalsekretär des Wissenschaftsrats in Deutschland. Ich nahm Haltung an, aber nicht nötig, es kam nur Gutes durch die Leitung – lobende Worte über unsere Arbeit, Begeisterung über die Evaluierung unseres Instituts, an der er teilgenommen hatte, und dann der Zweck seines Anrufes: Er sei in einer Stiftung tätig, die viel Geld für Tierschutz und relevante Forschung ausgibt, und er würde es sehr begrüßen, wenn die Vogelwarten-Arbeit davon künftig profitieren könnte, und ob ich wohl, am besten gleich, ein paar Projektideen hätte. Ja natürlich, keine Frage, und ich fing an, ihm vorzuschwärmen von Satellitentelemetrie-Studien an Weißstörchen, mit denen wir gerade erstmals Vögel auf ihrem Zug bis nach Südafrika orten konnten und nun beginnen könnten, ihr Überwinterungsverhalten in allen Details und mit all seinen Gefahren zu erforschen wie beim später bis zur Briefmarken-Berühmtheit avancierten „Prinzesschen", oder wir könnten mit unseren neuesten modernen Geräten ergründen, wie es Streifengänse schaffen, bis in 8000 Metern Höhe den Himalaya zu überfliegen, oder wie weit heute Sturmtaucher von Madeira fliegen müssen, um hoffentlich noch genügend Nahrung für ihre Jungen beschaffen zu können. Und obwohl ich mich so in Rage redete, dass ich von meinen spontanen Vorschlägen selber begeistert war, hörte ich von meinem Gegenüber immer nur ein eher mäßig nach Begeisterung klingendes „Mmh". Schließlich fragte mich Dr. Benz, ob es eventuell auch etwas mehr in unserem Lande Angesiedeltes gäbe – und da fielen mir in meiner Not spontan unsere herrlichen Neuzugänge im Schlosshof ein, die Auerhühner. Als ich sie kurz beschrieb, mit all ihren Nöten in unseren Breiten, fragte Benz: „Sind das die großen schwarzen Vögel, die so toll balzen und die auch im Schwarzwald vorkommen und von denen er möglicherweise schon einmal einen gesehen haben könnte?" Als ich ihm sagte, sehr wohl, kam auch bei ihm Begeisterung auf – das wäre doch was, und das würde auch sicher den sehr heimatverbundenen Vorständen und Räten der Stiftung gut gefallen. Und nun die Gretchenfrage: Ob ich denn wohl etwa binnen einer Woche ein Langzeit-Forschungsprogramm skizzieren könnte, das jedoch im Hinblick auf die beträchtlichen in Aussicht stehenden Mittel natürlich hochkarätig und überzeugend sein müsse. Soweit ich mich recht erinnere: Ich habe nicht Ja gesagt, hörte mich aber zu meiner eigenen Überraschung antworten: „Ja, selbstverständlich, und mit Freuden, und bis in einer Woche – kein Problem!"

Dr. Benz sagte, er sei beides – zufrieden und gespannt – und wünschte mir gedeihliche Planung. Erst allmählich begriff ich, was für ein Wolkenkuckucksheim ich da errichtet hatte. Andererseits – die Aussicht auf Forschungsmittel in Millionenhöhe, nämlich von der genannten Otto-Wolff-Stiftung sowie im Falle einer derartigen Zuwendung auch in Form von Sondermitteln von der MPG, da sollte sich in einer Woche schon ein Plan für die nächsten zehn Jahre schmieden lassen, der es in sich hatte, zumal unsere in großen Nöten befindlichen Auerhühner Hilfe gut gebrauchen konnten.

Noch am selben Tag rief ich meinen früheren Studienkameraden Klaus Roth in Freudenstadt an, inzwischen Auerhuhn-Spezialist, und erzählte ihm, was passiert war. Auch er war sofort der Meinung, dass wir unbedingt versuchen sollten, mit dem vielen Geld so viel wie möglich Gutes für die bedrohten Auerhühner im

Schwarzwald zu tun. Ich bat ihn, ein Gespräch von mir mit Rudi Suchant, dem Leiter der „Arbeitsgruppe Raufußhühner" (siehe unten), vorzubereiten, das schon tags darauf zustande kam und sehr positiv verlief. Der Rest der Woche war beinharte Arbeit, die aber abschloss mit einem auf zehn Jahre konzipierten Programm „Schutzrelevante kooperative Auerhuhn-Forschung der Vogelwarte Radolfzell", ausgerichtet auf die Auerhuhn-Population im Schwarzwald, mit insgesamt acht Forschungsfeldern im Feld, im Labor sowie an in Volieren gehaltenen und dort auch gezüchteten Vögeln, und mit Bildung einer etwa zehnköpfigen Mitarbeitergruppe, die sich aus bis zu sechs Wissenschaftlern sowie Doktoranden, Diplomanden, Technikern und Tierpflegern zusammensetzt – und damit die größte Forschungseinrichtung, die sich je anschickte, Auerhühner zehn Jahre lang intensiv zu untersuchen.

Bei der Planung kam uns zugute, dass Auerhühner entgegen mancher Ansicht nicht besonders gut, sondern als stark abgeschirmte Vögel in vielem erstaunlich wenig untersucht worden waren. Unsere Untersuchungen starteten noch im zweiten Halbjahr 1998 und liefen dann 2008 – drei Jahre nach meiner Emeritierung – allmählich aus. Die wissenschaftliche Feinarbeit lag über reichlich fünf Jahre vor allem in Händen von zwei Raufußhuhn-Spezialisten, Dr. Manfred Lieser und Dr. Karl-Eugen Schroth, die über das Hasel- bzw. das Auerhuhn promoviert hatten, und zu ihnen gesellte sich 2002 während ihres Übergangs von der Wildbiologie in München zur Fakultät für Forstwissenschaften der Universität Freiburg auch Frau Professor Dr. Ilse Storch. Bevor ich die wichtigsten Ergebnisse der acht Forschungsfelder kurz zusammenfasse, noch eine Anmerkung. Später stellte sich heraus: Dr. Benz stammte aus Freiburg, wanderte gern im Schwarzwald, und so lagen ihm die Auerhühner als „Urvögel" seiner Heimat verständlicherweise besonders nahe – und das erklärt im Nachhinein seine damalige spontane Begeisterung für diese „schwarzen Vögel"!

FORSCHUNGSFELD ERNÄHRUNGSBIOLOGIE

Erstaunlicherweise war zu Beginn unserer Studien selbst die „einfache“ Ernährung der Auerhühner im Winter nicht umfassend untersucht worden, vor allem, welche Koniferennadeln die Vögel u. U. bevorzugen, welche sie eventuell unbedingt brauchen, von wie vielen Nadelbaumarten sie leben können und ob Nadeln infolge der Klimaerwärmung und durch Schadstoffbelastungen bereits kritisch geschädigt sind. Die Fragen wurden in vier Ansätzen untersucht: Kotprobenanalysen aus dem gesamten Schwarzwald (von insgesamt 145 Individuen[33]), Nahrungspräferenz- und Ausschließlichkeits-Fütterungsversuche sowie Stoffwechsel- und Energiebilanz-Studien (mit speziellen Stoffwechselmessgeräten) an über 60 in Volieren gehaltenen Auerhühnern (in insgesamt vier verschiedenen Volierenanlagen, siehe unten). Dabei zeichneten sich rasch klare Ergebnisse ab.

Dem Angebot entsprechend wurden im Schwarzwald im Winter in erster Linie Fichtennadeln verzehrt[36], mit lokaler Dominanz von Kiefernnadeln, während Weißtannennadeln eher gemieden wurden. Dazuhin ließen sich in geringen Mengen Douglasien- und Lärchennadeln nachweisen sowie Heidelbeertriebe, Buchenknospen, Kräuter und Flechten.

Ganz anders sah es bei den Nahrungspräferenz-Versuchen aus. Hier zeigten die in Volieren gehaltenen Vögel durchweg Vorliebe für Nadeln der Moorkiefer, während Waldkiefernnadeln zufällig genutzt und Nadeln von Fichte und Tanne eher gemieden wurden. Insgesamt entfielen etwa zwei Drittel des Gesamtverzehrs auf Nadeln der beiden Kiefernarten.

Kombinierte Fütterungs- und Energiebilanzstudien mit Nadeln von insgesamt zwölf Koniferenarten ergaben nur geringe Unterschiede im Gehalt an verwertbarer Energie, sie wurden alle verzehrt und verdaut, sodass Auerhühner zur Zeit der Untersuchungen wohl grundsätzlich mit Nadeln der meisten in unseren Wäldern vorkommenden Koniferen den Winter über leben und überstehen konnten.

Überraschend war: Die klare Präferenz von Nadeln der Moorkiefer – die früher auch schon in Österreich beobachtet wurde[22] – lässt sich nicht mit ihrem Energiegehalt erklären (den Auerhühner auch im Freiland herausfinden können, wie oben beschrieben), denn in Bezug auf die für die Hühner verfügbare Energie ergab sich eine Reihung in abnehmender Qualität von Waldkiefer über Moorkiefer, Weißtanne, Lärche zu Fichte und anderen.

Bisher bleibt die festgestellte Bevorzugung der Moorkiefer somit unerklärlich und vor allem ungemein spannend, zumal diese Kiefer der Charakternadelbaum des Märchenwaldes – des Moorrandwaldes – war und ist, und mit dem zusammen haben sich Auerhühner bei uns nach der Eiszeit wieder gemeinsam etabliert! Der Schwarzwald war nämlich im frühen Postglazial wahrscheinlich ausschließlich mit Moorkiefern bewaldet, die zunächst größere Bestände bildeten und in die andere Baumarten erst später allmählich einwanderten[57]. Und Auerhühner, die bereits im Präglazial (mindestens seit dem Alt-Paläolithikum) bei uns vorkamen, sind bereits früh wieder in neu bewaldete Gebiete zurückgekehrt[27]. Sorgfältigen Hochmooranalysen verdanken wir die Erkenntnis, dass sogar der Märchenwald im Wildseemoor noch bis Mitte des 18. Jahrhunderts fast ausschließlich aus Moorkiefern bestand[49].

So wie die Kiefer allgemein den „Brotbaum“ des Auerhuhns darstellt und es deshalb in Österreich auch „Kiefernvogel“ heißt[81], ist die Moorkiefer somit im Schwarzwald sozusagen der (ehemalige) Auerhuhnbaum. Dabei könnten sich in jahrtausendelanger Ko-Evolution vielfältige Beziehungen zwischen diesem Baum und dem Urhuhn entwickelt haben – von günstiger Nahrungsaufnahme aus den besonders dichtbuschig benadelten Kurztrieben oder aromatisch-geschmackliche Komponenten (auch wir verwenden

Latschentinktur gern etwa zur Pflege im Bad und in der Sauna) bis hin zu sekundären Pflanzenstoffen, die die normale oder spezielle Verdauung (im Blinddarm, mit Symbionten, siehe unten) fördern oder aber auch der Parasitenbekämpfung dienen. Umgekehrt könnten auch die Bäume von den Vögeln profitieren, beispielsweise durch die Bildung von Abwehrstoffen bei Verbiss – wie von Espen bei Beäsung durch Elche bekannt –, die dann andere große Weidetiere vom Verbiss abgehalten haben könnten. Was wäre ich gern noch einmal jung, um das alles Schritt für Schritt erforschen zu können!

Hier noch ein Blick hinter die Kulissen: Um die Ernährungsuntersuchungen auf absolut verlässlicher Basis durchzuführen, wurden Koniferennadeln nicht einfach irgendwo beschafft, sondern gezielt von Bäumen, von denen sich freilebende Auerhühner aktuell ernährt haben – so zum Beispiel im Falle der Moorkiefern im Hohloh-Gebiet von Karl-Eugen Schroth. Und damit weite Transportwege entfielen, haben wir in seinem Wohnort Zavelstein eine große Volierenanlage errichtet, in der vier Auerhühner gleichzeitig bis in feinste Details ihrer Ernährung untersucht werden konnten. Neben dem Wägen verabreichter und übrig gelassener Mengen an Nadeln zur Bestimmung der verzehrten Portionen einschließlich Blindproben zur Bestimmung des Gewichtsverlustes durch Verdunstung, sowie dem Einsammeln des täglich anfallenden normalen sowie des Blinddarmkotes für Gewichts- und Inhaltsstoffuntersuchungen, kamen auch „intelligente“ computergesteuerte Waagen zum Einsatz. Mit ihnen konnte über Sitzstangen, die die Hühner als „Schlafbäume“ nutzten, fortlaufend in beliebigen Zeitintervallen das Körpergewicht erfasst werden. Für die in Radolfzell vor allem von Manfred Lieser durchgeführten Ernährungsversuche in Verbindung mit speziellen Stoffwechselmessungen standen dort weitere zehn Volierenabteile sowie Stoffwechselmesskammern zur Verfügung.

FORSCHUNGSFELD SATELLITEN- UND TERRESTRISCHE TELEMETRIE

Für heimlich lebende, vorsichtige und störungsempfindliche Tiere wie Auerhühner kommt Telemetrie – Funkpeilung mittels kleiner Sender aus „sicherer" Entfernung – wie gerufen und war in Norwegen, den Alpen und auch im Schwarzwald in terrestrischer Form schon eingesetzt worden. Nachteil der Telemetrie ist, dass Vögel zunächst einmal gefangen und besendert werden müssen – bei Auerhühnern nicht einfach. Für die terrestrische Telemetrie (TT) muss man sich für Peilungen stets in die Lebensräume der Vögel begeben, wobei man unter Umständen von nicht besenderten Individuen entdeckt und „verraten" werden kann. Die Satelliten-Telemetrie (ST), mit Kontakt zum Vogel von überfliegenden Satelliten, funktioniert in dieser Hinsicht ohne Tiere zu stören, vermittelt aber weit weniger Daten, zur damaligen Zeit oft nur eine Ortung am Tag, und warf zudem Energieversorgungsprobleme für den Sender auf.

Zur Optimierung unserer vielfältigen Forschungsvorhaben war deshalb eine Kombination von TT und ST über einen einzigen kleinen Sender äußerst wünschenswert. Dabei galt es zunächst allerlei technische Probleme zu lösen. Wir hatten 1990 von der Vogelwarte aus in Verbindung mit PD Dr. Eugeniusz Nowak von der Bundesforschungsanstalt für Naturschutz und Landschaftsökologie in Bonn die ST in Europa eingeführt und bis zum Beginn der Auerhuhn-Studien an 20 Vogelarten erfolgreich getestet – an Schwänen, Störchen, Geiern, Seevögeln und anderen Offenlandbewohnern. Darum waren unsere ersten Fragen: Werden wir von Satelliten aus auch zu Auerhühnern Kontakt bekommen, wenn die „tief im schwarzen Walde" leben, und würden Solarzellen auf den Sendern ausreichend Sonne tanken können? Testversuche an in dicht bepflanzten Volieren lebenden und balztollen Vögeln im „dunklen Tann" verliefen, durchaus erwartet, positiv. Denn Auerhühner sind ja – obwohl Waldbewohner – Vögel, die lückigen Wald und als Bodenbewohner besonders im Sommer tagtäglich offene Stellen und vor allem auch sonnige Plätze aufsuchen. Dann galt es, spezielle „Rucksack"-Riemchen und Antennen zu entwickeln, die ein Auerhuhnschnabel nicht einfach durch- oder abbeißen kann. All das gelang rasch, vor allem mit Tests an unseren Volierenvögeln, sodass wir uns 1999 mit 40 bis 69 Gramm leichten Minisendern (leichtere für Hennen, schwerere für Hähne), die gleichzeitig ST und TT ermöglichten, einer Fülle von Fragen zuwenden konnten: der Raum- und Habitatnutzung im Tages- und Jahresverlauf, Ausbreitungsbewegungen (Dispersion) von Jung- und größeren Ortswechseln von Altvögeln, vor allem auch bedingt durch den Einfluss von Störungen, zum Beispiel bei Touristen-„Rummel", dem Aufsuchen von Schlafbäumen u. a., zum Einsammeln von frischen Kotproben, dem Auffinden von Nestern, selbst in dichtester Vegetation, der Feststellung von Todesursachen (beim Aufspüren toter Vögel oder liegengebliebener Sender mit Resten zu Tode gekommener Vögel) und anderem mehr.

Bevor wir das alles in der Praxis angehen konnten, mussten wir erst einmal Auerhühner zum Besendern in die Hand bekommen! Das gelang nach den Erfahrungen von Ilse Storch sehr gut, und zwar mit weitmaschigen Netzen, wie sie zum Lachsfang (!) verwendet werden. Die Netze wurden zum Fang in von Auerhühnern bewohnten Gebieten in langen Bahnen, vom Boden etwa zwei Meter hoch reichend, leicht an Bäume angehängt, sodass sich beim Dagegenlaufen oder -fliegen durch die heruntergleitenden Netzteile Fangtaschen bilden, in denen sich die Vögel greifen lassen. Auf diese Weise konnten wir in der Hauptfangperiode von 2001 bis 2004 insgesamt 45 Auerhühner im Schwarzwald fangen, zudem bis 2020 18 balztolle Hähne (siehe unten). Die Methode, mit Fischernetzen Auerhühner zu fangen, geht übrigens u. a. auf sibirische Fischer zurück, die in an großen Flüssen zum Trocknen aufgehängten Netzbahnen immer wieder gelegentlich Auerhühner als „Beifang“ erwischten. Für unsere Zwecke hat vor allem Dr. Veronika Braunisch von der FVA enorme Pionierarbeit beim Fang der Vögel geleistet.

Es würde den Rahmen dieses Buches sprengen, wollte ich hier auch nur Bruchteile der mit der Telemetrie erzielten Ergebnisse auflisten, die die FVA großenteils in einem speziellen „Hühnertagebuch“ zusammengestellt hat. Aber ein Hinweis ist wichtig: Im Rahmen dieser Studien hat Dr. Dominik Thiel, heute Leiter des Amtes für Natur, Jagd und Fischerei in St. Gallen, in Kooperation mit der Schweizerischen Vogelwarte Sempach seine Doktorarbeit angefertigt über die Problematik von „Wintertourismus und Auerhuhn im Schwarzwald“ und verwandter Fragen, woraus eine Reihe von Publikationen hervorgegangen ist. Dabei kamen große stationäre „Fix“-Antennen für TT zum Einsatz, die Ortungen bis zu mehreren Kilometern ermöglichten. Parallel dazu liefen Stresshormonuntersuchungen mit Hilfe von Kotproben (siehe unten). Klares Hauptergebnis: Vor allem Tourismus im Winter kann Auerhühner, die in dieser Zeit mit der aus ihrer Koniferennadelnahrung geringen verfügbaren Energie nahe am Limit leben, vor allem bei Fluchtbewegungen im Flug rasch derartig stressen, dass sie „leerbrennen“ können. Deshalb sollten sich Wintereinstände des Auerhuhns und Wintertourismus ausschließen, etwa durch Wegegebote[74].

FORSCHUNGSFELD POPULATIONSAUFBAU, REPRODUKTION UND MORTALITÄT

Der für die Besenderung für die Telemetrie erforderliche Fang von Auerhühnern erfolgte vor allem im Nord- und Südschwarzwald in Gebieten, in denen relativ viele Vögel vorkommen, zum Teil aber auch im mittleren Schwarzwald, hauptsächlich von 2001 bis 2004, und zwar durch nichtselektive Zufallsfänge in der Zeit von August bis November. Damit spiegeln die erzielten Fänge in etwa den lokalen Populationsaufbau am Ende der Fortpflanzungsperiode wider (wobei sich bei Vögeln erfahrungsgemäß Jungvögel etwas besser fangen lassen als erfahrene Altvögel, sodass Jungvögel eher überrepräsentiert sind).

Nach Studien in verschiedenen Regionen liegt der Jungvogelanteil bei Auerhühnern im Herbst bei etwa 50 bis 80, im Mittel bei 70 Prozent – bei unseren Untersuchungen ergaben sich stark davon abweichende Werte. Von unseren insgesamt 45 gefangenen Auerhühnern – davon 23 Männchen und 22 Weibchen – waren gerade einmal 14 – also 31 Prozent – Jungvögel aus der vorhergehenden Brutperiode. Und auch in dem in Bezug auf den Jungvogelanteil besten Jahr – 2003 –, mit wohl relativ guten Aufzuchtbedingungen, betrug der Wert nur 54 Prozent. Auch bei den in nachfolgenden Jahren in geringer Anzahl gefangenen Auerhühnern ergaben sich keinerlei Hinweise auf höheren Reproduktionserfolg. Damit zeichnet sich für den Schwarzwald klipp und klar ab: Die Fortpflanzungsrate liegt weiter unter dem Wert, der erforderlich wäre, um die Population stabil zu halten – ein Grundübel, das inzwischen als Hauptursache für den Rückgang der Auerhühner in allen Ländern mit Bestandsrückgang nachgewiesen wurde (siehe unten).

Unsere Telemetrie-Studien lieferten auch noch einen wichtigen Hinweis darauf, warum der Reproduktionserfolg so gering ausfällt: Nur wenige der von uns georteten Hennen wurden zur Brutzeit „stationär“ – das heißt bebrüteten ein Gelege. Da Nester von Feinden meist erst im Laufe der Bebrütung ausgeraubt werden, ist wahrscheinlich, dass diese „nicht stationären“ Vögel gar keine Gelege gezeitigt haben. Ob aus Mangel an Bruthabitaten oder an proteinreicher, vor allem tierischer Nahrung zur Eibildung, ist leider bis heute nicht weiter untersucht worden und offengeblieben.

Was die Mortalität der Auerhühner betrifft, ließ sich feststellen, dass von sieben Fällen, in denen Sender von zu Tode gekommenen Vögeln aufgespürt werden konnten, in bis zu sechs Fällen die Todesursache am ehesten dem Fuchs zuzuschreiben ist. Deshalb war es folgerichtig, im Aktionsplan Auerhuhn (siehe unten) der Fuchsbejagung hohen Stellenwert einzuräumen. Inzwischen hat sich das Problem stark abgeschwächt, da auch im Schwarzwald der Fuchsbestand infolge von Räude und anderen Erkrankungen zurückgegangen ist.

FORSCHUNGSFELD GENETISCHE UNTERSUCHUNGEN

Zu Beginn unserer Auerhuhn-Forschungsdekade waren die Methoden der Molekularbiologie so weit fortgeschritten, dass wir von der Vogelwarte aus an der Universität Konstanz eine eigenständige, mit der dort etablierten Genetik-Abteilung von Professor Dr. Axel Meyer und später weiteren Kollegen kooperierende Arbeitsgruppe einrichten konnten, die hauptsächlich genetische Grundlagen des Vogelzugs an Mönchsgrasmücken erforschte. Dort eingegliedert konnte vor allem Dr. Gernot Segelbacher, heute Professor an der Forstlichen Fakultät der Universität Freiburg, wichtige schutzrelevante Fragen zur Genetik von Auerhühnern im Schwarzwald untersuchen, so vor allem: Wie groß ist die genetische Variabilität der heute stark geschrumpften Population im Vergleich zu früher, was sich aus Feder- und Hautproben von Bälgen schätzen lässt? Ist die Variabilität noch ausreichend, um die Überlebensfähigkeit der Restpopulation zu garantieren? Sind Teilpopulationen bereits isoliert, oder bilden alle Auerhuhn-Vorkommen im Schwarzwald noch eine Fortpflanzungsgemeinschaft mit Genaustausch? Aber auch bezüglich der Vaterschaft von Auerhühnern lassen sich wichtige Fragen klären, etwa, wie viele Hähne am Balzplatz Hennen begatten, ob Hennen zur Befruchtung ihrer Eier mehrere Hähne aufsuchen und anderes mehr.

Für die genannten Untersuchungen ist von jedem Individuum eine Probe erforderlich – am besten eignen sich Mauser- oder gezogene Federn, von Bälgen auch Hautstückchen. Daraus wird das Erbgut (DNA) isoliert, und mit Hilfe von genetischen Markern (Mikrosatelliten) kann dann ein unverwechselbarer genetischer Fingerabdruck jedes Individuums erstellt werden. Bis zum Zwischenbericht unserer Auerhuhn-Studien 2006[61] lagen für die genetischen Untersuchungen bereits über 600 Mauserfedern von 263 Auerhühnern aus allen damaligen Verbreitungsgebieten im Schwarzwald vor, dazu Proben von über 200 Bälgen sowie von acht Gelegen der Schwarzwaldpopulation.

Hauptergebnisse waren: Trotz einer Reduktion der genetischen Variabilität gegenüber früher bestanden noch zwei Hauptverbreitungsgebiete mit überlebensfähigen Teilpopulationen, auch mit Ausbreitungspotenzial („Quellpopulationen"), nämlich im Nordschwarzwald nördlich von Freudenstadt und im Südschwarzwald im Feldberggebiet. Die sonstigen kleineren Vorkommen vor allem im mittleren Schwarzwald zeigten deutliche Zeichen schrumpfender Populationen, die für ihren Fortbestand auf Zuzug angewiesen waren. Auch den beiden großen Teilpopulationen drohte schon zunehmende „Verinselung" durch Isolation, sodass Brückenschlag über das Kinzigtal hinweg für Genaustausch dringend erforderlich erschien. Derartige Fragen und Probleme haben wir heute nicht mehr. Die kleineren randlichen Teilpopulationen des Auerhuhns im Schwarzwald sind inzwischen ganz oder nahezu erloschen, und aus den beiden ehemals großen Teil- und potenziellen „Quellpopulationen" sind schrumpfende Restbestände geworden, in denen kleine Gruppen und Einzelvögel ums Überleben kämpfen (siehe unten).

Was Vaterschaften anbelangt, zeigte die Analyse der untersuchten Gelege (Eischalenreste), dass pro Gelege immer nur ein Hahn für die Befruchtung sorgte, aber im selben Gebiet brütende Hennen von verschiedenen Hähnen begattet worden sein können. Das heißt, entweder wurden Hennen am Balzplatz nicht nur von einem dominierenden „Platzhahn" getreten oder sie haben verschiedene Balzplätze in ihrer Umgebung aufgesucht.

FORSCHUNGSFELD INFRASCHALL-PRODUKTION UND -KOMMUNIKATION

1979 hatten zwei Auerhuhn-Untersucher der Gesangstrophe des Auerhahns Infraschall-Komponenten zugeschrieben (definiert als Frequenzen unter 40 Hertz[45]). Nach diesen vagen Angaben wucherten vielerlei Spekulationen bis hin zu Vermutungen, Interferenzen mit Infraschall beispielsweise von Windkraftanlagen (WKA) könnten die Kommunikation von Auerhühnern bei der Balz stören und damit die Vögel schädigen. Mit zunehmendem Verlangen nach WKA gerade auch auf den windhöffigen Höhen des Schwarzwaldes wurde das Problem hochaktuell und verlangte dringend nach Klärung.

Wir konnten zunächst mit modernsten Geräten rasch an in unseren Volieren sowie im Freiland getesteten Vögeln zeigen, dass der Gesang unserer aus Österreich stammenden Volierenvögel sowie der im Schwarzwald untersuchten Tiere keinerlei Infraschallanteile (ISA) enthielt. Ich benenne die Herkunft unserer Versuchsvögel deshalb so genau, weil kürzlich polnische Forscher schwache ISA bei in Polen untersuchten Auerhähnen festgestellt haben, die aber für die Kommunikation sicher keine Rolle spielen. Deutliche ISA fanden wir jedoch bei den sogenannten Flattersprüngen, die Hähne während der Balz vollführen. Und zwar entstehen bei Flattersprüngen charakteristische, etwa zehngipfelige ISA-Muster unterhalb 20 Hertz (Hz), die aus drei Metern Entfernung aufgenommen bis gegen 80 Dezibel (dB) erreichen konnten, bei Aufnahmen aus 50 Metern aber nur noch etwa 35 dB. Damit dürfte auch dieser ISA selbst von Auerhühnern schon aus geringer Entfernung nicht mehr wahrgenommen werden, im Gegensatz zu den höherfrequenten, polternden Flügelschlaggeräuschen der Sprünge, die auch wir bis zu gut 200 Meter weit hören können. Aber wirkliche Klarheit konnte natürlich nur ein Test erbringen – am besten mit „hörwilligen" Auerhennen.

Gesang und Flattersprünge dienen beim Auerhuhn, wie entsprechendes Verhalten bei anderen Arten, vor allem zweierlei: zur Revierverteidigung, also insbesondere dem Einschüchtern und Abhalten von Rivalen, und dem Anlocken von Weibchen zur Begattung. Zunächst wurden in unseren Volieren Auerhennen durch Absperren von Hähnen so „liebestoll" gemacht, dass sie sich in ihrer typischen Begattungsaufforderungsstellung am Gitter zu Hähnen hin positionierten oder sich gar darunter durchzuzwängen versuchten. Derartig „heiße" Hennen haben wir bei Haltung in speziellen Volieren mit den bei Flattersprüngen aufgenommenen ISA beschallt und dabei ihr Verhalten beobachtet. (Da der ISA für uns nicht hörbar ist, wurden hinter den Hennen Infraschall-Aufnahmegeräte aufgestellt, sodass wir sicher sein konnten, dass die Schallwellen der von uns gesandten ISA-Impulse auch tatsächlich über die Hühner hinweggewandert waren.) Die Reaktionen waren ausnahmslos negativ: Ruhende Hennen blieben weiterhin reglos sitzen, sich putzende pflegten ihr Gefieder weiter, Nahrung aufnehmende fuhren fort zu fressen usw. Alle Hennen richteten sich jedoch schlagartig hoch auf, wenn der für uns hörbare Geräuschablauf von Flattersprüngen vorgeführt wurde. Nach diesen eindeutigen Ergebnissen ist der ISA als ein (unvermeidbares) Beiprodukt der Flattersprünge zu werten, das für die Kommunikation keine Rolle spielt (so wie etwa auch selbst beim für uns geräuschlos erscheinenden Öffnen einer Türe ISA entsteht, aber eben als Beiprodukt).

Diese Ergebnisse sind aber kein Freibrief für Windkraftanlagen (WKA). Von WKA gehen außer Infraschallanteilen viele weitere Gefahren für Auerhühner aus, wie beispielsweise Bewegungen der Rotoren in einem kritischen Höhenbereich, in dem die Hühner Greifvögel ohne störende andere Bewegungen erkennen können sollten, ferner Pfeifgeräusche, die das gefahrvolle Leben der Hühner auf verschiedene Weise erschweren können, und dann natürlich Störungen bei Aufbau, Wartung der WKA usw. Deshalb ist auch nicht verwunderlich, dass Auerhühner das Umfeld von WKA meiden, nicht selten mit erheblichen, nicht zu ersetzenden Habitatverlusten, wie inzwischen nachgewiesen werden konnte[14], sodass WKA in Auerhuhn-Gebieten keinesfalls errichtet werden sollten.

FORSCHUNGSFELD VERDAUUNG UND SYMBIONTEN

Auerhühner sind, wie oben beschrieben, hochgradige Nahrungsspezialisten, die sich im Winter monatelang, oft ausschließlich, von Nadeln und Triebspitzen von Koniferen ernähren. Um von dieser schwer aufschließbaren Nahrung leben zu können, ist die Unterstützung durch eine spezielle Mikrobenflora erforderlich, die als Symbionten helfen, durch Vergärungsvorgänge zellulosereiche Nahrung aufzuschließen und die darin gebundene Energie weitgehend nutzbar zu machen. Bei Wiederkäuern (Paarhufern) geschieht das im Pansen, bei Pferden und Termiten im Blind- und Dickdarm und bei Auerhühnern in den beiden riesigen Blinddärmen.

Wir sahen uns bald gezwungen, uns mit den komplizierten Verhältnissen der Auerhuhn-Symbionten zu beschäftigen, weil wir eine wenig erfreuliche Entdeckung machten. Die von unseren Versuchsvögeln abgegebenen und ausgewogenen Blinddarm-Kotmengen waren deutlich – um bis zu 60 Prozent – und damit abnormal kleiner als bei Wildvögeln, was auf kleinere Blinddärme und damit auch auf geringere Verdauungskapazität hindeutete. Die Sektion toter Gefangenschaftsvögel bestätigte den Verdacht auf relativ kleinere Blinddärme, zudem ist das Phänomen bereits in der Literatur beschrieben. Damit galt es zu prüfen, ob auch eventuell die Mikrobenflora der größenreduzierten Blinddärme atypisch ist.

Glück muss der Mensch haben! Zu unserem Glück untersuchte just zur Zeit unserer Auerhuhn-Studien an der Universität Konstanz unter der Leitung von Professor Dr. Bernhard Schink eine Forschergruppe die Verdauung von Holz bei Termiten (die etwa in Hafenanlagen ganze Gebäude zersetzen können). Dr. Dirk Schmitt-Wagner aus dieser Gruppe hat dann in einer Postdoc-Studie Blinddarm-Kotproben freilebender und in unseren Volieren gehaltener Auerhühner vergleichend untersucht, indem die Mikroben-(Bakterien-)Diversität in hochkomplizierten Verfahren durch DNA-Extrakte, Klonen, Sequenz-Analysen und molekulares Fingerprinting bestimmt wurde. Dabei zeichneten sich schließlich fundamentale, für das Leben und Überleben der Vögel im Winter essenzielle Unterschiede ab. Den Volierenvögeln fehlten zum einen wichtige Gruppen an Mikroben (Genera Megasphaera, Megamonas, „Synergistes"), denen zum Teil auch eine wichtige Rolle bei der Verdauung bei Wiederkäuern zukommt, und zum anderen waren bei ihnen im Gegensatz zu Wildvögeln pathogene Gruppen wie Pseudomonas-Bakterien stark vertreten[79].

Diese kleineren, mit andersartiger Mikrobenflora ausgestatteten Blinddärme, die generell bei in Gefangenschaft gehaltenen Auerhühnern (und anderen Raufußhühnern) auftreten, sind kein harmloser „Schönheitsfehler", sondern wären in der freien Natur tödlich. Sie haben nämlich zur Folge, dass Vögel mit reduzierten

Blinddärmen nicht in der Lage sind, bei ausschließlicher Nadelnahrung ihr Körpergewicht zu halten – es fällt auch, „wenn sie fressen, was das Zeug hält“, kontinuierlich ab, und sie würden ohne Zufütterung von nährstoffreicher Kost wie Getreide innerhalb von etwa 14 Tagen eingehen. Hauptursache dafür ist ein im Vergleich zum Freiland zu geringer Nahrungsausnutzungskoeffizient (von etwa 25 zu normalerweise 35 Prozent[40, 7]).

Diese neuen Erkenntnisse machten auch schlagartig klar, warum sämtliche bisherigen Ausbürgerungsversuche mit in Volieren gehaltenen und gezüchteten Auerhühnern zum Scheitern verurteilt waren: wegen mangelhafter Blinddarm-Effizienz! Diese armen „Blinddarmkrüppel“ konnten sich sicher im Sommerhalbjahr bei nährstoffreicher Nahrung ganz gut durchfuttern und vielleicht auch noch im Winter, solange sie etwa an einer Wildschwein-Kirrung Mais aufnehmen konnten. Sowie sie aber auf ausschließliche Koniferennadelnahrung angewiesen waren, mussten sie selbst bei prall gefülltem Kropf und Magen bald verhungern und tot vom Baume fallen. Auf diese Weise sind in den letzten Jahrzehnten allein in Deutschland wahrscheinlich um die 6000, vielleicht sogar bis gegen 10 000 ausgewilderte Auerhühner „geopfert“ worden – verbunden mit einem grandiosen Akt an Tierquälerei durch „Naturfreunde“.

Leider hat es in unserem Forschungsprogramm dazu nicht mehr gereicht – aber vermutlich könnte man aus dem Blinddarm-Dilemma gezüchteter Auerhühner leicht herauskommen mit wenigen Maßnahmen: Aufzucht von Küken so naturnah wie möglich, keinerlei Zufütterung von Getreide, um das Einbringen schädlicher Mikroben zu vermeiden, Verzicht auf jegliche Medikamente und sonstige Chemikalien, die unter Umständen notwendige Symbionten abtöten könnten und – wohl als Wichtigstes – regelmäßiges „Beimpfen“ der Vögel mit frischem Blinddarmkot freilebender Auerhühner, vor allem im Herbst, wenn die Umstellung vom „allesfressenden Sommervogel" zum „nadelfressenden Wintervogel" erfolgt und die Blinddärme entsprechend optimiert werden müssen. Äußerst interessant ist in diesem Zusammenhang, dass unsere in Volieren geschlüpften Küken regelmäßig vom ersten Tag an auch den Blinddarmkot ihrer Mütter bepickt haben – vielleicht sogar auf vorgegebene Weise, um für sie wichtige Mikroben aufzunehmen. Entsprechendes geschieht sicher bei Lämmern, die während der Zeit ihres Pansenaufbaus regelmäßig „wohlriechende" grüne Pansen-„Soße" aus den Mundwinkeln wiederkäuender Schafmütter schlecken, wenn sie beim Ruktus dorthin läuft.

Was wäre das für ein spannender und ich denke auch aussichtsreicher Versuch, auszutüfteln, wie man mit Blinddarmkot freilebender Auerhühner gezüchtete Artgenossen fit machen könnte für endlich erfolgreiche Ausbürgerung und Wiederansiedlung!

FORSCHUNGSFELD HALTUNG UND ZUCHT

Auerhuhn-Zucht war früher schwierig und gelang von 1738 bis 1936 nur achtmal. Doch nachdem es möglich wurde, die gegen Endoparasiten sehr empfindlichen Hühner (siehe unten) entsprechend zu schützen, wurde die Zucht recht einfach[4]. Für unsere Auerhuhn-Studien unter kontrollierten Bedingungen und zur Zucht haben wir im Aktionsbereich unseres Instituts, der Vogelwarte Radolfzell, an fünf Standorten große Volieren errichtet: eine Schauvoliere im Hof von Schloss Möggingen zur Demonstration der herrlichen Vögel und zur Werbung für ihren Schutz, die auch zur Zucht diente (mit vier Abteilen – die mittleren beiden für je einen Hahn, die äußeren für Hennen und Küken), dann am Neubau „Am Obstberg" eine Zwölf-mal-zwölf-Meter-Anlage mit drei Reihen von Einzelvolieren, die mittleren drei für die Haltung von einzelnen Hähnen, die äußeren sechs für

Hennen und Küken und eine weitere mit zehn Abteilen für Ernährungs- und Stoffwechseluntersuchungen; weiterhin eine mit fünf Abteilen in „Blackcap City", dem Untersuchungszentrum für Mönchsgrasmücken[9] für Verhaltensstudien, und schließlich die bereits oben beschriebene Anlage in Zavelstein. Die für Verhaltensbeobachtungen angelegten Volieren waren mit Videokameras ausgestattet, sodass etwa Schlüpfvorgänge, das Führen von Küken usw. auf Monitoren vom Arbeitsplatz aus verfolgt werden konnten, ohne die Vögel zu stören.

Die Volieren dienten fünf Hauptzwecken: den bereits beschriebenen Ernährungsstudien, der Demonstration von Auerhühnern für die Öffentlichkeit, vor allem zur Werbung für ihren Schutz, der Zucht von (handzahmen) Versuchsvögeln (über 50 Individuen in zehn Jahren) bekannter Herkunft (in unserem Fall ausschließlich aus der österreichischen Population), detaillierten Studien der Jugendentwicklung und der Mikrohabitatansprüche der Küken sowie zahlreichen Verhaltensuntersuchungen, zum Beispiel im Hinblick auf etwaige Kommunikation mit Infraschall. Die Aufenthalts- und Zuchtvolieren waren so naturnah wie möglich eingerichtet und im basalen Bereich mit einer einen Meter hohen Blechmanschette ummantelt, sodass an den Volieren entlanglaufende Tiere wie Katzen, Füchse und Marder die Hühner nicht aufschrecken konnten. Die Höhe der Volieren betrug nur gut zwei Meter, damit eventuell aufgeschreckte Hühner nicht hochfliegen und sich unter Umständen verletzen konnten.

Von den riesigen Mengen von Beobachtungsdaten kann ich hier aus Platzgründen nur auf die von Küken eingehen. Das ist wichtig, weil das Verständnis des Kükenlebens frappierend darüber Aufschluss gibt, warum das Auerhuhn trotz aller Anstrengungen keine Chance erhielt, im Schwarzwald zu überleben. Aber vorweg: Das erste erfolgreich aufgezogene Auerhuhn – einen Prachthahn namens Herkules – verdanken wir unserem Jack-Russell-Terrier Bongo, und das kam so: Die in der Schlosshof-Voliere gehaltenen Hennen legten zwar Eier, aber meist verstreut, und wir sahen keine von ihnen regelmäßig sitzen und brüten. Also wurden die Eier von Zeit zu Zeit eingesammelt und für verschiedene Untersuchungen verwendet. Als eines Tages wieder eine Schüssel mit Eiern auf der Schlosstreppe stand, wollte Bongo sich partout nicht daran vorbeiführen lassen, sondern winselte ganz aufgeregt. Und siehe da: Ein Ei war angepickt – und zwar von innen! Also mit dem Eizahn von einem Küken, das sich gerade anschickte zu schlüpfen, was es dann im Brutschrank auch alsbald konnte – Herkules! Da hatte also doch eine Henne heimlich Eier bebrütet!

Über Auerhuhnküken lesen wir im „Handbuch der Vögel Mitteleuropas“[22]: „Küken können vor dem etwa 20. Tag ihre Körpertemperatur nicht selbst aufrecht erhalten … dreitägige Jungvögel verbringen bei schönem Wetter nur 16 bis 20 Prozent, bei regnerisch-kaltem Wetter aber bis zu 60 Prozent der Zeit unter der hudernden Henne; bei Regenwetter lassen sich sogar 20-tägige bis zu 35 Prozent ihrer Zeit hudern … Ein nicht gehudertes Küken suchte bei zwölf Grad Celsius schon nach fünf Minuten eine Wärmequelle; nach zehn Minuten begann die Kältestarre, nach 20 Minuten war es nicht mehr fähig zu gehen und nach 39 Minuten lag es auf dem Rücken.“

Wir haben in unseren Volieren für Küken eine ganze Skala von Bedingungen von warm-trocken bis nass-kalt eingerichtet und dabei festgestellt:

Auch bei warm-trockenen Bedingungen müssen Küken in kurzen Abständen immer wieder gehudert werden, weil sie sonst unterkühlen, aber es bleibt ihnen bei gutem Nahrungsangebot ausreichend Zeit zur Nahrungsaufnahme.

Bei nass-kalten Bedingungen steigen die Huderzeiten stark an, die zur Nahrungsaufnahme sinken, und schon nach wenigen Tagen können die Küken in eine Situation geraten, in der sie nur noch zwischen Erfrieren und Verhungern entscheiden können. Meistens erfrieren sie dabei infolge von Durchnässung, weil sie am Ende „Hungerunruhe“[8] unter der Henne hervor und in die tödliche Nässe und Kälte treibt.

Bei „Wechselbad-Wetter“, also raschem Wechsel von Regen- oder Schneeschauern und Sonnenscheinphasen, wie sie zur Aufzuchtzeit häufig auftreten, ist für Küken überlebensnotwendig: Sie müssen, wenn sie mit den ersten wiederkehrenden Sonnenstrahlen das Gefieder der Henne verlassen, sofort offene sonnige Bereiche – nicht nur kleine Fleckchen – erreichen können, in denen sie sich weiträumig auf Nahrungssuche begeben können, wobei es weder von oben auf sie tropfen darf noch sie sich durch restnasses Gras, Beerkraut o.ä. zwängen müssen, was sie tödlich unterkühlen würde. Und wo gibt es derartige kükengerechte, sich rasch wieder erwärmende Offenbereiche, auf denen auch schnell wieder viele Beutetiere herumkrabbeln und die aber auch nicht ausgeräumt sind, wie ein Fahrwegrand oder ein frischer Kahlschlag, sondern überall auch Sträucher, Bäumchen usw. für den Notfall als Deckung bieten? Natürlich – im oben beschriebenen Märchenwald, dem Moorrandwald! Schroth schreibt dazu bereits in seiner Dissertation 1994: „Ohne … diese präferierten Hochmoorränder … wäre die Reproduktionskraft der Auerhuhn-Population im Untersuchungsgebiet (bei Kaltenbronn) wahrscheinlich entscheidend geringer.“[59,60]

Wenn ich bedenke, wie wenige „auerhuhngerechte“ Habitate ich in den letzten Jahrzehnten im Schwarzwald kennengelernt habe, in die ich als Küken hätte hineingeboren werden mögen, mit Chancen, dort auch bei nur mäßig schlechten Wetterbedingungen groß werden zu können, da wird mir klar, warum unser Urvogel bald Ade sagen wird. Zu demselben Schluss komme ich, wenn ich mich daran erinnere, wie viele Forstleute mir stolz ihre (einigermaßen) hergerichteten (sprich ausgelichteten) Balzplätze vorgeführt haben – im Hinblick auf Kükenaufzuchtsgebiete waren es hingegen nicht einmal drei. Um es blumig auszudrücken: Wir haben mit Macho-Blick mancherorts Balzplätze wie „Stierkampfarenen" einigermaßen so hergerichtet, dass sich letzte Hähne dort noch einigermaßen austoben konnten. Aber der Blick aus der Perspektive der ganz kleinen, der zerbrechlichen Küken, der hat gefehlt, und so sind die bitter notwendigen „Kitas" fast überall auf der Strecke geblieben. Und mit Mottos wie „hat's Beerkraut, ist die Welt für Auerhühner in Ordnung" und Maßnahmen wie „Lücken für Küken" konnten wir zwar uns, nicht aber Küken beglücken, jedenfalls nicht auf einem Weg zu erwachsenen Hühnern.

Parasiten

Das Kapitel bliebe unvollständig, wenn hier nicht noch kurz auf Parasiten eingegangen würde. Auerhühner sind, wie viele andere Bewohner nordischer und montaner Lebensräume, recht empfindlich gegen Infektionen und Parasiten aus der „zivilisierten" Welt, was bei der Volierenhaltung unbedingt zu berücksichtigen ist. Vor allem die erstmals 1925 bei Auerhühnern im Freiland und wohl von Truthühnern übertragene Schwarzkopfkrankheit (Histomoniasis, hervorgerufen durch einen Einzeller) kann, wenn nicht behandelt, starke Verluste bedingen. Des Weiteren spielt Wurmbefall durch vielerlei Arten eine große Rolle, der auch schon in den 1930er-Jahren in starkem Maße bei Auerhühnern im Schwarzwald festgestellt wurde. Auch gegen Toxoplasmose, Tuberkulose, Blutparasiten u. a. sind die in recht „sterilem" Milieu lebenden Waldhühner ziemlich anfällig, sodass eine Reihe von Auerhuhn-Kennern in der gegenwärtigen Zunahme von Infektionen und Parasiten (wie etwa Zecken) Hauptgründe für den Rückgang der Art sehen, zum Teil noch vor Biotop- und Klimaveränderungen[21] – ein leider fast vollständig vernachlässigtes Untersuchungsgebiet.

Über das Forschungsfeld Hormone wird im nächsten Abschnitt berichtet.

FAZIT

Nach der Zwischenbilanz unserer Auerhuhn-Forschung beim Statuskolloquium 2005[20] hatten wir sieben „unerlässliche" Sofortmaßnahmen für den Schwarzwald vorgeschlagen: ein Reproduktionsmonitoring, das wirklich verlässlich die jährliche Fortpflanzungsrate erfasst, die Schaffung von einer größeren Anzahl von Bruthabitaten, in denen Küken auch tatsächlich nachweislich heranwachsen können, die umgehende Gründung einer Stiftung, um viele wichtige Vorhaben rasch finanzieren zu können, die alsbaldige Einrichtung einer Schauvoliere, um endlich die Öffentlichkeit für Auerhühner begeistern zu können, einen Großversuch zur Wiederbesiedlung eines infolge Zuwachsens aufgegebenen Auerhuhn-Biotopes nach optimaler Renaturierung, das Züchten vollwertiger, bei Auswilderung überlebensfähiger Hühner durch Normalisierung ihrer (in Gefangenschaft reduzierten) Blinddärme und bestandsstützende Maßnahmen der Schwarzwaldpopulation durch Zuführen von aufgezogenen Vögeln, die aus in der Region verlassenen Gelegen stammen. Leider konnte von alledem nur ein winziger Bruchteil umgesetzt werden.

BALZTOLLE HÄHNE UND HORMONE

Beim Auerhuhn tritt im Gegensatz zu anderen Vogelarten relativ häufig ein Phänomen auf, das oft zu großem Aufsehen führt: Besonders Hähne können in der Balzzeit ihre normalerweise beträchtliche Scheu vor Menschen verlieren, „verrückt"spielen und dann als sogenannte „balztolle" Vögel oder „Spinner" auftreten, dabei aggressiv werden und vereinzelt bis in Siedlungen, auf Hausdächer usw. vordringen. Dieses abnorme Verhalten hat in den letzten Jahrzehnten deutlich zugenommen, kommt vor allem bei einzeln lebenden Hähnen in sich zersplitternden Populationen vor, weit seltener bei in Gruppen balzenden Vögeln (wie etwa bei dem oben beschriebenen Kamikaze-Hahn) und könnte durchaus mit dem Rückgang der Art zu tun haben.

Wenn Auerhähne am Balzplatz Kämpfe brauchen, um dabei ihre Fortpflanzungsfähigkeit zu optimieren (Spermienqualität und -quantität, siehe oben) und vielleicht sogar einen angeborenen

Aggressionstrieb besitzen, könnten sie sich im Falle von fehlenden Artgenossen sozusagen gezwungenermaßen andersartige Ersatzpartner suchen, um ihren „Triebstau" abreagieren zu können. Wir konnten von 1972 bis 2020 im Schwarzwald insgesamt 18 balztolle Hähne und zwei „balzzahme" Hennen untersuchen. Dabei zeigte sich eine breite Palette unterschiedlichen und abgestuften Verhaltens:

Drei Hähne reagierten besonders gut auf das Motorengeräusch bestimmter Autos (vom Forstpersonal), einer davon so spezifisch, dass wir ihn nur aus einem bestimmten fahrenden Auto heraus ergreifen konnten. Ein anderer attackierte bevorzugt einen speziellen Traktor.

Die meisten reagieren jedoch auf in ihrem Revier auftauchende Menschen, und zwar in sehr unterschiedlicher Weise. Drei Hähne kamen in Balzstellung singend und kröchend in die Nähe von Begleitern und mir, blieben aber ein paar Meter auf Distanz, und ließen sich beim besten Willen nicht greifen, sondern wichen jedem Fangversuch aus. Die meisten Hähne balzten zunächst um mich und/oder Begleiter herum und griffen dann, mehr oder weniger heftig, durch Beißen in die Schuhe oder in die Beine an, spätestens, wenn ich mich auf den Boden legte – mich niedriger als sie machte – und wegkroch, also Flucht simulierte. In einem solchen Falle sprang mir ein Hahn auf den Rücken, packte ein Büschel Haare, kopulierte dann auf meinem Kopf und biss mich leider abschließend noch ins Ohr.

In der Literatur gibt es eine ganze Reihe von Beschreibungen und Fotos, die zeigen, dass balztolle Hähne aufrechtstehenden Personen bis auf den Kopf fliegen und dort kopulieren oder ihre „Kampfgenossen" mit Bissen und Flügelschlägen traktieren. In drei unserer Fälle war die Attacke überfallartig – einmal beim oben beschriebenen Kamikaze-Hahn, der mich am hellen Nachmittag überfiel und nicht mehr ablassen wollte, und einen ähnlichen Fall erlebte ich später im Südschwarzwald. Und der dritte war besonders spektakulär: Am 28. April 2004 hatte am Belchen ein balztoller Hahn zunächst in noch völliger Dunkelheit in einer Fichte zu singen begonnen, wahrscheinlich, weil er mich mit Begleitern reden gehört und ihn das wohl in Rage gebracht hatte. Und als ich mich dann in der allerersten Dämmerung unter dem Baum bewegte, rauschte er plötzlich im Schrägflug auf mich zu und wäre mit voller Wucht gegen meine Brust geknallt, wenn ich ihn nicht abgefangen hätte. Einen solchen Überfall im Anflug hatte ich bisher nur von einer ihre Jungen verteidigenden Kanadagans erlebt.

Auch im Abklingen der Balztollheit gibt es große individuelle Unterschiede. Etwa zwei Drittel der von uns gefangenen Individuen haben sich, vor allem gegen Ende der Balzzeit, nach Beringung, Besenderung und Entnahme einer Blutprobe zurückgezogen, entweder noch schwach balzend, worgend oder sind geduckt und merklich eingeschüchtert weggelaufen. Die anderen aber haben nach der Prozedur wieder angegriffen, manche so vehement wie beim oben beschriebenen Kamikaze-Hahn, sodass nur Flucht ins Auto oder aus dem Revier half.

Bei anderen, nicht in Gruppen balzenden Vogelarten sind derartige oder ähnliche Angriffe wie bei balztollen Auerhähnen sehr selten. Ich habe sie in vielen Jahrzehnten zweimal erlebt – einmal bei einer Amsel und einmal bei einem Buchfinken, die nach einem Kampf mit einem Artgenossen anschließend mich attackierten, sodass ich sie greifen konnte. Aber die hier beschriebene ausgeprägte Balztollheit kommt fast nur bei Auerhühnern vor. Über eine seltene Ausnahme von dieser Regel – einen balztollen Haselhahn in Südtirol – erschien kürzlich ein anschaulicher Bildbericht[30]. Interessant ist, dass die „tollkühnen" Auerhähne zwar vielfach Menschen angreifen, aber vor größeren Hunden flüchten. Meist sind die

„Spinner“ sehr ortstreu, auch über Jahre, können aber auch riesige Streifgebiete von über 4000 Hektar durchwandern[64].

Schon vor unseren Untersuchungen ist gezeigt worden, dass balztolle Auerhähne relativ hohe Testosteronwerte aufweisen können. Da sie allerdings vor der Entnahme von Blutproben stark gereizt worden waren, beispielsweise mit Stopfpräparaten von Füchsen, können ihre Hormonwerte auch einfach kurzzeitig hochgeschnellt gewesen sein. Wir haben deshalb Hormonspiegel und Blutproben untersucht, die stets frühmorgens unmittelbar nach der Nachtruhe genommen worden waren. Und auch deren Werte lagen höher als bei den meisten unserer in Volieren gehaltenen Hähne zur Balzzeit. Leider konnten wir keine Testosteronspiegel von Hähnen ermitteln, die am Balzplatz „normal“ agieren. Auch die Hypothese, dass Balztollheit erblich sein könnte, wofür gewisses gebietsweise gruppiertes Auftreten „verrückter“ Hähne ebenso sprechen mag wie die Beobachtung, dass sie durchaus bei ihnen auftauchende Hennen treten können, konnten wir durch entsprechende Nachzucht nicht mehr überprüfen. Dafür dürfte noch Zeit bleiben, selbst im Schwarzwald. Denn es ist nicht unwahrscheinlich, dass „die letzten Mohikaner“ der dahinsterbenden Urhähne einsame balztolle Kämpfer sein werden, die sozusagen auf verlorenem Posten bis ans Ende ihrer Tage ihr Bestes geben, wie in aussterbenden Populationen beobachtet wurde[16]. Und ihnen sollte man dann wohl, wie im Schlusskapitel beschrieben, am besten einen Beschützer an die Seite stellen, damit sie nicht von irgendwelchen Unholden, vielleicht gar im Suff, erschlagen werden, wie erst allerjüngst wieder am Feldberg geschehen und oben berichtet. Das wäre dann wohl selbst für eine Generation, die mit Vollerntern ganze Wälder niedermetzelt, zu pietätlos und unter Umständen gar ein schlechtes Omen. Denn wer weiß: Vielleicht lässt ja „Urogallitu, der Gott aller Hahnen“ jetzt schon unseren „geliebten“, im Hinblick auf viel, viel Geld mühevoll hochgefichteten Wald deshalb im ganzen Land einfach verrecken, weil wir eines der Meisterwerke seiner Vogelschöpfung – das Urhuhn – aus lauter Profitgier bald zu Tode gewirtschaftet haben?

Wir haben an unseren Volierenvögeln neben Testosteron eine ganze Reihe weiterer Hormone untersucht, auch deren Blutspiegel im Jahresverlauf und anderes mehr. Besonders wichtig für Auerhuhn-Schutzvorhaben war die verlässliche Bestimmung von Abbauprodukten des Nebennierenrinden-Hormons Corticosteron als „Stresshormon" aus Kotproben, und zwar für die Studien von Dominik Thiel über den Einfluss von Tourismus auf Auerhühner, besonders im Winter (siehe oben). Mit Hilfe von aus Kot von Volierenvögeln gewonnenen Standards konnten dann später mehrere Hundert im Südschwarzwald gesammelte Kotproben auf den Einfluss von Stress durch Tourismus hin untersucht werden, wie bereits berichtet.

MASSNAHMEN ZUR RETTUNG DER AUERHÜHNER

Dass „1972 das Auerwild in Baden-Württemberg angesichts drastisch zurückgehender Bestandszahlen vorsorglich aus der Bejagung genommen wurde“ [48] war natürlich für die Jägerschaft ein Schock, und alle hofften auf baldige Wiederanhebung der Bestände durch griffige Maßnahmen. Aber beides blieb zunächst aus. Als „sich in den Folgejahren die Hoffnung auf einen Anstieg der Population nicht erfüllte, schlossen sich vor 25 Jahren (1980) auf Initiative der Forstdirektion Freiburg und der Fürstlich Fürstenbergischen Forstverwaltung die rund 160 Jagdrevierinhaber in den Auerwildgebieten des Regierungsbezirks Freiburg zu einer Hegegemeinschaft … zusammen.“ Hauptziel dieser Auerwildhegegemeinschaft (AHG) unter Leitung von Heinrich Suchant, seit 1996 von Dr. Gerrit Müller, war es, „die Hege des Auerwildes und des (bereits seit 1954 nicht mehr bejagten) Haselwilds umfassend zu fördern und damit den Bestand dieser Wildarten zu sichern … als ergänzende Aufgabe wurde die Bestandserhebung in Angriff genommen, anfangs auch in der Hoffnung, bei steigenden Auerhahnenzahlen wieder zur geordneten Bejagung zurückkehren zu können. Das Monitoring wurde unter neuen Vorzeichen fortgesetzt, die Waffe blieb zuhause … Die Erhebungen wurden ab 1981 nach einheitlichem Schema … durchgeführt.“ [48]

Für die zum Regierungsbezirk Karlsruhe gehörenden Kreise Baden-Baden, Calw, Freudenstadt und Rastatt übernahm der Auerhuhn-Spezialist Klaus Roth, Freudenstadt, die Koordinierung des Monitorings und einen Großteil der Bestandserhebungen alljährlich persönlich, die er bereits seit 1971 systematisch durchgeführt hatte. Dazu angeregt wurde er vor allem durch den dramatischen Bestandsabfall in seinem Erfassungsgebiet von 220 Hähnen 1971 auf nur noch 121 im Jahr 1990, der vor allem auf einem extremen Bestandseinbruch im Kreis Calw basierte. Und das zwischenzeitliche Fazit seiner Erhebungen lautet: „Die Schlüsselpositionen für die Erhaltung des Auerwilds liegen eindeutig beim Forst.“ [55]

Um die „unterschiedlichen Interessen in Richtung gemeinsamer Ziele für ein integratives Schutzkonzept zu entwickeln, hat die Landesforstverwaltung Baden-Württemberg 1995 die „Arbeitsgruppe Raufußhühner“ (AGR) initiiert (und zwar nach Probelauf von insgesamt drei vorhergehenden ähnlichen Einrichtungen – 1972, 1979 und 1984). Vertreter(innen) aus den Bereichen Naturschutz, Jagd, Tourismus, Forschung und Waldwirtschaft arbeiten seither an dem Aufbau und der Umsetzung eines Schutzkonzeptes zur Erhaltung der Raufußhühner, insbesondere der Sicherung der Lebensräume.“ [70] In dieser AGR sind unter Leitung von Dr. Rudi Suchant, Forstliche Versuchs- und Forschungsanstalt Baden-Württemberg (FVA), umfassend alle Einrichtungen und Gruppierungen vertreten, die direkt oder auch nur mehr indirekt mit Auerhühnern zu tun haben, nämlich Landesforst- und Naturschutzverwaltung, Landesjagdverband, Auerwildhegemeinschaft Südbaden, Auerwildhegeringe Freudenstadt und Calw, Landesnaturschutzverband, NABU, Schutzgemeinschaft Deutscher Wald, Umweltbeirat des Deutschen Skiverbandes, FVA, Universität Freiburg, Wildforschungsstelle Baden-Württemberg, Vogelwarte Radolfzell sowie Einzel-Experten aus Baden-Württemberg, Frankreich und der Schweiz. Zuvor hatte die Wildbiologische Gesellschaft München von 1988 bis 1992 ein umfangreiches schutzorientiertes Auerhuhn-Forschungsprojekt in den Chiemgauer Alpen durchgeführt. Die praktische Arbeit einschließlich detaillierter Telemetrie-Studien lag vor allem in Händen von Ilse Storch (siehe oben) und fand u. a. Niederschlag in einer Broschüre „Auerhuhn-Schutz: Aber wie?“ [66] und einer späteren Übersicht für Mitteleuropa[67].

Außer Zweifel: Diese hochkarätige und umfassende Mitgliedschaft der AGR konnte mit ihrer geballten Ladung an Wissen von Anfang an praktisch alle Fragen rund ums Auerhuhn angehen, bearbeiten und sinnvolle Schutzkonzepte entwickeln. Für ein umfassendes integratives Schutzkonzept wurden zunächst sieben Leitbilder entworfen: Artenschutz, Biotopschutz, Waldentwicklung, Waldwirtschaft, Jagd, Tourismus und Öffentlichkeitsarbeit. Die Umsetzung erfolgte zunächst in drei ausgewählten Modellgebieten im Schwarzwald („Mitte“, „Nord“ und „Süd“ in den Bereichen Rohrhardsberg, Kaltenbronn und Feldberg mit jeweils 70 Quadratkilometern Fläche), „um danach im gesamten Schwarzwald einen nachhaltigen Schutz sicherstellen zu können“. [69] Die AGR konzentrierte ihre Arbeit dabei schwerpunktmäßig auf Bestandsmonitoring (vor allem Anzahl der Balzplätze, der balzenden Hähne und Gesperre, Waldentwicklungstypen (u. a. auch die für Auerhühner problematische Einzäunung von Schonungen), Prädatoren – vor allem Fuchs, Wildschwein (und dessen problematische Kirrung in Auerwildgebieten), Probleme des Tourismus (insbesondere Besucherlenkung in kritischen Gebieten, u. a. nach der „Honey-Pot-Strategie"), wirksame Öffentlichkeitsarbeit (zum Beispiel zweimal „Auerhuhntage" – am 19. November 2006 in Baiersbronn und am 26./27. September 2015 in Todtnauberg, organisiert von der FVA und Dr. Martin Schreiner bzw. Wolfgang Ebser), die von verschiedenen Gruppen laufend erzielten Forschungsergebnisse, Auswirkungen von Windkraftanlagen, Wiederbewaldung von Sturmwurfflächen, die Einbeziehung der Raufußhühner in das „NATURA 2000 Konzept" und natürlich die Erschließung von Geldquellen[12, 20, 71, 72].

Auf der Basis der Daten der Bestandserfassung wurden von der AGR und der AHG im Fünf-Jahre-Turnus (ab 1993) Übersichten erstellt über die aktuelle Verbreitung des Auerhuhns im Schwarzwald, die Anzahl der Balzplätze und der dort balzenden Hähne. Für die hoch problematische Besucherlenkung in Auerhuhn-Gebieten sind ab 2002 wesentliche Grundlagen in einem LIFE-Kooperationsprojekt „Grouse and Tourism in NATURA 2000 Areas" ermittelt worden. Am 10. Mai 2005 fand aus Anlass des zehnjährigen Bestehens der AGR ein Statuskolloquium in der FVA in Freiburg statt, an dem 120 Experten teilnahmen, vortrugen und diskutierten. Erfreulicherweise sind die Ergebnisse in einem Übersichtsband „Menschen für Raufußhühner" 2006 veröffentlicht worden[20]. Die wichtigsten Ergebnisse dieses Symposiums lauten:

„Für eine im Schwarzwald überlebensfähige Population muss von einem nutzbaren Lebensraum von circa 50 000 Hektar ausgegangen werden. Dies bedeutet, dass die Erhaltung und/oder Schaffung von geeignetem Lebensraum nicht mehr allein auf dem Engagement einzelner Waldbesitzer und Förster aufbauen kann, sondern dass ein schwarzwaldweites Schutzkonzept realisiert werden muss, das mit allen daran zu beteiligenden Interessengruppen (Grundeigentümer, Jäger, Naturschutzvertreter, Erholungssuchende, Tourismusvertreter) abgestimmt werden muss."

In der Diskussion zeigte sich, dass das „Vorgehen in der Umsetzung als viel zu zaghaft und kompromissgeprägt charakterisiert wurde" und „der Schutz von Raufußhühnern viel stärker in die allgemeinen Ziele der Waldbewirtschaftung eingeordnet werden sollte. Dieses Spannungsfeld zwischen ‚zu wenig' und ‚zu viel' für die Raufußhühner ... wird sicher die künftige Arbeit der AGR prägen". Trotz intensiver Arbeit der AGR „war im Zeitraum zwischen 1993 bis 2003 im gesamten Schwarzwald eine deutliche Abnahme der vom Auerhuhn besiedelten Fläche zu verzeichnen" und auch „die Zahl der Balzplätze und ... der balzenden Hähne ging zurück". Da sich als ganz wesentliche Ursache des Bestandsrückganges eine viel zu geringe Reproduktionsrate abzeichnete, wurde „als wichtigste Grundvoraussetzung für alle weiteren Maßnahmen" ein „solides Reproduktionsmonitoring" vorgeschlagen und, da dies schwierig ist, sollte „eine Expertengruppe mit der Erarbeitung von Maßnahmen und der Erfolgskontrolle beauftragt" werden. Um dem Auerhuhn (wieder) gebührenden Stellenwert in der Gesellschaft einzuräumen und Verständnis und Mittel für seinen Schutz zu erwirken, wurde die zeitnahe Gründung einer Stiftung nach dem Motto „Lebendiges Denkmal Urhahn im Schwarzwald" dringend empfohlen.

Fazit: Die Bemühungen der AGR um den Schutz und Erhalt des Auerhuhns im Schwarzwald waren großartig, einzigartig im Artenschutz, auch im überregionalen Vergleich, zudem zukunftsweisend und aussichtsreich. Im Resümee des Symposiums wird meine damalige Einschätzung zitiert: „Im Vergleich schneidet der Schwarzwald beim Auerhuhn sehr günstig ab, denn hier können wir aktuell immer noch von einer Populationsgröße ausgehen, mit der ein langfristiges Überleben auch ohne bestandsstützende Maßnahmen möglich ist."

Mit einem „endgültigen" umfassenden integrativen Auerhuhn-Schutzkonzept für den gesamten Schwarzwald mit möglichst sofortiger starker Wirkung gemäß den Erkenntnissen des Kolloquiums war die AGR natürlich überfordert, und so wurde die Landesregierung auf den Plan gerufen – mit Erfolg: Das Ministerium für Ernährung und Ländlichen Raum erstellte einen „Aktionsplan Auerhuhn – Maßnahmenplan 2008 bis 2018“ (APA), in dem auf 69 Seiten alles Erdenkliche zum Schutz des Urhuhns berücksichtigt ist. Minister Peter Hauk führt in seinem Vorwort dazu u. a. aus: „Das Auerhuhn ist eine … Schirmart für die hochmontane Artengemeinschaft. Seine akute Gefährdung in Zentraleuropa machen es zu einer Zielart der Europäischen Vogelschutzrichtlinie. Doch auch aufgrund seiner historischen und kulturellen Bedeutung steht das Auerhuhn im Fokus der Öffentlichkeit. Nicht nur unter Naturschutzaspekten, sondern auch aus soziokultureller und sozioökonomischer Sicht nimmt die Art eine zentrale Bedeutung in der ökologischen Planung ein … Die Umsetzung des Aktionsplans Auerhuhn kann somit zu einem Modellbeispiel für die Integration von Waldwirtschaft, Naturschutz, Jagd und Tourismus zum Erhalt dieser großen, urtümlichen und unglaublich faszinierenden Charaktervogelart werden.“

Was für eine Einstufung des Urhuhns – was für eine Wertschätzung! Kein Wunder, dass diesem einzigartigen „gefiederten König“ dann auch im Vorwort zum Aktionsplan Auerhuhn (APA) zugestanden wird: „Eine langfristig überlebensfähige Auerhuhn-Population benötigt im Schwarzwald eine Fläche von circa 50 000 Hektar. Zudem müssen die Teilpopulationen in den über 100 Waldfragmenten miteinander im Austausch stehen können.“

Dann aber geht's vom fast Euphorischen zurück auf den Boden der Tatsachen, ins Problematische: „Damit liegt auf der Hand: eine solch große Fläche kann … nicht allein mit der Zielrichtung Auerhuhn-Schutz gepflegt werden. Vielmehr müssen die verschiedenen Nutzungsformen des Schwarzwaldes (Waldwirtschaft, Tourismus, Jagd, Landwirtschaft u. a.) in ein Konzept integriert werden, das die Nutzungen weiterhin ermöglicht, ohne die Zielsetzung des Auerhuhn-Schutzes zu gefährden." Das klingt sehr vernünftig, könnte aber ohne Priorisierung viele Konflikte provozieren und schlimmstenfalls in nicht wenigen Fällen eine Quadratur des Kreises verlangen. Dabei machen 50 000 Hektar lediglich sieben Prozent der gesamten, rund 7000 Quadratkilometer[69] großen Fläche des Schwarzwaldes aus – und die hätte man dem Auerhuhn als herausragend prominenter Schirmart für eine Fülle von seltenen tierischen wie pflanzlichen Begleitarten eigentlich fraglos zugestehen müssen.

Hauk führt weiter aus: „Der jetzt vorliegende Aktionsplan Auerhuhn ist das Ergebnis eines … partizipativen Prozesses. Ende 2006 wurde vom Ministerium für Ernährung und Ländlichen Raum der Auftrag an die Forstliche Versuchs- und Forschungsanstalt erteilt, ihre Grundlagenarbeiten im Bereich Forschung und Praxis und den derzeitigen Forschungsstand als Basis für einen Aktionsplan Auerhuhn aufzuarbeiten und sämtliche Rahmenbedingungen und Handlungsfelder für den Erhalt der Auerhuhn-Population im Schwarzwald zu beachten bzw. umzusetzen und zusammenzufassen. Die Bearbeitung erfolgte in enger Abstimmung mit der Arbeitsgruppe Raufußhühner (AGR) …. Auf Grundlage der von der AGR Ende 2007 vorgelegten ‚Rahmenbedingungen und Handlungsfelder' wurde vom Ministerium nun ein Maßnahmenplan erstellt, der die für die operationale Umsetzung der einzelnen Maßnahmen notwendigen Festlegungen trifft. Der Maßnahmenplan wird in regelmäßigen Abständen überprüft und fortgeschrieben."

Damit ist der Aktionsplan Auerhuhn (APA) kein zielsicher zu führendes Instrument, aber er umfasst alle für den Schutz wesentlichen Bereiche und Faktoren, und die von der AGR mühsam erarbeiteten Grundlagen und Vorschläge wurden umfassend berücksichtigt. Wie detailliert der APA aufgestellt wurde, soll an einem Beispiel – der Bestandserfassung – aufgezeigt werden, auf Seite 53 heißt es:

5.3 Umsetzung

5.3.1 Monitoring

5.3.1.1 Auerhuhn-Monitoring

Ziel: *Sicherung und jährliche Fortschreibung einer umfassenden Datengrundlage zur Größe, Entwicklung und Verbreitung der Auerhuhn-Population im Schwarzwald.*

Maßnahmen:

Schwarzwaldweites Monitoring der Größe und Verbreitung der Auerhuhn-Populationen

- *Erhebung direkter und indirekter Nachweise durch die Wildtierbeauftragten der Landkreise.*
- *Jährliche Zählungen balzender Hähne an allen bekannten Balzplätzen durch die Auerwildhegegemeinschaft und die Auerwildhegeringe.*
- *Räumliche Erfassung der Balzplätze mit Angabe der Zahl balzender Hähne/Balzplatz. Die Lage der Balzplätze wird nicht veröffentlicht.*
- *Abgrenzung der aktuell vom Auerhuhn besiedelten Gebiete im 5-Jahres Turnus nach der in BRAUNISCH & SUCHANT 2006 beschriebenen Methode.*
- *Zentrale Datenerhebung der Verbreitungsgebiete durch Fortschreibung einer Auerhuhn-Datenbank (GIS-verknüpfte Access-DB) durch die FVA.*

Standardisierte Erfassung der Häufigkeit indirekter Nachweise in Modellgebieten von circa 500 ha Größe nach der Methode von STORCH (2002). Die Methode liefert einen jährlichen Index der relativen Populationsdichte, sie ist in den Bayerischen Alpen gut erprobt und kann für den Schwarzwald übernommen werden.

- *Überprüfung der Übertragbarkeit der Methode aus einem Modellgebiet auf den Schwarzwald.*
- *Auswahl von 6 Modellgebieten (je 2 in N, O, S-Schwarzwald) für ein Langzeit-Monitoring.*
- *Jährliche Erfassung indirekter Nachweise zwischen Juli und August (Mauser).*

Ähnlich umfassend ist der Abschnitt über das „Lebensraum-Monitoring“ (Seite 54 ebenda). Und damit nicht genug – die Seite 55 des APA ist ganz „Monitoring-Methoden“ gewidmet und weist etwa für die Erfassung des Reproduktionserfolgs der Auerhuhn-Population aus: „Prüfen möglicher methodischer Ansätze (z. B. Herbstzählungen mit Vorstehhunden, Transektzählungen) … Statistische Optimierung von Monitoring-Methoden, u. a. Nutzungspotential räumlich expliziter Art-Verteilungsmodelle zur Effizienzoptimierung großräumiger Wildtier-Monitoringprogramme“ sowie „Entwicklung eines Ansatzes für ein Populationsmonitoring aufgrund genetischer Marker“ usw. bis hin zum „Monitoring von Endoparasiten“, da aufgrund „der derzeitigen Klimaerwärmung … eine veränderte und verstärkte Belastung durch Pathogene und Parasiten zu erwarten“ ist.

Damit stellt der APA ein Mammutprogramm an erforderlichen Untersuchungen und Umsetzungen dar, bei dem sich natürlich sofort die Gretchenfrage stellt: Wer wird das leisten können, und wie kann das finanziert werden?

DER UNAUFHALTSAME NIEDERGANG

Inzwischen gehen die Bestände des Auerhuhns mit Ausnahme östlicher und hochnordischer Populationen im gesamten Verbreitungsgebiet überall (weiter) stark zurück, in Mitteleuropa katastrophal, sofern sie nicht bereits erloschen sind. Das gilt auch für die besten Auerhuhn-Gebiete, die wir hatten, wie etwa in der Steiermark in Österreich mit ihrem einst berühmten Hahnenschlössl oder dem hier behandelten Rosenkogel – ein Gebiet, das man früher analog zu Most- oder Mühlviertel das „Hahnenviertel" hätte nennen können. Und derartig dramatische Abnahme trifft nun auch für den Schwarzwald zu – auch dort geht es inzwischen mit großen Schritten dem Ende der Art entgegen, und bereits 1988 wird „Der heimliche Tod des Urhahns im Schwarzwald" tituliert[35] und 1990 vom möglichen „Untergang"[77] gesprochen.

Das Grundübel für Auerhühner ist, dass sie bei uns nahezu überall ihre primären, über viele Jahrhunderte stabilen idealen Lebensräume – vor allem die Moorrandwälder – verloren haben. So wurden sie nahezu durchweg gezwungen, mit vom Menschen geformten Sekundärwäldern „aus zweiter Hand“ zurechtzukommen. Das kann durchaus über längere Zeit gut gehen, etwa in stufigen, lückigen, gut strukturierten Altholzbeständen mit vielen Randlinien, einem Deckungsgrad von maximal etwa 0,5 (also 50 Prozent Kronenschluss, bei dem auch Heidelbeeren bestens gedeihen) und bei bestimmten Bewirtschaftungsformen (wie zum Beispiel Femel-, Saum-, Schirmschlag, wofür sogar „Gebote“ formuliert wurden[19]). Diese Sekundärhabitate haben aber oft enorme Nachteile: Meistens verändern sie sich im Gegensatz zum Moorrandwald durch Zuwachsen oder Bewirtschaftung, sodass Auerhühner in ihnen nicht auf Dauer gut leben können[37, 81]. Ein Musterbeispiel dafür ist der berühmt gewordene Villinger Stadtwald. Dort balzten um 1950 drei Hähne, 1960 an die zehn, 1970 um die 45, 1979 dann sogar 48 – das Maximum (als fast überall sonst im Schwarzwald Auerhühner stark zurückgingen!), aber 1999 dann nur noch sechs, und inzwischen ist der Balzplatz verwaist. Dort hatte ein waldbauliches Verjüngungsverfahren, der „Keilschirmschlag“, mit breiten Säumen und relativ vielen Kiefern ideale Sekundärhabitate geschaffen – aber leider nur vorübergehend!

Für die weitere Betrachtung der Bestandsentwicklung der Auerhühner im Schwarzwald gibt es zwei Abschnitte: den ersten bis 2005, also bis zum Statuskolloquium und Symposiumsband der AGR/FVA mit der Bilanzierung der bis dorthin geleisteten Arbeit, und den zweiten mit dem anschließenden Wirksamwerden des Aktionsplans Auerhuhn (APA).

Eine frühe Übersicht von Roth (1974[54]) zeigt für den Schwarzwald nicht nur einen erschreckend niedrigen Gesamtbestand von Auerhühnern auf (570 balzende Hähne), sondern auch beängstigend abnormale Balzplatzbesetzung. So wiesen die seinerzeit 134 bekannten Balzplätze im Mittel nur 3,6 statt normalerweise sechs und mehr Hähne auf[42, 22], 66 Balzplätze – also fast die Hälfte – gar nur ein bis zwei, und gerade mal neun Plätze zehn Hähne und mehr.

Der 2006 publizierte Symposiumsband „Menschen für Raufußhühner" anlässlich des zehnjährigen Bestehens der Arbeitsgruppe Raufußhühner (AGR) zeigt auf, was diese Arbeitsgemeinschaft von 1995 bis 2005 geleistet und für den Auerhuhn-Schutz im Schwarzwald erreicht hat. Der Vertreter des NABU Dietrich Weller, der am Statuskolloquium mit Vortrag teilgenommen hat, fasste wie folgt zusammen: „Die AGR hat viele wichtige Analysen vorgenommen, sie hat viele Stunden an Besprechungen und Manpower in Anspruch genommen, sie hat viel Papier produziert, aber vor Ort ist beim Raufußhuhn wenig angekommen, weil das konkrete Handeln in seinen Lebensräumen nicht oder zu spät erfolgte. Bleibt uns zu hoffen, dass es zumindest für das Auerhuhn noch nicht ganz zu spät ist und endlich der Worte genug gewechselt sind und Taten folgen."[78]

Und wahrlich: Die Bilanz ist nicht nur bescheiden, sie ist erschreckend. So hat im Untersuchungszeitraum von 1993 bis 2003 die Anzahl balzender Hähne von 462 auf 258 abgenommen (Abbildung Seite 228), die der Balzplätze von 113 auf 90 und die der vom Auerhuhn besiedelten Gebiete von 61 auf 51. Bei den Hähnen betrug der Rückgang somit 44 Prozent. Nicht besser sieht es bei den bestandsstabilisierenden oder -fördernden Habitatpflegemaßnahmen aus. Aus dem einschlägigen Artikel dazu genügt es, wenige Sätze zu zitieren, um die enormen Defizite aufzuzeigen – dort heißt es: „Insgesamt wurden seit 1998, also in den letzten sieben Jahren, auf einer Fläche von 748 Hektar waldbauliche Eingriffe, mit dem Ziel, die Habitatstrukturen zu verbessern, durchgeführt. Dies bedeutet … 1,4 Prozent der Auerwildgebiete (von 50 000 Hektar als erforderlich erachtetem Lebensraum, siehe oben) konnten seit 1998 in ihren Lebensbedingungen verbessert werden … Fasst man die bisher im Schwarzwald

NEGATIVE FAKTOREN FÜR DAS AUERHUHN

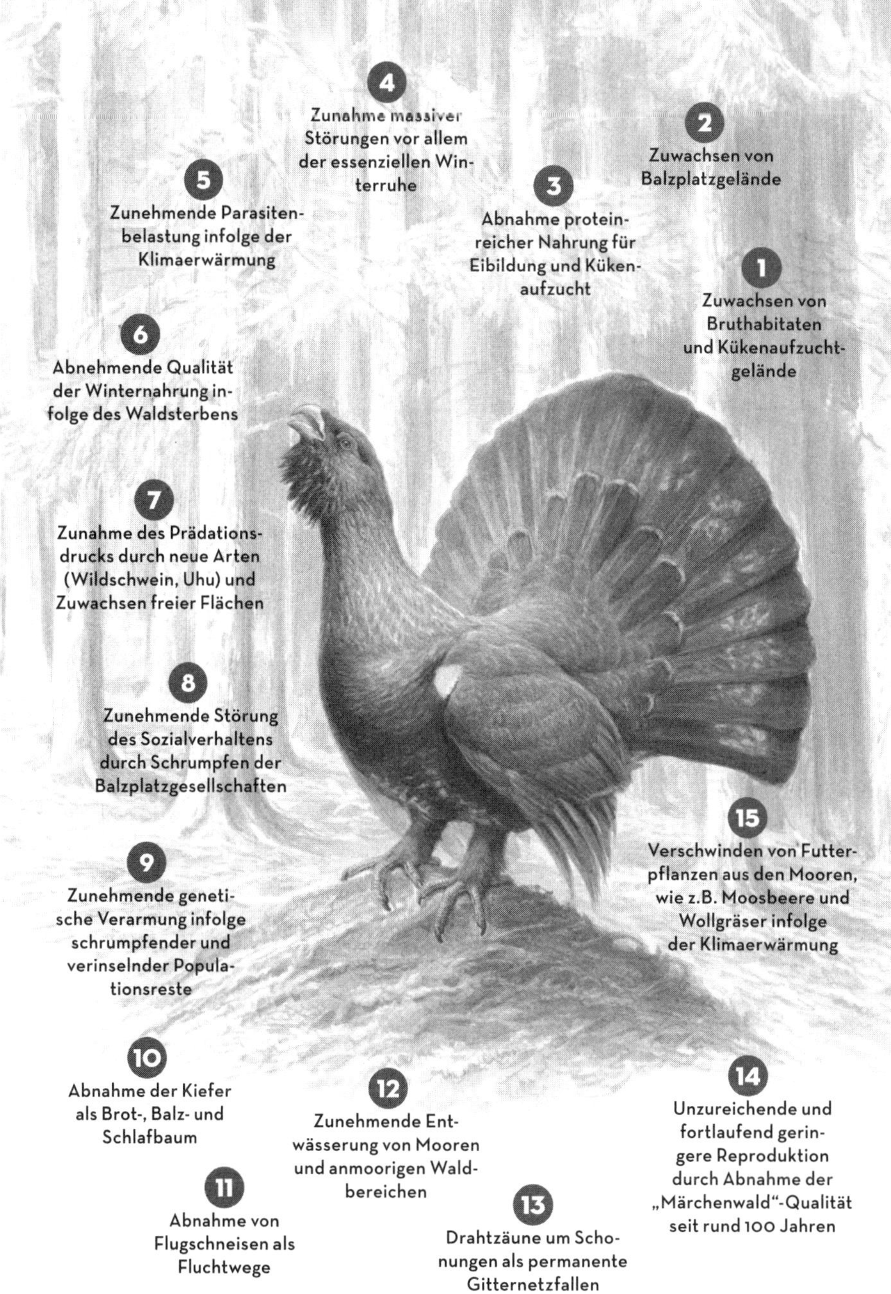

durchgeführten Pflegemaßnahmen zusammen … kommt man zu dem Schluss, dass diese trotz des damit verbundenen Aufwandes bei weitem nicht ausreichen, um den Lebensraum für eine überlebensfähige Population zu erhalten oder zu schaffen.“ Und das ist weder ein Armutszeugnis noch eine Bankrotterklärung für die AGR, sondern „es zeigt sich … dass die für eine gleichzeitige und großflächige Umsetzung notwendigen Schritte von der AGR allein nicht geleistet werden konnte.“ Auch eine Integration eines Teiles erforderlicher Pflege-, sprich Auslichtungs-Maßnahmen in die zunehmend praktizierte „Naturnahe Waldwirtschaft“ war kein Ausweg aus der Misere, da jene entscheidende Faktoren wie Bestandslücken, Strukturvielfalt und Stufigkeit nicht vorgibt und zu sehr auf Klimaxbaumarten wie Buche und Tanne abzielt. So kam es, wie es kommen musste: Der Auerhuhn-Bestand im Schwarzwald ging weiter katastrophal zurück, wie die folgende Übersicht zeigt.

Hochschätzungen für die Zeit um 1900 beziffern den Bestand an Auerhähnen im Schwarzwald in der letzten „Blütezeit“ in einer Größenordnung von reichlich 3000[69], um 1800 könnten es aber noch an die 6000 und – wie oben dargestellt – in der Zeit der noch intakten Hochmoore im 18. Jahrhundert und früher auch bis an die 10 000 Hähne gewesen sein. Eine erste systematische Bestandserhebung von Roth von 1969 bis 1971, ergänzt durch Beobachtungen an Balzplätzen im Südschwarzwald, ergaben für 1971 noch 570 balzende Hähne – danach ging es nach einem Plateau ab Mitte der 1990er-Jahre und ebenso nach 2012 rapide bergab, und 2020 waren es schließlich gerade noch 136 Hähne, wenn überhaupt. Denn aus eigener umfangreicher Erfahrung weiß ich, dass bei den Erhebungen in jüngerer Zeit (seit Ende der 1990er-Jahre) längst nicht mehr nur die wirklich balzenden Hähne gezählt werden, sondern „mangels Masse“ an nicht wenigen Plätzen auch etwa in der Nähe des geparkten Autos oder auf dem Weg zum Balzplatz „vertretene" Vögel, oft Jungtiere, die früher nicht berücksichtig wurden.

Aber wie auch immer – die Größenordnung der angegebenen Anzahl und des so dokumentierten Rückgangs stimmt. Damit hat der Auerhuhn-Bestand im Schwarzwald von seiner einstigen Blütezeit bis heute um sage und schreibe weit über 90 Prozent abgenommen! Extrapoliert man von den abfallenden Anzahlen der Jahre von 2009 bis 2020 mit einer Regressionsgeraden, erreicht sie (mit hoch signifikantem Regressionskoeffizienten) die Nulllinie im Jahr 2027.

Dieser Zeitpunkt muss jedoch noch nicht das endgültige Aus für das Auerhuhn im Schwarzwald bedeuten. Angenommen, ein paar der in den nächsten Jahren noch schlüpfenden Küken würden das bekannt gewordene Höchstalter von Auerhühnern in freier Natur von zwölf bis dreizehn Jahren erreichen, dann könnten ein paar „Methusalems" oder „letzte Mohikaner" noch irgendwo die Stellung bis gegen 2040 halten. Aber von einer Auerhuhn-„Population" kann man natürlich jetzt schon nicht mehr reden. Man stelle sich vor, zwischen Herrenalb und Waldshut würden noch restliche 250 Schwarzwälder leben – auch da würde man sagen, die Urbevölkerung ist praktisch erloschen. In den benachbarten Vogesen sieht es noch finsterer aus: Dort fiel der Bestand von rund 250 Auerhühnern um das Jahr 1970 auf gerade noch etwa 20 in 2020!

Und noch eine ganz persönliche Anmerkung: Ich halte den in der Grafik dargestellten, mit einer Ellipse gekennzeichneten tendenziellen Wiederanstieg von 2004 bis 2009 zumindest zum Teil für ein Artefakt – bedingt durch die oben beschriebene Änderung in der Zählweise (durch Mitzählen von Hähnen im Balzplatzumfeld). So dürfte wohl auch die um einen Hahn höhere Anzahl für 2020 gegenüber 2019 zustande gekommen sein – die Not macht erfinderisch oder hier fündig. Mehr noch: Wie beim Haselhuhn werden wir auch beim Auerhuhn bei seinem schlussendlichen Aussterben

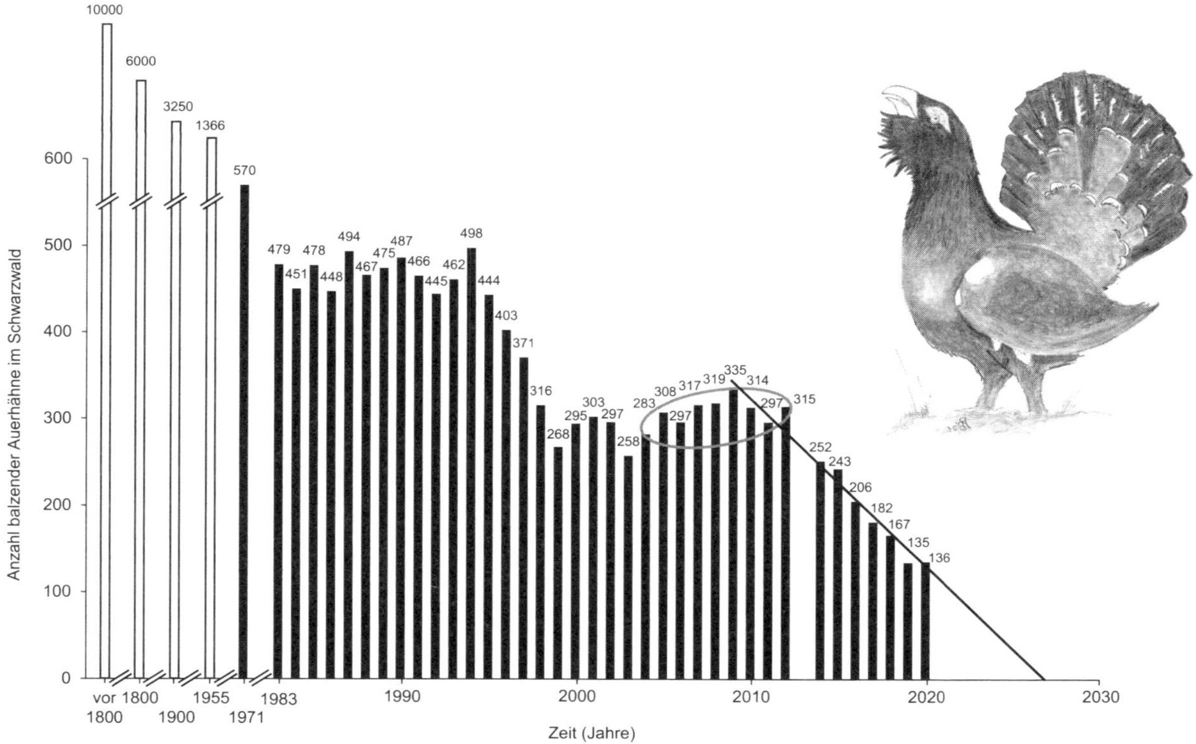

Bestandsentwicklung (balzende Hähne) im Schwarzwald von vor 1800 bis heute

im Schwarzwald noch geraume Zeit mit Phantomvögeln zu rechnen haben, die hie und da „abgerauscht“, „weggepoltert“ sind, „Huderpfannen“ angelegt oder „geworgt“ haben usw., bis ihnen dann auch im Geiste von Verklärten die Puste wird ausgegangen sein.

Wie konnte es sehenden Auges zu diesem Exodus, zu dieser verheerenden Katastrophe kommen? Dafür waren eine Reihe von schweren Versäumnissen und gravierenden Fehlern verantwortlich, die ich in der Anlehnung an das Buch von Konrad Lorenz über den drohenden Untergang der Menschheit als „Todsünden“ bezeichnen und im Folgenden kurz aufzeigen will.

„TODSÜNDE“ 1: STRÄFLICHE VERNACHLÄSSIGUNG DER REPRODUKTIONS-INSUFFIZIENZ

Als Fazit meines Beitrages zum Statuskolloquium über sechs Jahre „schutzrelevante Auerhuhn-Forschung“ hatte ich im Hinblick auf die eventuelle Rettung der Auerhühner im Schwarzwald sieben dringliche Maßnahmen aufgeführt, davon an allererster Stelle als wichtigste „Reproduktionsmonitoring … mit laufender Effizienzkontrolle“.

Schon seit langem zeichnete sich im Schwarzwald wie in anderen Auerhuhn-Gebieten mit sinkenden Populationen ab, dass nicht nur Hähne und Hennen weniger wurden, sondern dass vor allem ihr Nachwuchs – Gesperre, Küken – immer seltener und in fortlaufend kleineren Mutterfamilien zu beobachten waren. 45 von 2001 bis 2004 von uns für telemetrische Untersuchungen gefangene Auerhühner belegten dann erstmals einen fatal an Jungvögeln krankenden Populationsaufbau im Schwarzwald – er betrug lediglich 29 Prozent statt der (im Sommer/Herbst) üblichen 50 bis 80 Prozent! Damit war klar gezeigt: Hauptursache für den Rückgang der Schwarzwaldpopulation war offensichtlich eine viel zu geringe Fort-

DAS BRAUCHT DAS AUERHUHN ZUM LEBEN
1 Lückiger Moorrand-„Märchen“-Wald mit höchstens 50 % Kronenschluss
2 Zwischen Randwald und Moor großflächig offene, teppichartige Bodenbereiche, die für Küken hindernisfrei begehbar sind
3 Im Bereich teppichartiger Böden viele vernetzte Blänken, auf denen sich Küken nach Niederschlag ohne Berührung mit tropfnasser Vegetation bewegen können
4 Artenreiche niedrige Zwergstrauch-Gesellschaften mit reichem Vorkommen von Insekten und Beeren
5 Im gesamten Aufzuchtsbereich überall schnell erreichbare Verstecke (idealerweise »Kuscheln«) als Schutz vor Feinden
6 Im moorwärts schütteren wie waldwärts dichteren Baumbestand viele gut beflieg- und bekletterbare, mäßig hohe Kiefern mit waagrechten Ästen
7 Brutzonen, in denen möglichst während der gesamten Aufzuchtsperiode keine Menschen und Hunde auftauchen

pflanzungsrate. Reproduktions-Insuffizienz ist übrigens inzwischen schwarz auf weiß belegt – und schwärzer geht es gar nicht: Jahren et al. berichteten 2016 in „Animal Biology“ über „Declining reproductive output in capercaillie and black grouse in 16 countries and 80 years“ – von 1930 bis 2012[29]! Und selbst in Skandinavien sank die Reproduktion dabei um bis zu 75 Prozent.

Bei unserem Befund – nur 29 Prozent Jungvögel – hätten seinerzeit im Schwarzwald alle Alarmglocken läuten und sofort aufklärende Untersuchungen bewirken müssen. Für das Vermehrungs-Defizit kamen vor allem diese zu analysierenden Faktoren infrage:

1) Hennen finden zu wenig Bruthabitate und schreiten oft gar nicht mehr zur Brut. Dafür fanden wir klare Hinweise: Viele unserer besenderten Weibchen wurden zur Brutzeit nicht „stationär“, hatten also wohl keine Gelege gezeitigt. Neben unzureichender Habitatstruktur könnte dafür auch der inzwischen eklatante Insektenmangel verantwortlich sein, der – wie inzwischen für Singvögel gezeigt – die Eiproduktion beeinträchtigen kann[10].

2) Hennen können zwar brüten, aber ihre Küken nur unzureichend aufziehen, weil entsprechende Biotope und/oder Kükennahrung fehlen. Für Mangel an Insektennahrung für Raufußhühner (Raupen am Heidelbeergesträuch) fanden Forscher in Russland inzwischen deutliche Anhaltspunkte[75] – und die liegen auch für den Schwarzwald vor. Beim Kämmen von Heidelbeeren (Sammeln durch Abstreifen mit Hilfe eines Kammes) musste man vor Jahrzehnten in kurzen Abständen regelmäßig viele kleine Raupen aus den Sammelgefäßen lesen – heute fallen so gut wie keine mehr an (Wolfgang Ebser mündl.). Das Insektensterben hat also auch im Heidelbeerwald deutliche Spuren hinterlassen.

3) Infolge der Klimaerwärmung verstärkt oder neu auftretende (Endo-)Parasiten (wie beispielsweise Blutparasiten) oder Umweltschadstoffe könnten auch beim Auerhuhn negativen Einfluss auf

die Entwicklung von Eizellen und/oder Spermien haben, wie inzwischen für Haus- und Wildtiere sowie uns Menschen nachgewiesen.

Einige dieser möglichen Faktoren sind schwer zu testen und erfordern Langzeitstudien, wofür im Hinblick auf möglichen Erhalt des Auerhuhns im Schwarzwald gar keine Zeit mehr bleibt. Aber den denkbar einfachsten Test, der vielleicht schon sofort zielführend gewesen und alles Weitere überflüssig gemacht haben könnte, den hätte man eigentlich sofort 2006 – ein Jahr nach dem Kolloquium – starten sollen: In einem vom Auerhuhn noch gut besiedelten Gebiet Anlegen einer Serie von größeren aneinandergereihten abwechselnden Test- und Kontrollflächen mit den Vorgaben hennen- und kükengerecht gepflegt – ungepflegt – gepflegt usw. Hätten dann Hennen die gelichteten Flächen dankbar angenommen und dort ordentlich Küken großgezogen, mit einer Portion Glück gut vorstellbar, wären die oben gestellten Fragen sofort erledigt und das Problem im Ansatz gelöst gewesen. So aber hat man sich im APA über das Reproduktionsmonitoring zwar über alle Maßen verklausuliert ausgelassen, aber in der Praxis, ich muss es leider so sagen, schmalspurig weitergewerkelt wie zuvor – mit gerade mal wenig systematischer Gesperre-Nachsuche und Zufallserfassung und auch ohne ausreichende Effizienzkontrolle.

Der geneigte Leser wird sich fragen, warum redet der gute Berthold viel von „man“ und „hätte“, und warum hat er derartig fundamentale Fragen nicht „einfach“ mit seiner bereits bewährten Forschertruppe selbst in Angriff genommen? Die Frage ist schnell, wenn auch schmerzlich, beantwortet: Für 2005 stand meine Emeritierung ins Haus. Mir war zwar von der Max-Planck-Gesellschaft ein Emeritus-Arbeitsplatz im Institut in Aussicht gestellt worden, aber der ist natürlich im Vergleich zum vorherigen Institutsdirektorposten mit einem ganzen, bestens ausgestatteten Institut im Rücken, vergleichsweise bescheiden bestückt – außer den allgemein verfügbaren Institutseinrichtungen mit einer technischen Assistentenstelle sowie einem sehr gut überschaubaren Etat. Damit lässt sich hochkarätige Auerhuhn-Forschung keinesfalls durchführen. Und für Emeriti ist es in der Regel auch nicht mehr möglich, in großem Umfang Drittmittel einzuwerben. Da unsere Auerhuhn-Forschung von 1998 bis zum Kolloquium mehrere Millionen Euro verschlungen hatte, war mir klar, dass sie bis gegen 2007/2008 – bis zur endgültigen Übergabe an meinen Institutsnachfolger – auslaufen musste, so schwer das auch fiel im Hinblick auf die in großer Not befindlichen Auerhühner und die vielen offenen Fragen. Zudem hatte ich 2003 begonnen, mir für die Zeit nach der Emeritierung ein neues zu bewältigendes Arbeitsgebiet aufzubauen, für das ich vor allem auch Drittmittel beschaffen konnte: die Einrichtung von einem „Biotopverbund Bodensee" mit tatkräftiger, vor allem auch finanzieller Unterstützung durch meinen väterlichen Freund Heinz Sielmann mit seiner Stiftung. Um die so überaus wichtige Grundlagenforschung zur Rettung der Auerhühner in der AGR mit meinem Abgang nicht abreißen zu lassen, hatte ich mir jedoch einen aussichtsreichen Weg überlegt – die Einrichtung einer speziellen Stiftung. Nach dem bereits oben formulierten Motto „Auerhuhn im Schwarzwald" hätte sie bei der Beliebtheit unseres Urvogels, seiner Bedrohung und Symbolkraft, mit Sicherheit Millionen Euro eingebracht und damit sowohl vielerlei notwendige Forschungsarbeit als auch sehr viele praktische Maßnahmen ermöglicht. Aber – ...

„TODSÜNDE" 2: KEINE STIFTUNG

Ich habe nicht wenig gestaunt, dass die im Statuskolloquium noch begeistert aufgenommene Idee einer speziellen Auerhuhn-Stiftung bald danach in einer speziellen Sitzung am 1. Juni 2006 nicht nur wenig Zustimmung fand, sondern von der forstlichen Obrigkeit geradezu verteufelt und abgeschmettert wurde. Der dafür aufgeführte Hauptgrund war: Hätte ich als Grundkapital für eine Stiftung sagen wir 50 Millionen Euro auf den Tisch legen können, sodass die Stiftungsarbeit aus Erträgen daraus zu finanzieren gewesen wäre – dann d'accord. Aber die Vorstellung, man müsse für die Stiftung „Klinken putzen" und „Bettelbriefe" schreiben, wie die Praxis, über Mailings Spenden einzuwerben tituliert wurde, brachte die Idee bereits im Keim zum Ersticken. Als Mitglieder der AGR im Hinblick auf die Gründung einer Stiftung Hartnäckigkeit erkennen ließen, wurde sogar die Auflösung der AGR angedroht. Es blieb dann doch noch ein Ausweg, aber der war, bildlich gesprochen, leider nur ein schmaler und bald wieder endender Pfad. Ich konnte nämlich die Heinz Sielmann Stiftung dafür gewinnen, die Auerhuhn-Habitatpflege im Schwarzwald in Verbindung mit Wildwege e. V. zu unterstützen (siehe unten).

„TODSÜNDE" 3: A JA – ABER B NICHT

Wer A sagt, der muss auch B sagen, heißt es im Volksmund, und das gilt sicher auch für die Arbeit fürs Auerhuhn im Schwarzwald. Wenn ein Ministerium ein so ambitioniertes Gebilde wie den Aktionsplan Auerhuhn (APA) aufstellt und für seine Umsetzung auch laufende Erfolgskontrolle ankündigt, dann wären doch als Nächstes die Fragen zu klären: Was kostet das Ganze, und woher soll das Geld dafür kommen? Für unsere im Statuskolloquium dargestellte, insgesamt für die Dauer von rund zehn Jahren angesetzte Auerhuhn-Forschung waren insgesamt über zehn Mitarbeiter tätig und sind Gesamtkosten von rund fünf Millionen Euro entstanden. Allein für das im APA skizzierte anspruchsvolle Forschungsprogramm „Wissenschaftliche Begleitung" würde ein derartiger Betrag niemals ausreichen und hätte eher in doppelter Höhe angesetzt werden müssen. Und für die insgesamt definierten sechs „Handlungsfelder" wäre ein Gesamtbetrag von zig Millionen erforderlich gewesen. Aber ein Kostenplan für eine wirklich wirksame Umsetzung des APA ist nie aufgestellt worden, vielmehr wurde gehofft, dass die Akteure in den einzelnen Handlungsfeldern notwendige Mittel aus allen möglichen Quellen beschaffen werden, wie von der EU, von Universitäten, der Max-Planck-Gesellschaft, der einschlägigen Wirtschaft wie etwa den Betreibern von Windkraftanlagen usw.

Doch diese Art der Mittelbeschaffung ist kontraproduktiv: Sie kostet viel Zeit, die der Arbeit am Auerhuhn verloren geht, und sie ist langwierig und begrenzt. Dabei wäre die Landesregierung eigentlich zu einer Finanzierung des APA verpflichtet gewesen, denn: Gemäß der Vogelschutz-Richtlinie von 1979 besteht für „den EU-Mitgliedsstaat Deutschland – und damit auch für das Land Baden-Württemberg – die Pflicht, zum Schutze der Vorkommen der beiden Arten (Auer- und Haselhuhn) ausreichend große Gebiete für das europäische Schutzgebietsnetz ‚NATURA 2000' nach Brüssel zu melden".[44] Und gemeldet werden können natürlich nur Gebiete, in denen „Einrichtung, Pflege, Wiederherstellung oder Neueinrichtung", gegebenenfalls mit Eigenmitteln erforderliche Lebensraumqualität garantieren. So aber mussten die Arbeiten fürs Auerhuhn praktisch wie auf Sparflamme weitergeführt werden, und viele wichtige Aspekte blieben ganz auf der Strecke. Das führte dann zu …

„TODSÜNDE" 4: IMMER MEHR ÖFFENTLICHKEITS-ARBEIT – ABER WIE FÜR EIN PHANTOM

Der in den letzten Jahrzehnten auch im Schwarzwald immer stärker zunehmende Tourismus und die wild wuchernden Begehrlichkeiten einer ständig wachsenden maßlosen Freizeit- und Spaßgesellschaft machten effektiven Auerhuhn-Schutz immer schwieriger. Mountainbiker, Schneeschuhwalker, Geocacher, Nightstreamer, Waldbader, auf GPS-Basis organisierte Pilzsuchertrupps – und das sind längst noch nicht alle – dringen auf ihren vielfach ausufernden und extravaganten Touren bis in die entlegensten Winkel der einst einsamen stillen Märchenwälder vor und beeinträchtigen dabei Auerhühner bis in die Kernzonen selbst streng abgeschirmter Schutzgebiete. Auf Vorhaltungen, sie gefährden dabei eine „höchst seltene, äußerst empfindliche" Vogelart, die noch dazu Schirmart für ursprüngliche Wälder und eine Art von Symbol für den gesamten Schwarzwald ist, herrscht bei den meisten erst einmal Ratlosigkeit: Auerhuhn? Kaum je davon gehört, nie gesehen, soll hier vorkommen, und wie sieht es denn aus? Wenn dann die Auskunft folgt – kann man nicht sehen, ist viel zu störanfällig, sollte man auch nicht sehen wollen, um die letzten ihrer Art nicht durch Beunruhigung zu gefährden, wird die Ratlosigkeit durch Zweifel bereichert. Kommen dann Beschränkungen ins Spiel – Verlegen oder gar Schließen von Wanderwegen, Loipen, Bikerstrecken usw. im Zuge von Tourismuslenkung zum Schutz von Auerhühnern, gesellen sich schnell Unverständnis, Wut und auch noch mehr Zweifel hinzu.

Inzwischen gibt es Gastwirte, die behaupten, Auerhühner gäbe es in ihrem Bereich schon lange nicht mehr, sondern die würden dort nur noch von „Naturfreunden erfunden", die sich mit diesen Phantomhühnern den Wald für sich und von zu vielen Touristen freizuhalten versuchen. Und in der Tat wurden in einigen Fällen Auerhühner (wie auch Rotmilan, Schwarzstorch u. a.) „erfunden", um zu versuchen, den Bau von Windkraftanlagen zu verhindern. Dabei ist ganz klar: Man kann auf Dauer für ein Tier, das außer als verstaubtes Stopfpräparat in letzten Gaststuben nur noch als eine Art Phantom irgendwo im finstersten Walde existieren soll, nicht große Waldgebiete reservieren und versuchen, die immer mehr herbeiströmenden Erholungssuchenden möglichst daraus fernzuhalten. Wie sagen Ikonen des Naturschutzes wie Konrad Lorenz, Heinz Sielmann und andere unisono: Nur was man kennt und von dem man begeistert ist, das wird man auch bereit sein zu schützen!

Das Zauberwort, derartiges Kennenlernen von Auerhühnern auch im Schwarzwald für jedermann zu ermöglichen, heißt: Schauvoliere. Und davon am besten je eine im Nord-, im mittleren und im Südschwarzwald. Auerhühner sind, wenn penibel auf Reinlichkeit und möglichen Parasitenbefall geachtet wird, recht leicht zu halten, wie wir aus jahrelanger Erfahrung wissen (siehe oben). Besonders günstig dabei ist: Sie verhalten sich in Volieren nahezu wie in freier Natur, zeigen alle ihre typischen Verhaltensweisen, haben keinerlei Scheu vor Besuchern, pflanzen sich normal fort, balzen jedoch länger im Jahr als freilebende Artgenossen, was für Schauvolieren sogar von Vorteil ist, und sind in Gefangenschaft oft aggressiver, was für Besucher unbedeutend ist, und wovor sich Pfleger leicht schützen können. Da Fütterung und Betreuung aufwändiger sind als für viele andere Tiere und vor allem auch die Beschaffung von Auerhühnern schwierig sein kann, werden sie in Zoos nicht häufig gehalten. Wo das aber der Fall ist, wie etwa im Alpenzoo in Innsbruck, sind sie ein Schmuckstück im Tierpark – etwa in voller Balz gerade mal zwei Meter von staunenden Besuchern entfernt, ganz zufrieden selbst in einer relativ kleinen Voliere, ein grandioses Erlebnis! Als ich vor vielen Jahren in Innsbruck zu den mit offenem Maule Staunenden gehörte, sagte die damalige Schutzbefohlene, Frau Professor Dr. Ellen Thaler, zu mir: „Weißt, Peterl, es san halt recht einfältige Hühner …!“

Mit diesem Fachwissen und unseren Erfahrungen mit der Auerhuhn-Haltung in unserem Institut im Kopf haben wir uns ans Werk gemacht, ein wundervolles Schauvolieren-Konzept mit Auerhühnern im Schwarzwald zu entwickeln, wie es in ähnlicher Form im Nationalpark Bayerischer Wald bereits existiert und mit dem man einerseits Millionen von Besuchern fürs Auerhuhn und seinen Schutz begeistern und andererseits auch viel Geld für den Auerhuhn-Schutz eintreiben könnte. Dazu in Stichworten: ein bis drei Volieren, jede etwa 25 bis 30 Meter lang, zehn Meter breit, fünf Meter hoch, unterteilt in fünf kuchenstückartige Segmente, wovon die mittleren drei von je einem Hahn bewohnt werden und die äußeren ausschließlich Hennen zur Verfügung stehen, vor allem auch zum Brüten. Die Hennen können durch Durchschlüpfe alle Segmente erreichen und damit auch jederzeit den Hahn ihrer Wahl. Vor der Volierenlängsseite verläuft ein ummantelter Gang – fünf Meter breit, zur Voliere hin offen, schwach beleuchtet, ähnlich wie in einem Nachttierhaus im Zoo –, von dem aus Besucher im Vorbeilaufen, stehenbleibend oder auch auf Sitzbänken Platz nehmend, die Vögel aus geringer Entfernung betrachten, beobachten oder auch fotografieren und filmen können. Oberhalb des Ganges befinden sich vor den von Hähnen bewohnten Segmenten Kammern für Spezialisten, die von dort wie vom „Schirm“ oder „Hochsitz“ aus exquisite Bild- und Tonaufnahmen machen können. Dort wären sie, für sagen wir 100 Euro pro Tag, von Beginn der Dämmerung an völlig ungestört, bis im Laufe des Vormittags Besucher in den unteren Gang eingelassen werden. Auch Besucher sollten ihren Obolus beitragen, Kinder, Jugendliche und Schulklassen freien Eintritt haben. Die Ausstattung mit knorrigen Stämmen, Ästen, Wurzeln und die Bepflanzung mit Nadelbäumen, „Beerkraut“ usw. würde so naturnah gehalten, dass sich die Einrichtung von natürlichen Habitaten praktisch nicht unterscheidet. Die Volieren sollten ansprechend in ein Stück Schwarzwald eingebettet sein, aber durchaus in geringer Entfernung zu Hotels oder Naturschutzzentren und auch unweit von Hauptstraßen, sodass sie von möglichst vielen Interessenten besucht werden können. Dem kommt zugute, dass Auerhühner überhaupt nicht lärmempfindlich sind.

Da Auerhühner in Volieren vom Spät- bis zum Frühwinter durchgehend balzen und auch als Überwinterungs-„Künstler" im Tiefschnee ein tolles Bild abgeben, sind Schauvolieren mit diesen Urhühnern das ganze Jahr über attraktiv. Eine etwas „bittere Pille" ist: Für tierschutzgerechte Betreuung ist rund ums Jahr tagtäglich eine Ganztagskraft erforderlich, und im Hinblick auf absolut gesicherte Urlaubs- und Krankheitsvertretung sind insgesamt drei gut eingearbeitete Personen vonnöten. Aber auch das ist kein gravierendes Problem, da sich eine gut geführte Schauvoliere mit ihren Einnahmen selbst finanzieren könnte, wie viele Beispiele von Bären-, Wolfs- und sonstigen Gehegen zeigen. Fast unnötig zu sagen, dass natürlich im Umfeld einer Schauvoliere auch Räumlichkeiten mit Dioramen, Stopfpräparaten, Videoanlagen sowie Materialien für Auerhuhn-Schutz und Geldbeschaffung einzurichten wären.

Wie viele Anläufe für derartig fantastische Auerhuhn-Präsentation und -Werbung haben wir unternommen, im günstigsten Fall bis hin zur Besichtigung infrage kommender Grundstücke – aber es blieb alles auf der Strecke. Den letzten Vorschlag für eine Schauvoliere habe ich beim sogenannten „Auerhuhn-Frühstück" (siehe unten) gemacht. Die forstliche Obrigkeit war davon so angetan, dass ich umgehend um eine Expertise gebeten wurde, und auch ein möglicher Standort kam bereits auf – die Alexander-Schanze im Nordschwarzwald. Meine entsprechende Projektbeschreibung habe ich am übernächsten Tag losgeschickt – eine Rückmeldung steht bis heute aus. Und vor kurzem kam noch eine Anfrage vom Nationalpark Schwarzwald, ob ich bereit sei, für die eventuelle Einrichtung einer Schauvoliere in Verbindung mit einem Hotel zu beraten. Aber da wäre dann schon bald besser eine Ausstellung in Richtung Fossilienkabinett angesagt.

„TODSÜNDE“ 5: FAULE EIER STATT KÜKEN

Als Maßnahme sieben hatte ich am Ende meines Forschungsberichts beim Statuskolloquium „Menschen für Raufußhühner“ vorgeschlagen, „nach … erfolgreicher Zucht Stützmaßnahmen durch Wiederansiedlung (von gezüchteten Jungvögeln) in geeigneten, vollständig verwaisten Gebieten nach Habitatverbesserung“. Gehen Vogelpopulationen im Bestand stark zurück und bleiben Umweltverbesserungen als Abhilfe unwirksam, werden oft gezüchtete oder anderswo gefangene Tiere zur Bestandsstützung zugesellt. Und ist eine Population bereits erloschen, wird häufig Wiederansiedlung versucht. Bei manchen Arten wie Weißstorch, Wanderfalke und Uhu ist das gelungen, bei anderen Arten wie Birk- oder Rebhuhn bisher nicht. Beim Auerhuhn sind bislang nahezu alle Wiederansiedlungsversuche gescheitert, obwohl in Deutschland in den letzten Jahrzehnten 6000 bis 10 000 Auerhühner ausgesetzt wurden (siehe oben), die fast alle gezüchtet oder eine Zeitlang in Gefangenschaft gehalten wurden. Daraus resultieren ungünstige Veränderungen im Blinddarm und in dessen Verdauungseffizienz, sodass Vögel damit im Freien nicht überleben können, wie oben beschrieben. Und auch die einzige als geglückt angesehene Wiederansiedlung in Schottland im 19. Jahrhundert ist fraglich, weil dort möglicherweise einige übersehene ursprüngliche Vögel die Population wieder haben aufleben lassen und nicht ausgebürgerte, wie angenommen. Deshalb hatten wir für den Schwarzwald empfohlen: besser rechtzeitige Bestandsstützung durch Zuführung von Vögeln als eine spätere unter Umständen aussichtslose Wiederansiedlung zu riskieren.

Was wäre zur Bestandsstützung zu tun? Auch bei der inzwischen sehr stark geschrumpften Auerhuhn-Population fielen immer wieder verlassene Gelege an, vor allem bei Störungen von brütenden Hennen durch Waldarbeiten. Sie können leicht in Brutapparaten ausgebrütet und die Küken ebenso gut in Volieren großgezogen werden. Damit hätte man zur Bestandsstützung Nachwuchs aus der eigenen Population und nicht irgendwelche weit weniger gut angepasste Vögel von irgendwoher. Die erbrüteten Waisenkinder könnten dann nach „Fitmachen" ihrer Blinddärme (durch Naturkost und „Beimpfung" mit Symbionten aus dem Blinddarmkot von Wildvögeln, siehe oben) entweder direkt ausgebürgert oder zunächst auch zur Weiterzucht und Vermehrung eingesetzt werden. So würden aus verlassenen Eiern keine verlorenen Eier, und für die Auerhuhn-Population wären es keine faulen, sondern goldene Eier.

Sollten bei der immer mehr schrumpfenden Auerhuhn-Population im Schwarzwald inzwischen zu wenig verlassene Gelege anfallen, hätte man auch getrost ein paar sehr früh gezeitigte Gelege „plündern" können, was Hennen normalerweise mit Ersatzbruten wettmachen und was für diesen guten Zweck der Bestandsstützung auch gut zu verantworten gewesen wäre. So aber bleibt wohl auch im Schwarzwald nach dem Aussterben der ursprünglichen Population nur noch die eventuelle Wiederansiedlung mit Vögeln aus Skandinavien oder Russland, die schon seit über 200 Jahren (!) versucht wird – fast überall erfolglos[11]. Derartige Versuche laufen zurzeit in Thüringen und in Brandenburg, aber ihr dauerhafter Erfolg ist völlig offen[25] („Thüringenforst" 1/2020).

„TODSÜNDE" 6: FALSCHER BLICKWINKEL

Selbst von den wenigen „auerhuhngerecht" gepflegten Flächen (1,4 Prozent, siehe oben, inzwischen „einige wenige" Prozent) sind längst nicht alle so bearbeitet worden, dass – könnte man die Hühner befragen – sie sagen würden, sie wären damit zufrieden. Allzu gut weiß ich aus eigener Erfahrung, dass im „schwarzen Walde" von Nord bis

Süd und von Ost bis West auch bei der Habitatpflege für Auerhühner häufig folgende Hauptmängel bestehen blieben: Zum Teil beschränkten sich Auslichtungen vor allem auf Balzplätze und damit auf ein nur in einem kurzen Abschnitt im Jahr genutztes Gebiet. Und selbst dieses Durchforsten erfolgt oft so zaghaft und kleinräumig, dass die Balz auch danach weiterhin auf Wegen erfolgt. Und von den Hennen nimmt man an, dass sie schon irgendwo „Lücken" für die Aufzucht finden werden, notfalls auch entlang von Wegen.

Dazu kommt ein weiteres Übel. Nach dem fast völligen Verschwinden des idealen Auerhuhn-Lebensraumes im Schwarzwald – dem „Märchenwald", also dem Moorrandwald –, hat sich im Forstbereich fast durchweg die Meinung gebildet und verfestigt: Wenn ein Wirtschaftswald relativ locker und vielleicht auch noch etwas stufigen Baumbestand und zudem ordentlich „Beerkraut", also Heidelbeeren als Unterwuchs aufweist, dann ist dies ein gutes Auerhuhn-Biotop. Das kann sein – ist es aber oft nicht –, weil vor allem das Heidelbeergestrüpp inzwischen viel zu hoch und zu dicht aufwächst, bedingt durch Klimaerwärmung (Trockenfallen stärker vernässter Flächen, längere Vegetationsperiode, Mangel an Schneedruck) und Nährstoffeinträge. Deshalb sind heute bis zum Bauch hoch reichende Heidelbeerbestände keine Seltenheit mehr.

Der als Auerhuhn-Spezialist im mittleren Schwarzwald tätige Forstamtmann Oskar Diringer hat mich schon vor Jahrzehnten auf dieses Phänomen des Überwucherns aufmerksam gemacht, nachdem in seinem Revier ein sich im hüfthohen Beerkraut wegdrückender Auerhahn dermaßen verhedderte, dass wir ihn fast mit der Hand hätten fangen können, wenn wir nicht selbst hängen geblieben wären. Ein Fuchs hätte da sicherlich bessere Chancen gehabt. Auf alle Fälle sind derartig hohe, dichte, oft weiträumig lückenlose Beerkrautbestände für Küken wie eine Art Hochwald, Urwald, undurchdringlicher Dschungel und damit als Lebensraum ungeeignet.

Zudem bleiben in derartigen Heidelbeer-„Wäldern“ nach Niederschlägen überall Tropfen hängen, und damit wird das Beerkrautdickicht auch noch zum „Regen“-Wald – tödlich für Küken, wie oben gezeigt. Entsprechendes gilt für Waldböden mit stärkerer Vergrasung, etwa nach Borkenkäferbefall. Das heißt: Der Blick, nach dem wir inzwischen einen Wald als auerhuhngerecht einstufen, hat oft den falschen Winkel – er erfolgt von oben her, im günstigsten Falle aus der Hahnen-Perspektive, aber das ist Macho-Manier. Soll auerhuhngerecht gepflegt werden, müssen Küken groß werden können, und dazu bedarf es eines Blickwinkels von unten her, aus der Kükenperspektive, und der muss zeigen, ob die Welt für Küken in Ordnung ist und nicht nur einigermaßen für Hähne (und vielleicht auch noch Hennen). Am Rosenkogel in Österreich hat man das Problem erkannt: Dort werden zu hoch gewordene Beerkrautbestände mit der Forstfräse auf den Stock gesetzt, also gemäht – auf „eine Art moderne Waldweide“ [19].

Der optimale Auerhuhn-Lebensraum

Um nochmals glasklar zu machen, wie Küken früher gut aufwachsen konnten und was sie zum Aufwuchs brauchen, eine kurze Rückblende. Der ursprüngliche vom Auerhuhn noch heute absolut bevorzugte Lebensraum, sofern noch vorhanden, ist im gesamten Verbreitungsgebiet der Art der (Hoch-)Moorrandwald, der auch im Schwarzwald für Auerhühner bis ins 18. Jahrhundert überall zur Verfügung stand oder erreichbar war. An diesem Waldrand halten sich Auerhühner in mäßig hohen Bäumen – meist Kiefern – mit locker und oft waagerecht beasteten Kronen auf, die im Gegensatz zu vielen Fichten leicht zu befliegen und zu beklettern sind. Die Baumstruktur und die Qualität ihrer Nadeln haben die Kiefer zum vom Auerhuhn bevorzugten Baum gemacht, so auch in der russischen Taiga, mit ganz besonders enger Bindung im Winter. Im (Kiefern-)Moorrandwald haben Auerhühner zum einen den dichteren Wald zum Nächtigen und Überwintern im Rücken und zum anderen die offeneren Moorbereiche mit idealer Struktur und Vielfalt an Pflanzen und Kleintieren vor allem für das Leben im Sommerhalbjahr mit überwiegendem Bodenaufenthalt direkt vor sich. Und in diesem Grenzlinienbereich zwischen lückigem Wald mit locker beasteten Baumkronen und Moor befindet sich das Paradies für Küken. Um dies zu „begreifen", sollte man niederknien und mit seinen Händen Küken nachahmen, wie es etwa auch Fladenhofer beschreibt[19]. Genau das hat 1998 der Auerhuhn-Versteher Dr. Karl-Eugen Schroth im Hohlohgebiet in der Breitlohmüß getan, um mir klar zu machen, wie Küken im Moorrandwald leben, wieso sie dort groß werden können und warum anderswo weit weniger oder gar nicht. Er kann das, denn er hat 1986 zwei Auerhennen mit Sendern ausgestattet, um ihnen mit ihren Gesperren monatelang auf Schritt und Tritt folgen und ihr Leben verstehen zu können[58].

Wie schon beschrieben: Der Moorrandwald weist weiträumig überall offene Bereiche auf, teppichartig, mit Moos oder Flechten bewachsen, auch mit Nadelstreu bedeckt, vielfach ohne Stolperhalme oder gar -ästchen, auf denen selbst zarte Eintagsküken geschickt führenden Müttern leicht überall hin folgen können, auch schon über größere Strecken, und dabei auch noch genügend Platz finden, links und rechts ausschwärmend nach Nahrung zu suchen. Lebensnotwendiges „Beerkraut" gibt es natürlich, aber nicht als undurchdringlichen „Hochwald", sondern in Form von niedrigen, zwischen Schlenken verteilten Gruppen, die auch von Küken von den Rändern her gut genutzt werden können. Und „Beerkraut" wächst hier nicht nur als Heidelbeere, sondern in Form von einer ganzen Reihe von beerentragenden Zwergstraucharten (siehe oben). Auch in diesem zum Teil mehr als zur Hälfte offenen Habitat finden Küken im Falle von nahenden Feinden rasch Deckung, da Hennen so führen, dass Küken sich stets über kurze Distanz in schützende Vegetation begeben können.

Fällt Niederschlag – Regen, im Auerhuhn-Bergwald durchaus bis in den Juni noch gelegentlich Schnee – zeigt der Moorrandwald weitere für Küken überlebensnotwendige Eigenschaften. Starken Regen oder gar Schneefall überstehen Küken meist gut verkrochen im Gefieder der hudernden Henne. Kommt die Sonne wieder hervor, erreicht sie dort sofort wieder viele offene Stellen im Habitatmosaik des Randwaldes, wo sich die Jungvögel sogleich wieder wärmen können. Und auch wenn bei Windstille selbst die kleinsten Beerkraut-Gestrüppe voller Wassertropfen hängen, brauchen die Küken zur Nahrungssuche bei den vielen offenen Stellen sich nirgendwo durch nasse Vegetation zu zwängen, was für sie schon nach kurzer Zeit tödlich wäre, wie beschrieben.

Wenn wir nach diesem Exkurs nun mit dem Blick aus der Kükenperspektive die im Schwarzwald als „auerhuhngerecht" gepflegt angesehenen Gebiete durchmustern würden, täten sich mit Sicherheit Abgründe auf. Bei der heutigen klima- und nährstoffeintragsbedingten Aufwuchsfreudigkeit bodennaher Vegetation würden die meisten Flächen das Prädikat „ungenügend" erhalten – und wohl nicht zuletzt deshalb leidet die Auerhuhn-Population unter der fatalen Reproduktions-Insuffizienz.

In einem Auerhuhn-Gebiet wusste man sich dieses für Küken so schädlichen Aufwuchses zu erwehren – durch Mulchen, wie beschrieben, und zwar am Rosenkogel in der Steiermark. Und dort hat sich auch der Auerhuhn-Bestand in einzigartiger Weise stabilisiert[19]. Auerhuhn-Obleuten im Schwarzwald ist dieses Pionierprojekt bekannt, es wurde sogar auf einer speziellen Exkursion vor Ort erkundet, aber eine großflächige Umsetzung bei uns fehlt. Immerhin gibt es im Bereich des Schluchsees einen erfreulichen Ansatz (durch den dort tätigen Förster Hubert Kapp, wie er mir auf einer

Exkursion im Sommer 2020 eindrücklich vorführte). Abschließend zum hier in Rede stehenden „Sündenfall" will ich gemäß einer schwäbischen Redensart resümieren: „Ra vom Poschtamentle" und runter auf die Knie wäre ratsam gewesen, um Lebensraum kükengerecht zu pflegen.

Chance für Füchse

Das Immer-schwärzer-Werden des Schwarzwaldes – vor allem durch Verfichtung und vielerorts bürstenartigen Aufwuchs von Jungfichten durch Naturverjüngung hat nicht nur den Nährboden für Küken immer mehr geschmälert, sondern einen weiteren großen Nachteil gebracht: Im Fichtendickicht können sich Füchse viel leichter an Auerhühner anschleichen als im offenen Gelände, und so konnten sie ihren Feinddruck bis an Balzplätze heran deutlich erhöhen, wie gehäuft auftretende „Risse" gezeigt haben.

„TODSÜNDE" 7: ZU LEICHTFERTIG

Und damit sind wir beim Nationalpark Schwarzwald (NLP). Nachdem er konzipiert und als „großer Wurf" in der Öffentlichkeit diskutiert wurde, ist auch eine Arbeitsgruppe eingerichtet worden, die sich mit möglichen Auswirkungen eines derartigen Parks auf den Auerhuhn-Bestand in der überplanten Region beschäftigen sollte und in die auch ich berufen wurde. Die AG kam zu dem Schluss, dass der NLP das Auerhuhn brauche – als Attraktion und Schirmart –, nicht aber das Auerhuhn den NLP. Mehr noch, es wurde ausdrücklich davor gewarnt: Der geplante und nach den EU-Richtlinien sogar zwingend notwendige Prozessschutz in der Kernzone (künftig wachsen lassen, was wächst, keine menschlichen Eingriffe mehr) könne das Auerhuhn durch rasches Zuwachsen seiner Wohngebiete ohne Möglichkeit zur Habitatpflege in absehbarer Zeit aus dem Park „hinausschützen". Die Bedenken wurden zerstreut, der NLP wurde eingerichtet, und nun geht auch dort die Auerhuhn-Population rapide zurück.

In einem Herzstück für das Auerhuhn im NLP, dem Paradebalzplatz am Geisskopf, konnte ich das allmähliche Zuwachsen der Arena und das parallel laufende Verschwinden der Auerhühner wie in einem Film von 2004 bis 2019 über einen Zeitraum von 16 Jahren hinweg verfolgen, wie oben zum Teil schon berichtet. Hier noch einmal in Stichworten. Aufenthalt am Geisskopf zum Zählen balzender Auerhähne am 30.4.2004, 22.4.2005, 24.4.2007, 7.5.2008, 8.5.2009, 16.4.2011, 30.4.2012, 17.4.2014, 23.4.2015, 19.4.2016, 21.4.2017, 13.4.2018 und 15.4.2019. In all den Jahren war mein Ansitzplatz immer derselbe – wie oben beschrieben –, am Rande des Karkessels unterhalb des amphitheaterähnlichen Berghanges, mit bestmöglicher Übersicht über den größten Teil der Balzarena. Von dort konnte ich von 2004 bis 2012 jeweils sieben bis 20, 21 Hähne feststellen und bis zu acht gleichzeitig balzend sehen. Danach fiel die Anzahl von mir registrierter Hähne von nur noch sechs im Jahr 2015 über fünf und drei im Jahr 2017 und 2018 auf schließlich noch einen Hahn im Jahr 2019 ab. Dazu notierte ich, was den Bewuchs anbelangt, wie folgt:

2012: Die Fichtengruppe um meinen Ansitz wird dichter, und weiterer Aufwuchs im Karkessel und am Berghang schränkt die Sichtbeobachtungen noch balzender Hähne ein.

2015: fast überall starker Fichtenaufwuchs, an vielen Stellen keine Balz mehr möglich.

2018: Im Kar und am Berghang entwickelt sich regelrechter Wald, dazuhin bildet sich Heidelbeerdickicht, teilweise über einen halben Meter hoch. Freiflächen für die Balz schrumpfen, Sichtbeobachtung nur noch gelegentlich auf einen Hahn möglich, und ich sitze von Jungfichten umgeben in meinem Versteck, das ich eigentlich gar nicht mehr brauche, denn die drei noch balzenden Hähne kann weder ich sehen noch könnten sie mich entdecken – alle balzen außerhalb des inzwischen weitgehend zugewachsenen Karkessels im Bereich von Fahrwegen ober- und unterhalb des Kessels, so wie auch der letzte dort von mir verhörte Hahn 2019 vom unteren Hauptweg her.

Auch wenn die Auerhuhn-Zähler vom NLP am Geisskopf später noch insgesamt drei Hähne konstatierten – es bleibt das düstere Bild von einem kleinen Restbestand.

Karl Ebert, ausgewiesener Fachmann als Forstdirektor i. R., als Sohn von Walter Ebert, Enzklösterle, und damit Auerhuhn-Kenner von Kindesbeinen an, Rotwildspezialist und Sprecher der Naturschutzbeauftragten im Regierungsbezirk Tübingen, hatte die Auerhuhn-Misere im NLP von Anfang an kommen sehen. Eindringlich rief er noch vor Einsetzen einer „erdrückenden Fichtennaturverjüngung" 2014 in einem Artikel in der „Pirsch"[18] mit dem Titel „Auerwild adé – den Prozess gemacht" dazu auf, die Möglichkeit der Biotoppflege zum Erhalt der Auerhühner nicht zugunsten eines wenig sinnvollen Prozessschutzes preiszugeben. Auf der Titelseite des Artikels – die einen Auerhahn mit Strick um den Hals zierte, war zu lesen: „Der Nationalpark Schwarzwald ist beschlossene Sache. Während Umweltverbände die Entscheidung feiern, sieht das streng geschützte Auerhuhn jetzt schon seinem Ende entgegen. Ein makabres Beispiel, wie augenscheinlicher Artenschutz einem Wappentier (des Landkreises Freudenstadt) den Garaus macht."

Keiner kann sagen, das hätte man nicht vorhersehen können. Oh doch – und eigentlich sogar müssen. Denn genau davor hatten wir in der oben genannten AG gewarnt, und nicht etwa aus dem hohlen Bauch heraus, sondern aufgrund bitterer, schmerzlicher Erfahrungen. Ich habe in den zurückliegenden Jahrzehnten mehr als zehn Balzplätze persönlich zuwachsen und infolge dessen erlöschen sehen – vom Brunnmättlemoos im Südschwarzwald über Balzplätze im Villinger Stadtwald und benachbarten Gebieten bis zum Nordschwarzwald am Geisskopf, aber auch am Röter Kopf und vor allem im Wildseemoor bei Kaltenbronn. Den letzten besonders schmerzlichen Verlust will ich noch kurz beschreiben.

Balzplatz am Wildseemoor

An diesem sicher urigsten und schönsten aller Balzplätze im Schwarzwald konnte ich von 1955 bis 2002, also in einer Zeitspanne von fast 50 Jahren, in 38 einzelnen Jahren Beobachtungen sammeln. Die Anzahl der dort balzenden Hähne ging von anfänglich etwa 14 auf fünf bis sieben zu Anfang der 1980er-Jahre zurück, ab 1988 auf zwei bis drei, und ab 1998 blieb der Balzplatz verwaist – er war erloschen. Und Nachsuche-Exkursionen zusammen mit einer ganzen Reihe von Spezialisten 2001 und 2002 (siehe oben) ergaben keinerlei Hinweise mehr auf die Entstehung von Ausweichbalzplätzen im Umfeld. Und das war nicht verwunderlich. Der einstige, oben ausführlich beschriebene lückige Moorrandwald und der große offene Hochmoorbereich sind vor allem ab den 1990er-Jahren fortlaufend mehr und mehr zugewachsen – mit immer mehr aufkommenden und infolge mangelnden Schneebruchs fortlaufend höher wachsenden Moorkiefern, aber auch durch häufiger werdende Waldkiefern und mit zunehmender Trockenheit und vermehrtem Nährstoffeintrag auch einer ständig steigenden Anzahl von Fichten.

Alle Vorstöße, im Hinblick auf das dort auszusterben drohende Auerhuhn, auslichtend einzugreifen, wurden abschlägig beschieden: sowohl im Bannwald wie im Naturschutzgebiet völlig unmöglich, und außerdem könnten sich die Hühner durch Umsiedlung neue Plätze suchen, hieß es. Eine ganze Zeitlang, bis zu seiner starken Dezimierung (ab Ende der 1970er-Jahre starke Reduktionsabschüsse, bis 1986, FVA briefl.[76]) hat das Rotwild dem Auerhuhn noch viel geholfen, und zwar auf zweierlei Weise. Der auch im Wildseemoor starke Überbesatz hat zum einen viel aufkommende Vegetation durch Verbiss kurzgehalten. Zum anderen wurden für Jäger von den oben beschriebenen im südlichen Moorrandwaldbereich befindlichen Hochsitzen aus in verschiedene Richtungen lange und breite Streifen – sicherlich illegal – so ausgelichtet, dass sie Rotwildjägern als Sicht- und Schießgassen dienen konnten, ohne die die Rotwildjagd im Gebiet praktisch gar nicht möglich geblieben wäre. Von diesen „Pflegemaßnahmen" haben auch die Auerhühner sehr profitiert. Nach der starken Dezimierung der Rotwildpopulation und dem Nachlassen der Hirschjagd sind auch diese Schneisen rasch zugewachsen. Karl Ebert schreibt dazu: „‚Natur Natur sein lassen' hatte dieses bedeutende Auerhuhn-Vorkommen … endgültig besiegelt."[18] Und auch der Vorschlag von Forstdirektor Helmut Weiß, wenigstens den übermäßigen unnatürlichen, weil anthropogen bedingten Fichtenaufwuchs zu eliminieren, wurde abgelehnt.

All diese Beobachtungen wurden von uns natürlich in die Auerhuhn-AG der NLP-Planung eingebracht, aber sie wurden in den Wind geschlagen (erst heuer – sozusagen ein paar Sekunden vor zwölf – sollen doch noch Balzplätze und Brutbereiche ausgelichtet werden). Aber auch dieses Problem wird sich von selbst erledigen, wenn in ein paar Jahrzehnten der gesamte höhere Nadelwald in den ehemaligen Auerhuhn-Gebieten wird abgestorben und in einen nur noch niedrigen Laubmischwald übergegangen sein (siehe letzte Abschnitte).

Zu leichtfertig war auch die Annahme, die großen Stürme wie die Orkane Wiebke 1990 und Lothar 1999, die auch im Schwarzwald schwer gewütet hatten, könnten wie „himmlische Pflegemaßnahmen" auch wieder Freiräume für Auerhühner schaffen, indem sie Teile des „schwarzen Waldes" aufgelichtet haben. Dabei wurde übersehen, dass die Orkane zwar „oben" im Wald ordentlich aufgeräumt, in größeren Flächen ihn sogar wegmarodiert haben, aber „unten", wo sich Auerhühner bewegen müssen, eher starke Verdichtung bewirkten – bis zur Undurchdringlichkeit. Das geschah nach Abtransport von Stämmen einmal durch einen Verhau von Baumkronen, Ästen und Wurzeln, die wie ein Gewirr von Mikadostäbchen selbst für uns ein Begehen oft unmöglich machten – geschweige denn für Auerhuhnküken. Dazuhin bewirkten vermehrter Lichteinfall, Klimaerwärmung und Nährstoffeintrag einen nie zuvor dagewesenen raschen und dichten Aufwuchs von Stauden wie Greiskraut, Disteln, Wasserdost, Himbeeren sowie Holunder-, Faulbaum- und Weidengebüsch und Laubholz wie Eberesche, Birke und viele andere.

Dazu ein kurzer Exkursionsbericht von einer Begehung des Auerhuhn-Gebietes Mooskopf-Edelmannskopf im mittleren Schwarzwald nördlich von Gengenbach am 19. Juli 2002 mit der Auerwildhegegemeinschaft. Auerhuhn-Obmann Manfred Huber erläuterte: Seit geraumer Zeit ist das gesamte vom Auerhuhn besiedelte Gebiet vom Großen Hundskopf bis zum Standort immer „dunkler" geworden, also immer dichter zugewachsen, sodass Hähne im Wesentlichen nur noch auf Wegen balzen und die Population stark im Rückgang begriffen ist und sogar auszusterben droht. Nun, nachdem dort durch Lothar etwa 2000 Hektar Wald gefallen waren, kam Hoffnung auf, davon könnten Auerhühner profitieren. Aber danach sah es bei der Exkursion im Juli nicht mehr aus. Zunächst blieb die Frage offen, wohin es wohl die dort vor Lothar etwa zehn ansässigen Hähne versprengt haben mag und ob sie überhaupt noch leben. Und dann das inzwischen aufgewachsene Ersatz-Biotop! Eine Hochstaudenflur mit Greiskräutern, Dost, Sumpfkratzdistel usw., über denen Schmetterlinge gaukelten und im gleißenden Sonnenlicht ein Baumfalke Großinsekten jagte. Von einem Rehbock, der durch die Stauden zog, waren nur die Spitzen seines Gehörns zu sehen, so hoch war die Vegetation aufgewachsen! Da war in kürzester Zeit eine völlig neue Welt entstanden – anstelle von „Schwarz"-Wald eine Art Blühwiese in Form von einer Hochstaudenflur mit Gebüsch. Auf alle Fälle ein Habitat, in das Auerhühner vor der nächsten Eiszeit ihren Fuß nicht mehr setzen werden, es sei denn, man würde das Gelände mit Monstermaschinen großflächig mulchen – aber wie dann bepflanzen? Trotz allem wurden leichte Abschwächungen im Abwärtstrend des Auerhuhnbestandes im Schwarzwald von 1992 bis 1994 und von 1999 bis 2012 den Auslichtungen durch Stürme zugeschrieben – sie können aber auch durch gewisse Änderungen in der Zählweise bedingt sein, wie oben dargestellt.

„TODSÜNDE" 8: SYMBOLKRAFT – VERKÜMMERN LASSEN

Was hätte man aus dem Begriff „Urhahn", „Auerhuhn" nicht nur als Schirmart für einen artenreichen Märchenwald, sondern als Symbol, als Flaggschiff für den gesamten Schwarzwald alles machen können! Mindestens bis zum Zweiten Weltkrieg war der Auerhahn noch den meisten Schwarzwäldern und auch vielen Gästen ein fester Begriff, und er galt als etwas ganz Besonderes – urig, ein Kampfhahn, eine Art Waldgeist und Repräsentant eines geheimnisumwitterten Märchenwaldes, wie etwa in seinem gallischen Namen Capercaillie, Pferd des Waldes, zum Ausdruck kommt. Dieser Name soll darauf zurückgehen, dass sich sein Balzgesang so anhört, als würde eine Art Pferd, vielleicht ein Einhorn, dahergaloppieren oder wiehern. Was steckt allein schon in der Silbe „Ur", „Auer" – Urkraft wie in Urquell, Urknall, Urtrieb oder mächtiges Rind in Auerochse – und das gepaart mit der Symbolkraft des Hahnes als weltweit verehrtem, stolzem kämpferischem Gockel, der auf chinesischen oder japanischen Gemälden schon vor Tausenden von Jahren ebenso verehrt wurde wie bei uns als vergoldeter Wetterhahn bis auf die höchsten Spitzen unserer Heiligtümer, den Kirchtürmen. In der Verbindung von „Ur" und „Hahn" potenziert sich Urkraft regelrecht, und selbst den wissenschaftlichen Namen des Vogels – *Tetrao urogallus* – kann man sich geradezu genüsslich über die Zunge rollen lassen! So etwas im Schwarzwald zu besitzen, damit hätte man Pfunde wuchern können! Etliche haben das getan – so trugen im Schwarzwald neben den verbreiteten Tiernamen „Zum Adler ... Löwen ... Ochsen ... Lamm oder Schwanen" auch eine ganze Reihe Gaststätten „Zum Auerhahn" im Auslieger. Und auch einige Firmen nutzten das kraftvolle Image des Urhahns, so die bis 2014 in Altensteig produzierende Besteckfirma und dann natürlich die Firma Duravit in Hornberg, die mit ihrem Hahnen-Logo bis hin zu verlässlicher Robustheit ihrer Kloschüsseln wirbt.

Aber inzwischen verblasst die Strahlkraft einstiger Hahnen-Symbolik im Schwarzwald zusehends. Auerhuhn-Besteck – einst ein Produkt von Weltruf – wird nicht mehr hergestellt, beim Logo von Duravit muss man sich schon gut auskennen, um darin einen Auerhahn zu erkennen, und von den Auerhahn-Gaststätten und -Pensionen ist manche am Schwächeln. Auch sind die Hunderte von ausgestopften Hahnen, die früher Schwarzwald-, Heimat- und Jagdstuben zierten, nahezu alle vom Zahn der Zeit zernagt worden. Und dabei hätte man – rechtzeitig begonnen, als Auerhühner noch allgemein präsent waren – so manchen Markt erobern können. Was ist etwa Tannenzäpfchen-Bier von der Rothaus-Brauerei für ein Erfolg geworden, trotz des recht „bescheidenen" Symbols. Nachdem die Brauerei Hasseröder im Harz den Auerhahn zwar im Logo, nicht aber im Namen führt, hätte sich für den Schwarzwald beispielsweise angeboten „Hahnenbräu – das kräftige Bier für starke Männer" – und das zur Balzzeit dann als Doppelbock! Mit einem „Bierpfennig", abgezweigt für den Auerhuhn-Schutz, hätte sich so manche Habitatpflege finanzieren lassen. Oder man stelle sich Folgendes vor: Beim Betreten eines Schwarzwald-Edelhotels mit Wellness-Betrieb, bei nasskaltem Sudelwetter, läuft in der Lobby ein Video-Clip, der zeigt, wie bei einem plötzlich einsetzenden Schneeschauer herzallerliebste Auerhuhnküken zu ihrer Mum eilen und sich im wärmenden Dunengefieder kuschelnd in Sicherheit bringen. Dazu der Text: „Besuchen Sie in unserem Wellness-Bereich die ‚Huderpfanne' – und Sie werden sich kükenwohl fühlen!" Da wäre selbst manche schon allmählich hahnenfedrige, in die Jahre gekommene „Henne" noch mal zum Küken geworden und hätte sich selbst für viel Geld in die Pfanne hauen lassen.

Derartiges schreibend, bekommt man direkt Lust auf eine Auerhuhn-Agentur, unter anderem mit Werbecharakter. Und ohne Spaß: Die war sogar fest geplant, mit Sitz irgendwo zentral im mittleren Schwarzwald, und war Gegenstand letztmaliger großer umfassender Anstrengungen für unser Urvieh – nämlich beim Auerhuhn-Frühstück 2016 in Stuttgart (siehe unten). Aber auch sie ist, wie alles dort großartig Geplante, auf der Strecke geblieben.

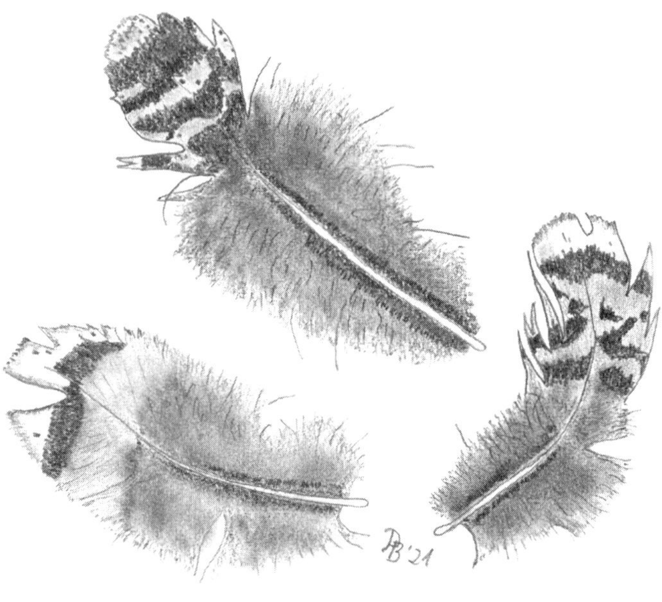

LETZTE ANLÄUFE – UND ABGESANG

Nachdem die AGR nach intensiver zehnjähriger Tätigkeit den Rückgang des Auerhuhns im Schwarzwald nicht hatte eindämmen können und die Bilanz ihrer Arbeit bescheiden ausfiel, wie oben dargestellt, haben dennoch auch die nichtjagenden Auerhuhn-Freunde die Flinte noch lange nicht ins Korn geschmissen – im Gegenteil, es wurden noch mancherlei Anläufe zur Rettung der Waldhühner in letzter Minute gestartet. Die wichtigsten werden hier kurz dargestellt.

2005 wurde in Freiburg der Verein „Wildwege e. V." gegründet, unter der Prämisse „Mensch und Tier in der Kulturlandschaft" und mit dem Ziel „Neue Wege für ein Miteinander von Mensch und Wildtier in unserer Kulturlandschaft zu finden", und zwar von einer „Gruppe von Biologen, Forst- und Geisteswissenschaftlern sowie erfahrenen Praktikern, die sich beruflich und privat mit Wildtieren, deren Lebensräumen und dem Verhältnis des Menschen zum Wildtier befassen". Dieser Verein kümmert sich von Anfang an auch intensiv ums Auerhuhn im Schwarzwald, in enger Verbindung zur FVA, ist aber weisungsunabhängig. In „Wildwege" fand auch die Heinz Sielmann Stiftung einen idealen Partner, mit dem zusammen sie von 2007 bis 2016 insgesamt 282 450 Euro an eingebrachten Spendenmitteln in Biotopflegemaßnahmen für Auerhühner (auf 454 Hektar) umsetzen konnte. Mit dieser hoch erscheinenden Summe konnten jedoch nur etwa ein Prozent der 50 000 Hektar als der für Auerhühner erforderlichen Fläche gepflegt werden – Biotoppflege ist leider sehr aufwendig. Daraus ersieht man auch, dass für die Pflege der gesamten Fläche an die 30 Millionen Euro erforderlich gewesen wären. Die hätte an und für sich das Land für die Erfüllung des Aktionsplans zur Verfügung stellen müssen. Und sie wären auch von der von mir vorgeschlagenen, aber vereitelten „Stiftung Auerhuhn" gut zu beschaffen gewesen. So aber konnte sich auch „Wildwege" nur in sehr beschränktem Maße für die Rettung des Auerhuhns im Schwarzwald einsetzen und insgesamt bis heute nur „einige wenige Prozent" der für die Hühner angedachten Fläche pflegerisch verbessern.

Auch weitere Aktionen wie „Mut zur Lücke" oder „Lücken für Küken", vor allem auch im Privat- und Kommunalwald, waren weit mehr guter Wille als effizient. 2016 hat die Heinz Sielmann Stiftung in Verbindung mit der FVA und mit mir (als damaligem Stiftungsrat und gleichzeitig Mitglied der AGR) noch einmal einen letzten „großen Wurf" gestartet – das sogenannte „Auerhuhn-Frühstück". Das war nicht etwa ein Morgenessen mit gebratenem Auerhahn, sondern damit hatte es – als clevere Idee des Stiftungsvorstandes Michael Beier – folgende Bewandtnis.

DAS AUERHUHN-FRÜHSTÜCK 2016

Das Frühstück wurde anberaumt im Steigenberger Graf Zeppelin Hotel in Stuttgart, direkt neben dem Hauptbahnhof gelegen, für den

17. Februar morgens 8 bis 9.30 Uhr, wenn die Parlamentarier mit Zügen ankommend, sich vom Hauptbahnhof zum nahe gelegenen Landtagsgebäudebereich begaben. Sie sollten also sozusagen unmittelbar vor Dienstantritt beim Anmarsch zur Arbeit zu einem leckeren Frühstück abgefangen und zur Auerhuhn-Problematik hingelenkt werden.

Die Idee hat wunderbar geklappt, anwesend waren Vertreter aller Fraktionen im Landtag, ebenso der einschlägigen Ministerien sowie die Leitung der FVA und sogar der Forstpräsident persönlich. Rudi Suchant und ich haben die äußerst prekäre Situation des todkranken Auerhuhn-Bestandes im Schwarzwald dargestellt mit einem flehentlichen Aufruf an alle – egal, wer die nächste Wahl gewinnen würde –, endlich alle erdenklichen Anstrengungen zu machen und zu bündeln, um den gefiederten König des Schwarzwaldes doch noch retten zu können. Alle Anwesenden haben nicht nur das Frühstück gepriesen, sondern unisono nahezu euphorisch ihre volle Unterstützung zugesagt, und dafür gab es natürlich von Seiten der Auerhuhn-Anwälte klare Vorstellungen, vor allem: umgehend großflächige und intensive auerhuhngerechte Habitatpflegemaßnahmen in verschiedenen Regionen im Schwarzwald, Einrichtung einer Auerhuhn-Agentur, zentral im mittleren Schwarzwald angesiedelt, die sich in allen möglichen Bereichen um Schutz und Erhalt des Auerhuhns im Schwarzwald kümmert, und zeitnaher Bau einer großen Schauvoliere mit Auerhühnern im Nordschwarzwald zur besseren Information und Einbindung der Öffentlichkeit in den Auerhuhn-Schutz.

Inzwischen sind wieder fünf wertvolle Jahre ins Land gegangen, das seinerzeitige Frühstücksbüffet ist lange abgeräumt, der Hauptbahnhof sogar teilweise abgerissen, und mit all diesen Vergänglichkeiten sind leider auch die damaligen wunderschönen Träume im Winde verweht.

ANLÄUFE SEIT 2019

2019 – also vorletztes Jahr – wurde schließlich noch ein „Verein Auerhuhn im Schwarzwald e. V." gegründet mit dem Ziel, das Auerhuhn im Schwarzwald zu retten. Geleitet wird er derzeit von Dr. Eberhard Aldinger, einem im Ruhestand befindlichen ehemaligen Mitarbeiter der FVA. Der Verein soll sich vor allem um regionale räumliche Konzeption, Öffentlichkeitsarbeit und Finanzierung kümmern. Und dann ist wohl noch erwähnenswert, dass sowohl das Forschungsprojekt „Windenergie und Auerhühner" abgeschlossen wurde und Ergebnisse vom Hauptbetreuer, Dr. Joy Coppes, demnächst veröffentlicht werden, und dass ebenso das 2006 gestartete Projekt „Kükenmonitoring", 14 Jahre lang durchgeführt unter Leitung von Dr. Karl-Eugen Schroth, beendet wird. Dessen Hauptergebnis lautet: Der Reproduktionserfolg war in den meisten Jahren schlecht – unzureichend.

Das Jahr 2020 brachte uns drei hochinteressante Mitteilungen über Auer- und Haselhuhn im Schwarzwald, nämlich im (erstmals veröffentlichten) „Wildtierbericht 2018 für Baden-Württemberg", herausgegeben vom MLR in Stuttgart, der nun alle drei Jahre erscheinen soll. Es sind dies der Abschnitt 4.5.3 „Aktionsplan Auerhuhn" sowie die Art-Dossiers 5.5.5.3 „Auerhuhn" sowie 5.5.5.4 „Haselhuhn".

Dem „Aktionsplan" ist in dem 344 Seiten starken Band eine Seite gewidmet, die Hälfte davon nimmt ein Auerhuhn-Foto ein. Auf insgesamt 47 Zeilen Text erfahren wir unter anderem: „Seit den 1930er-Jahren sind die Bestände des Auerhuhns im Schwarzwald kontinuierlich gesunken … Durch seine spezifischen Habitatansprüche ist das Auerhuhn eine wichtige Indikator- und Schirmart für Biodiversität … Damit eignet sich das Auerhuhn besonders gut als Fokusart, um im Schwarzwald großflächige Lebensräume zu erhalten und zu schützen … Das Ziel des Aktionsplans ist es, eine überlebensfähige und vernetzte Population im Schwarzwald zu erhalten … Der Aktionsplan muss als Gesamtkonzept zur Erfüllung ökologischer und ökonomischer Ziele angesehen werden und wurde nicht allein für das ‚Auerhuhn' entwickelt. Vielmehr sind die verschiedenen Nutzungen des Schwarzwaldes (Waldwirtschaft, Tourismus …) integriert worden … Der Aktionsplan trat 2008 in Kraft und gilt zunächst über einen Zeitraum von 25 Jahren bis 2033. Nach 2018 ist eine umfangreiche Evaluation und die Überprüfung der Zielerreichung … vorgesehen."

Das wird eigentlich kaum nötig werden, denn im Art-Kapitel „Auerhuhn" erfahren wir: „Die Bestandssituation des Auerhuhns (im Schwarzwald) ist als sehr ungünstig zu bewerten. Der Bestand hat sich in den letzten fünf Jahren so negativ entwickelt, dass es unklar bleibt, ob die Grenze für eine überlebensfähige Population unterschritten ist … Da die (im APA) qualitativ und quantitativ vorgegebenen Maßnahmen nicht ausreichend umgesetzt wurden, müssen die Evaluierung und Umsetzung des Planes in allen Handlungsfeldern oberste Priorität haben. Das ist nur machbar, wenn alle Aktivitäten professionell initiiert, begleitet, koordiniert und dokumentiert werden … Hierfür ist eine Koordinationsstelle einzurichten … Die Zuordnung zum Schutzmanagement wird aufgrund der Bestandssituation des Auerhuhns weiterhin empfohlen."

Für mich heißt das kurz und bündig zusammengefasst: ein Abgesang! Auerhuhn? Dumm gelaufen, schade. Einen APA war's wert – und nun begleitet und dokumentiert mal schön, am besten über eine Koordinationsstelle, nämlich den Abgesang.

Hochinteressant auch, wie das seit langem völlig aus dem Schwarzwald verschwundene Haselhuhn behandelt wird: „Die Bestandssituation … ist unklar. Seit über zehn Jahren gibt es keine gesicherten Nachweise mehr, da die wenigen eingegangenen Beobachtungen nicht eindeutig verifiziert werden konnten. Vorrangig im Haselhuhnschutz ist es, geeignete Lebensräume zu erhalten, zu schaffen und zu vernetzen." Und das für eine Art, die bis auf ein paar verschwindende Reste im Bayerischen Wald und im Alpenraum in ganz Deutschland ausgestorben ist! Übrigens: Da gab es auch nichts zu „verifizieren". Die AGR hatte um 2000 eine „schnelle Spezialistentruppe" eingerichtet, die Meldungen rasch, auch vor Ort, überprüfen konnte. Aber die Nachprüfungen brachten fast durchweg eindeutig negative und kaum fragliche Befunde. Als dann noch ein ausgewiesener Fachmann – Markus Handschuh – für seine 2004 publizierte Diplomarbeit[24] den ganzen Schwarzwald auf Haselhühner durchkämmt hatte, war klar, die Art ist aus diesem Gebirge verschwunden.

Der Haselhuhn-Passus im Bericht klingt für mich in etwa so, als würde ich über meinen 1994 verstorbenen Vater lesen: Sein Verbleib ist seit langem unklar (stimmt – ich hoffe, er ist im Himmel, aber wer weiß). Aber zur Vorsicht wollen wir doch sein Haus, sein Bett und seinen Garten bereithalten. Wie schön!

Ja – und dann kam sie doch noch – die Evaluierung des APA – 2019, herausgegeben von der Landesforstverwaltung und der FVA für den Maßnahmenplan 2008 bis 2018 und auch mit „Empfehlungen" für den Maßnahmenplan 2020 bis 2025 – mit 133 Seiten plus elf Seiten Maßnahmenplan ein stattliches Werk – und sozusagen in Bezug auf jeden derzeit noch im Schwarzwald lebenden Auerhahn mehr als eine Seite!

In der Zusammenfassung erfahren wir: „Die Evaluation wurde gemeinsam von der Forstlichen Versuchs- und Forschungsanstalt Baden-Württemberg (FVA), einem externen Expertenteam und einem Juristen in Abstimmung mit einem Projektbeirat durchgeführt." Über die Situation des Auerhuhns informiert darin ein kurzer Absatz von acht Zeilen: „Der Rückgang des Auerhuhn-Vorkommens konnte nur in den ersten fünf Jahren nach der Einführung des

Aktionsplans Auerhuhn im Jahr 2008 gestoppt werden (?). Dagegen haben in den vergangenen fünf Jahren sowohl die Anzahl balzender Hähne als auch die besiedelte Fläche stark abgenommen. Somit sind die Ziele des Aktionsplans Auerhuhn im Hinblick auf den Erhalt der Populationsgröße und der besiedelten Fläche bis zum Jahr 2018 nicht erreicht worden." Letzteres klingt ähnlich wie im oben zitierten „Wildtierbericht", in dem dem Auerhuhn im Schwarzwald ja schon eine Art von Abgesang zuteilwurde. Dass hier im Evaluationsbericht milder formuliert, ein enormer Aufwand betrieben und sogar ein Jurist mit einbezogen wurde, hat sicher seinen guten Grund. Im nächsten Absatz der Zusammenfassung erfahren wir: „Der verabschiedete Maßnahmenplan 2008 bis 2018 dient der Einhaltung internationaler, europäischer und nationaler Verpflichtungen Baden-Württembergs für die Erhaltung der vom Aussterben bedrohten Auerhuhn-Population. Daher hat die Zielerreichung eine hohe rechtliche Verbindlichkeit."

Das heißt im Klartext: Bei den wenigen noch verbleibenden und zudem weiterhin stark zurückgehenden Urhühnern müssen wir nun tatsächlich, ob wir wollen oder nicht, mit dem Erlöschen der Schwarzwaldpopulation fest rechnen. In dem oben zitierten Bericht im „Spiegel" über den Totschlag eines Auerhahns am Feldberg wird der dortige Obmann – Christian Sütfeld – zitiert: „Dass es noch Hoffnung für den Auerhahn im Schwarzwald gebe … glaube er nicht. Bald werde Tetrao urogallus fort sein, ausgestorben" – und ganz ähnlich äußern sich derzeit die allermeisten Kenner der Schwarzwald-Auerhuhn-Population. Ja – und dann drohen tatsächlich ernste Konsequenzen aus Brüssel, nach sorgfältiger Prüfung eventueller Versäumnisse usw. auch saftige Geldbußen – und da ist natürlich rechtzeitige Absicherung schon angesagt.

Aber – wir sollten uns auch nicht allzu bange machen lassen. Nach Corona, afrikanischer Schweinepest und bis dahin wahrscheinlich vieler weiterer Horrorszenarien wird man wohl wegen ein paar letzter heimlich, still und leise in den Vogelhimmel heimgekehrter Auerhühner kein großes Aufheben mehr machen. Schließlich dürfte ja auch noch das alte Sprichwort Bestand haben, nach dem erfahrungsgemäß keine Krähe einer anderen ein Auge aushackt. Und mit diesen Aussichten können wir wohl in etwa so weitermachen wie bisher. Oder sollten wir erleben, dass für die noch verbliebenen gut 100 Auerhennen im Schwarzwald in den nächsten drei Jahren schnell noch große Gebiete kükenaufwuchsgerecht zurechtgepflegt werden? Immerhin – „der Maßnahmenplan 2020 bis 2025 fokussiert sich auf drei Säulen …", neben „Prädatorenmanagement" und „Verminderung anthropogener Störung und Gefährdung" auch auf „Erhalt und Wiederherstellung des Lebensraums", und dafür werden inzwischen 59 000 Hektar Vorrang- und 57 000 Hektar Ergänzungsflächen ausgewiesen, plus Korridore und Trittsteine. Bevor ich in Versuchung komme, mich dazu weiter zu äußern, werfe ich lieber im letzten Kapitel einen Blick in die etwas fernere Zukunft.

DIE SCHULDFRAGE

Nun, gegen Ende der Auerhuhn-Misere, die spannende Frage: Wer ist letztlich schuld daran, wenn das Auerhuhn in absehbarer Zeit im Schwarzwald ausstirbt, so wie bereits unsere anderen beiden dort vorgekommenen Raufußhuhnarten, das Birkhuhn schon 1978 und das Haselhuhn um 2000[39] endgültig aus Baden-Württemberg verschwanden? Diese Frage stellt sich wohl jeder Leser dieser Hommage, und die kann ich nicht einfach im Raum stehen lassen. Sie ist nach reiflichen Überlegungen, vielleicht überraschend, leicht zu beantworten: Schuld sind wir alle! Wie für das Verschwinden der Rebhühner aus unseren Feldfluren, der Schwalben aus unseren Kuhställen und von den Dachtraufen unserer Häuser, so tragen wir auch für das Ende unserer Auerhühner eine Kollektivschuld. Das gilt auch für die, die vom Auerhuhn nie im Leben etwas gehört haben noch je im Schwarzwald gewesen sind und dort eventuell hätten Auerhühner beeinträchtigen können – aber ihre Lebensart hat sich bis auf die Auerhühner tief im Walde negativ ausgewirkt. Ausgenommen von dieser Kollektivschuld ist nur eine Handvoll Mitbürger wie ein paar restliche Mönche und Nonnen oder „Ökospinner“, die so nachhaltig leben, dass sie in ihrer Umwelt keine Wunden und Narben hinterlassen.

Wir aber haben mit unserer undurchdachten, verantwortungslosen Massenvermehrung, gepaart mit wachsender Maßlosigkeit, Hab- und Raffgier, zunehmendem Anspruchsdenken und Egoismus, mit Leichtfertigkeit, Unverfrorenheit, Ignoranz und manchem mehr weltweit nahezu unsere gesamte Umwelt regelrecht ausgeräumt. Bei uns zum einen von dem, was uns irgendwie geschadet hat, wie etwa Braunbär, Wolf und Luchs oder Bartgeier, Uhu und Schlangenadler – was zum Teil auch noch als Heldentat gefeiert wurde – und zum anderen von all dem, das sich an unser marodes Umweltgebärden nicht entsprechend anpassen konnte, wie Lachs und Stör aus dem Rhein, Rebhuhn und Lerchen aus den Feldfluren und nun eben das Auerhuhn bis aus den entlegensten Wäldern auch im Schwarzwald.

Während Aborigines, Indianer, Papuas und viele andere mit ihren Mitlebewesen nachhaltig in Einklang leben wie einst auch unsere Ur-Vorfahren, wurde bei uns mit Beginn der Christianisierung umgeschaltet. Ein ideal gestrickter Gott, zu dessen Ebenbild und als Krone seiner Schöpfung wir uns auch noch selbst ernannten, stiftete uns angeblich dazu an, uns die Erde untertan zu machen. Und wenn wir sonntags bigott zur Kirche und gelegentlich zur Beichte gingen, konnten wir unter der Herrschaft dieses barmherzigen vergebenden Gottes die Woche über getrost sündigen bis hin zu mörderischen Kreuzzügen – und das geschah fürwahr, vor allem auch im Walde. Das begann schon, als unseren „heidnischen“ Vorfahren ungeachtet ihrer Nachhaltigkeit ihre ihnen heiligen Kultbäume (Thing-Bäume, meist Linden, Eichen) umgehackt und durch Kapellen ersetzt wurden, für die ordentlich Bauholz vonnöten war, ebenso wie für die nun überall gezimmerten Kreuze als Symbol für einen allein seligmachenden Weg in eine heile Welt.

Und die war in unseren Wäldern bald zu spüren. Schon im frühen Mittelalter setzten in Mitteleuropa dermaßen marodierende Waldrodungen ein, die ganze Landstriche erfassten, wie für Norddeutschland beschrieben. Sie machten auch vor dem Schwarzwald nicht halt, dessen Wälder im 18. Jahrhundert als in jämmerlichem Zustand befindlich beschrieben wurden. Rigoroser Einschlag für Bau- und Brennholz, Material für den Schiffsbau, das vom Schwarzwald bis nach Holland geflößt wurde, für Bergwerke, Köhlereien und Glashütten, all das und anderes mehr an Holzgier räumte die Wälder aus. Und der dringend benötigte Aufwuchs von Jungbäumen – die Naturverjüngung – fiel vielerorts dem Vieh zum Opfer, das seinerzeit zur Waldweide in die ausgedünnten Forste getrieben wurde. Vielleicht überraschend: Von diesen lichten Wäldern mit ausgedehnter Bodenfreiheit haben Auerhühner, solange keine großen Kahlflächen entstanden, verbreitet sogar eine Zeitlang profitiert – schlimm und schlimmer wurde es für sie vor allem danach.

Anfang des 19. Jahrhunderts begann die Wende: Das Vieh wurde aus dem Walde verbannt, die Waldweide, das damit verbundene Weidbrennen und die Streunutzung wurden ab 1833 beschränkt und schließlich (endgültig ab 1950) „faktisch nicht oder kaum (mehr) möglich"[43, 18], und es begann intensive Wiederaufforstung durch Bepflanzung. Bald setzte sich dabei die Fichte als günstig und begehrt an die Spitze der Maßnahmen, und damit begann mit dem neuen „Brotbaum der Waldbesitzer" eine heillose Verfichtung Deutschlands und auch großer Teile des Schwarzwaldes, die ihn schließlich zum vielerorts „schwarzen Walde" machte. Betrugen dort früher (im 19. Jahrhundert) Holzvorräte pro Hektar etwa 150 bis 250 Festmeter, konnten in dicht bepflanzten hochaufwachsenden Fichtenmonokultur-Stangenplantagen Werte von 500 bis 600, im Extrem sogar bis zu 900 Festmeter erreicht werden! Das war dann kohlpechrabenschwarzer Schwarzwald, und darin konnte natürlich kein Auerhuhn mehr leben. Damit war der Wirtschaftswald zur Holzfabrik geworden, und bei dem ständig steigenden Bedarf an Holz wurde jede nur erdenkliche Ecke zugepflanzt.

Dabei fiel das Augenmerk bald auch auf die Tausenden von größeren und kleineren Moore und anmoorigen Stellen im Schwarzwald – das Auerhuhn-Eldorado. Und da sich auf ihnen Fichten schlecht pflanzen ließen und nicht recht gediehen – rotfaul wurden –, begann schon im 18. Jahrhundert etwa im Wildseemoor[49] eine Entwässerung dieser Feuchtgebiete, die im Laufe der Zeit ausnahmslos jede moorige Fläche im Schwarzwald erfasste und die bis heute, verkappt mit Wegebaumaßnahmen, immer noch anhält.

Zudem wurde der weniger ergiebige Brotbaum der Auerhühner – die Kiefer – zurückgedrängt. Ihr Anteil fiel etwa im Staatsforst Kaltenbronn, dem einstigen Auerwildparadies, von etwa 75 Prozent Waldanteil um 1840 auf derzeit circa zehn Prozent[38].

Alle diese auf Holz ausgerichteten Waldbaumaßnahmen wurden dann bereits im 19. Jahrhundert dermaßen forciert, dass sich im größten Mittelgebirge Deutschlands, dem Schwarzwald, dem Auerhuhn „ums Verrecken“ nicht mehr genügend Lebensraum gegönnt werden konnte – es verlor seine Märchenwälder und begann, im Bestand mehr und mehr abzunehmen.

Dazu beigetragen hat über Jahrzehnte ein weiteres todbringendes Übel: Drahtgitter-Einzäunungen um Schonungen herum zur Verhinderung von Wildschäden. An diesen Zäunen sind wie durch eine Art moderne „Fallenstellerei“ in unseren Wäldern Tausende von Auerhühnern zu Tode gekommen – sie machten bis gegen 30 Prozent aller bekannt gewordenen Todesursachen aus und damit mehr als durch Fuchs und Habicht (beide je um die 20 Prozent[22]). Und leider haben die Waldbauern verschiedenster Couleur, um diese Schäden wohl wissend, die Zäune im Laufe der Zeit zwar reduziert, aber in ihrer Holzgier bis heute längst nicht aufgegeben.

Eine weitere Todesursache, die möglicherweise zeitweilig eine große Rolle gespielt hat, ist bisweilen starker Pestizideinsatz im Forst[5], was aber trotz verdächtiger Hinweise nie systematisch untersucht worden ist.

Zurück zur Schuldfrage. Wer trägt die Schuld an der unheilvollen Verfichtung – der Waldbauer in seinem kleinen Privatwald, der Förster im großen Staatswald, Sägewerkbetreiber oder Papierfabriken und Druckereien oder die wie Pilze aus dem Boden schießenden Möbelwerkstätten, die alle nach immer mehr Holz verlangten? Bald in einem Ausmaß, dass wir selbst bei einer Waldfläche, die rund ein Drittel Deutschlands bedeckt, unsere Holzgier nur noch mit Importen von Tropenholz, Holz aus der Taiga und Holzkohle – vor allem zum Grillen – bis aus Namibia einigermaßen befriedigen können!

Und da sind die Schuldigen schnell wieder ausgemacht: Es sind wieder wir alle! Wurde früher noch Omas Küchenschrank weitervererbt und von Generationen benutzt, reichte schon bald eine neue Einbauküche nicht mehr aus – sie musste, ebenso wie die Wohnzimmergarnitur, mindestens noch einmal im Leben, etwa beim Umzug in ein großes Eigenheim, erneuert werden. Und das hatte neben dem üblichen Gebälk möglichst große Holzböden, Holzdecken und natürlich einen offenen Kamin, der ganze Stapel großer Scheite verpulverte – ganze Parzellen Wald sozusagen.

Und dann wurde die Holzgier nochmals gesteigert: durch Hackschnitzel – für „umweltbewusstes" Heizen selbst riesiger Festhallen (auch mit Rohmaterial bis aus Übersee).

Aber nicht nur mit unserer Holzgier haben wir die Auerhühner nahezu vollständig aus dem schwarzen Walde hinausgewirtschaftet. Da, wo sie sich noch in Restbeständen halten konnten, sind wir ihnen immer mehr auf die Pelle gerückt mit ständig wachsendem Tourismus und seinen zunehmend ausufernden Aktivitäten und Auswirkungen bis in nahezu alle verbliebenen Auerhuhn-Refugien hinein. Wo früher noch bis in die 1960er-, 1970er-Jahre einzelne Wandersleut oder allenfalls Gruppen von Waldgängern unterwegs waren, bewegen sich heute Menschenmassen wie Ameisen – vom Feldberg bis zum Wildsee oder zur Hornisgrinde. Längst ist auch der einst von Eduard Mörike in einer Ballade bedachte sagenumwobene, von Geistern bewohnte Mummelsee mit einer ganzen Serie von Parkplätzen zum profanen Rummelsee geworden.

Die „Bunte" berichtet in ihrer Ausgabe vom 20. August 2020, Heft 35, unter „Waldbesuch": „Der Nationalpark Schwarzwald verzeichnete bereits im ersten Halbjahr 50 Prozent mehr Besucher. 2019 waren es insgesamt 778 000 Wanderfreunde." In einem vom SWR ausgestrahlten Film konnte man kürzlich sehen, wie diese „Naturfreunde" sich dort bewegen: Zum Teil mit Stirnlampen ausgerüstet auf Nachtwanderungen bis in die Kernzonen hinein – die letzten Rückzugsgebiete hochgradig bedrohter Arten – etwa nach dem Motto „Der deutsche Wald gehört – auch dem Gesetz nach – allen". Und im SWR Hörfunk berichtete im Januar 2021 der nicht wenig überraschte Wetterreporter, dass im Bereich des neuen Parks gemäß seinem Motto „Eine Spur wilder" nächtens, wenn für alle armen Wildtiere absolute Ruhe eingemahnt wird, lärmende Pistenbulli-Ungetüme an die 150 Kilometer Loipen bahnen – Homo barbarus rabiatus graviert damit wahrlich wilde Spuren in ein Schutzgebiet!

In dieses Spannungsfeld unseres multifunktionalen Schwarzwaldes zwischen Holzfabrik, Touristenrummelplatz, Refugium für Restnatur und vielem mehr wurde 1995 von der Landesforstverwaltung Baden-Württemberg die „Arbeitsgruppe Raufußhühner" (AGR) hineingegründet, um ein „integratives Schutzkonzept" für die gefährdeten Waldhühner zu entwickeln. Im Hinblick auf die inzwischen riesigen und vielfältigen bestehenden Probleme durch Waldbau, Tourismus und anderem mehr war das wie ein David, der sich mit einem Goliath hätte auseinandersetzen müssen – eine kleine heterogene Truppe, arm an Mitteln, ohne sonderliche Befugnisse, eigentlich ein Himmelfahrtskommando.

Als Leiter dieser AG wurde Dr. Rudi Suchant berufen – Forstmann und schon von der Tätigkeit seines Vaters im Fürstlichen Fürstenbergischen Forst her –, mit Auerhühnern bestens vertraut, über die er auch promovierte. Er versteht es, nunmehr ein Vierteljahrhundert lang mit unendlicher Geduld einiges für unsere Hühner zu erreichen, aber natürlich zu wenig, als dass sie im Fortbestand gesichert wären. Trifft ihn, als Frontmann, damit mehr Schuld als andere, hätte er nicht erkennen müssen, dass weit mehr verlangt war, als getan wurde, und hätte er sich nicht weit mehr engagieren müssen? Wer die Verhältnisse kennt, wie ich, weiß, dass das ein Unding gewesen wäre. Hätte er sich mehr aus dem Fenster gelehnt, wäre er – bildlich gesprochen – in Teufels Küche geraten, wäre er noch viel mehr mit Kontrahenten wie Holzbaronen, Touristenfördervereinen u. a. angeeckt als ohnehin schon. Wären in der FVA mehr Beschwerden über ihn eingegangen über zu viel des Guten für Auerhühner, etwa von Windkraftanlagen-Erbauern oder über viel zu wenig von Seiten von Naturschützern, wäre er mit Sicherheit abberufen und durch einen konzilianteren Taktiker abgelöst worden. Mir wäre das mit Sicherheit passiert, wie früher um Haaresbreite in meinem Institut[9], und das hätte den Waldhühnern auch nicht mehr geholfen. Ich habe Rudi Suchant um seinen Job als Kämpfer mit den „zivilisierten Prädatoren“ an allen Fronten nie beneidet, aber oft bewundert – und er hat sich in einem äußerst schwierigen Kampfgetümmel wacker geschlagen.

Bleibt die nächsthöhere Ebene zu beleuchten. Hätten nicht die Leitung der FVA oder die „mächtigen“ Leiter großer Forstämter mehr fürs Auerhuhn tun können? Dazu ein Beispiel für viele, das alles Nötige dazu sagt. Als ein Forstamtsleiter, in einem großen Waldgebiet im Nordschwarzwald tätig, vor Jahren seinen Waldbewirtschaftungsplan nach den Vorgaben des vom zuständigen Ministerium erlassenen „Aktionsplan Auerhuhn“ (APA) ausgerichtet und dem Ministerium in Stuttgart vorgelegt hatte, kam von dort Kritik – es sei im Hinblick auf mehr Wirtschaftlichkeit nachzubessern. Als der Forstmann hartnäckig blieb, meldete sich Besuch aus Stuttgart an – zur gemeinsamen Waldbegehung und Besprechung vor Ort. Der clevere Forstmann lud zu diesem Ortstermin Auerhuhn-Spezialisten aus der AGR hinzu, die den Kontrolleuren schnell klarmachen konnten, dass gemäß Aktionsplan eigentlich noch mehr auerhuhngerechtes und noch weniger auf Ertrag ausgerichtetes Waldmanagement erforderlich wäre. Zufall oder nicht – der Forstmann wurde später aus dem Schwarzwald wegbefördert ...

Bleibt die oberste Ebene nach Schuldigen auszuloten. Wir erinnern uns: Im Vorwort zum APA hatte der Minister Peter Hauk formuliert: „Eine ... überlebensfähige Auerhuhn-Population benötigt im Schwarzwald eine Fläche von circa 50 000 Hektar ... eine solch große Fläche kann ... nicht allein mit der Zielrichtung Auerhuhn-Schutz gepflegt werden ... Vielmehr müssen die verschiedenen Nutzungsformen ... Waldwirtschaft, Tourismus, Jagd, Landwirtschaft ... integriert werden“ – in einem „partizipativen Prozess.“ Im Klartext heißt das: Die Hühner bräuchten zwar 50 000 Hektar, aber die können wir ihnen nicht einfach (zurück-)geben, sondern man muss sehen, ob nach vielerlei Kompromissen hoffentlich für sie so viel dabei herauskommt, dass es wenigstens für einen Teil der Population doch noch zum Überleben reicht. Ist damit nicht endlich der Hauptschuldige gefunden, der mit seinem zaghaften Taktieren ein so hohes Risiko eingeht, dass damit eigentlich der Niedergang der Auerhühner im Schwarzwald schon besiegelt ist?

Ganz gewiss auch nicht. Auch der Minister ist, selbst wenn er wie Hauk aus dem Forstfach kommt, kein Kaiser Wilhelm oder wenigstens ein Herzog von Württemberg, die per Dekret hätten anordnen können, dass, sagen wir, die Hochlagen vom Feldberg bis zur Hornisgrinde fortan als Auerhuhn-Schutzgebiete fungieren – basta! Hätte sich Hauk nicht sehr diplomatisch, sondern eher vehement bis brachial für tatsächlich effektive Umsetzung des APA eingesetzt, wäre massives Aufbegehren von Waldbesitzern, Bürgermeistern, Landräten und vielen anderen in einer konzertierten Aktion die Folge gewesen, die je nach Stärke des ministeriellen Druckes bis zu einem politischen Erdbeben in Stuttgart geführt hätte – und damit wäre das Vorhaben, schon im Hinblick auf die nächsten Wahlen, zurückgepfiffen worden. Auch ein recht mächtig erscheinender Minister hängt in unserer Demokratie fest in den Gummiseilen der verschiedensten Interessenvertreter und kann sich auch für einen wundervollen Vogel wie das Auerhuhn, selbst wenn er es noch so lieben würde, nur in penibel angemessenen Maßen einsetzen.

Bleibt also: Wir alle sind schuld am Verschwinden der Auerhühner aus dem Schwarzwald. Bis auf wenige bescheidene Außenseiter mögen wir Holz, Pilze, Heidelbeeren, Wanderwege, Mountainbikestrecken und und und viel lieber als Auerhühner. Und selbstverständlich sollen auch diese Hühner im Schwarzwald verbleiben dürfen, aber nur, wenn sie uns dabei nicht sonderlich einschränken und keinen Ärger machen, denn nochmals: Der Wald gehört schließlich allen, und wir brauchen doch so dringend Erholung, am meisten von uns selbst!

So werden die Auerhühner den Birk- und Haselhühnern folgen, wie den Rebhühnern, den 80 Prozent Vogelindividuen, 80 Prozent aller Insekten und rund 50 Prozent aller sonstigen Tiere und Pflanzen, die wir seit 1800 aus unserer Umwelt in Deutschland hinausgewirtschaftet haben – mit Habgier, Raubbau und unsäglichem Anspruch und Rücksichtslosigkeit (dargestellt in meinem Buch „Unsere Vögel …“, 2017, Ullstein). Und selbst wenn sich allmählich die Erkenntnis durchsetzt, dass Artenvielfalt nicht nur schön sein kann, sondern unsere einzig wirksame Überlebensversicherung darstellt, bleiben Gegenmaßnahmen bescheiden, weil sie uns sonst zu sehr einschränken würden. So schicken wir bisher auch da, wo es bereits lichterloh brennt, wie eh und je immer nur ein kleines Feuerlöschwägele los, in der Hoffnung, dass es doch etwas ausrichten möge – so wie 1995 die AGR wie ein Häuflein der sieben Aufrechten in einem Hundertfrontenkrieg ums Auerhuhn. Und obwohl das Urhuhn im Schwarzwald inzwischen in den letzten Zügen liegt – auf alle Fälle auf der Intensivstation –, sind auch jüngste letzte Notmaßnahmen wie Gründung eines „Vereins Auerhuhn e. V." oder Aktionen wie „Mut zur Lücke" und „Lücken für Küken" wohl gute Ideen, aber letztere nur lahme Krücken.

Obwohl uns inzwischen in vielen Bereichen das Wasser bis zum Hals steht – flächendeckendes Waldsterben in ganz Deutschland, Wasserverknappung von der Ost- und Nordsee bis in die Alpen, Versteppung unserer landwirtschaftlichen Nutzflächen, Massenvermehrung von Parasiten u. a. m., ist ein Umdenken oder gar eine Rückkehr zu mehr Nachhaltigkeit in unserer hemmungslosen Habgier- und Spaßgesellschaft nirgendwo in Sicht. Früher war ich der Meinung, mittlere Katastrophen könnten den Homo suizidalis noch dazu bewegen, wie etwa im Falle der Atomkraft. Tschernobyl hatte seinerzeit noch nicht viel bewegt, aber Fukushima – als mittlere Katastrophe – hat uns immerhin in Deutschland den Ausstieg aus der Atomenergiewirtschaft beschert. Aber angesichts der Reaktion unserer Gesellschaft derzeit auf Corona – die nicht einmal Vernunft für etwa ein Jahr Verzicht auf Auslandsurlaub oder auf Wirtschaftswachstum aufbringt, ohne ein Lamentieren wie von hoffnungslos verzogenen Kindern –, da sieht es sowohl düster wie erschreckend aus. Geradezu Ungeheuerliches haben uns die ersten Wintertage Anfang Januar 2021 offenbart – von den Küsten im Norden über alle Mittelgebirge bis in den Alpenraum, und so auch ganz extrem im Schwarzwald: Trotz aller Aufrufe von Ministerien, Virologen, Parkrangern, Naturschützern u. a., im Heimbereich zu verbleiben, derartig massenhafter Ansturm auf die Hochlagen vom Feldberg bis zur Hornisgrinde, dass nicht nur alle Parkplätze vom „Rummelsee“ über den Ruhestein bis Kaltenbronn überfüllt waren, sondern wegen Wildparkens, chaotischen Verkehrsverhältnissen, Nichteinhalten von Mindestabständen auf Pisten u. a. sogar die Zufahrtsstraßen gesperrt werden mussten. Da offenbarte sich die grauenvolle Fratze des Homo egoisticus rigorosus wie kaum je zuvor und machte klar: Mit dieser rücksichtslosen Konsumgesellschaft und ihrer entsprechend heranwachsenden Brut – nahezu ohne jeden Anflug von sapiens – wird sich nie und nimmer nachhaltiger Umweltschutz, geschweige denn Naturschutz durchführen lassen. Da wird auch das derzeitige Corona-Pandemiechen, wie wir sehen, nicht viel bewirken – da müssen ganz andere Kaliber kommen, also ordentliche Katastrophen – und die stehen vor der Tür, u. a. auch nach Ansicht vieler Epidemiologen, und durchaus auch wieder gravierend wie einst die Pest.

Und damit wird sich auch die Schuldfrage für das Verschwinden des Auerhuhns aus dem Schwarzwald bald erledigt haben. Noch vor zehn Jahren habe selbst ich die Prognose, etwa von der FVA gestellt, wir würden in den nächsten Jahrzehnten durch die rezente Klimaerwärmung wohl nahezu unseren gesamten Fichtenwald verlieren, für übertrieben gehalten. Wer sich jedoch heute durch Deutschland bewegt, sieht, dass die Fichten inzwischen tatsächlich überall im Land selbst auf großen Flächen absterben, und mit ihnen Kiefern, Tannen – auch Douglasien – und ebenso viele Laubbäume wie Buchen, Eichen, Eschen und andere, von Ulmen gar nicht mehr zu reden. Und das gilt auch für die Moorkiefern, da inzwischen selbst für sie die noch einigermaßen erhaltenen etwa 75 Moorstandorte im Schwarzwald zu stark austrocknen[62] und dort auch zunehmend weitere Moor-Futterpflanzen für Auerhühner aussterben (Sperle & Bruelheide 2021, Biodiversity & Distributions).

Was sich neu etablieren wird, ist eine Art Buschwald: gut ein Drittel niedriger als alle unsere bisherigen Wälder, fast reiner Laubmischwald, und anfänglich mit dichtem Unterwuchs aus Sträuchern wie Holunder, Weiden, Hartriegel, Schlehen usw. und vielerlei Hochstauden. Darin werden sich Mönchsgrasmücke und Rotkehlchen, Amsel und Zaunkönig, Buchfink und Grünling und wenige weitere Vogelarten wohlfühlen. Und diese neuen Niederwälder, die an trockenen Standorten an Macchien im Mittelmeerraum erinnern werden, können sich vielleicht noch dunkel daran erinnern, dass ihre Vorgänger einmal Hauben- und Tannenmeise, Schwarz- und Grauspecht, Waldbaumläufer und Wintergoldhähnchen und sogar Hasel- und Auerhuhn Heimat gegeben haben.

Wer sich fragt, warum in obiger Aufzählung nicht auch die Kohlmeise dabei ist – ganz einfach: Selbst ihr Schicksal ist inzwischen ungewiss. Im Buschwald wird es so gut wie keine Höhlen geben, in denen Höhlenbrüter nisten könnten. Und ihr derzeitiger Hauptlebensraum, Streuobstanlagen, schrumpft dramatisch zusammen durch massives Obstbaumsterben. Vielleicht lassen sich Kohlmeisen wenigstens als Rarität da und dort in vogelfreundlichen Hausgärten mit Nistkästen und Futterstellen konservieren, sofern nicht auch sie durch Kunstrasen und Verschotterung entfallen.

Und all das steht nicht in weiter Ferne ins Haus, etwa ab 2100 oder so, sondern bereits in zwei, drei Jahrzehnten. Tröstlich für alle diejenigen, die immer noch danach suchen mögen, wer letztendlich schuld daran ist, dass die Auerhühner aus dem Schwarzwald und vielen anderen Gebieten herausgewirtschaftet wurden: Diese Frage stellt sich dann, also bald schon, nicht mehr! Oder fragt heute noch jemand ernsthaft danach, was uns wohl die Saurier von der Erde geraubt haben mag?

EIN HOFFNUNGSFROHER AUSBLICK

2070. Vor 37 bzw. 34 Jahren sind die beiden allerletzten freilebenden Auerhähne der Wildpopulation im Schwarzwald verstorben – Hahn Eremitus in der Nähe vom Schluchsee und James Last im Hohlohgebiet unweit vom Wildsee, und bis zu dieser Zeit waren auch noch ein paar allerletzte Hennen gesichtet worden. Beiden Hähnen hatte die Landesforstverwaltung für die letzten paar Jahre einen ständigen Betreuer an die Seite gestellt, zum einen, um sie unsere Wertschätzung und unseren Einsatz für so wertvolle Vögel spüren zu lassen, und zum anderen, um sie vor Horden von Besuchern zu schützen, die mit ihren Ortungsgeräten heranströmten, um diese beiden Naturdenkmale noch in ihren letzten Zügen lebend zu sehen und in Myriaden von Bildern festzuhalten. Nun sind sie Geschichte, und dem letzten von beiden ist neben dem oben beschriebenen Auerhahnenstein ein Gedenkstein gesetzt worden mit der Inschrift: „Hier lebte James Last als letzter Vertreter einer Vogelart, für deren Erhalt sich Forst wie Naturschutz gleichermaßen mit allen zur Verfügung stehenden Mitteln über 100 Jahre lang eingesetzt haben, die aber wohl aufgrund einer unerkannten Seuche nicht zu retten war."

Heuer, Ende April 2070, nähert sich dem Gebiet von Sprollenhaus her ein Mann in mittleren Jahren in seinem Tesla-E-Supersave-Car. Noch bevor er den Schwarzbach erreicht, der schon im März ausgetrocknet ist, meldet sich sein Leitsystem: Wenn er um Kaltenbronn herum parken wolle, solle er angeben, wie lange, damit ihm ein Parkplatz zugewiesen würde – Plätze wären heute noch 1261 frei. Er gibt circa fünf Stunden an und bekommt PAZ/7/482 mitgeteilt – also eines der beiden neu in den Berghang eingebauten Parkhäuser, in dem Fall Haus „Auerhuhn", Ebene 7. Er tippt auf „OK", und von nun an übernimmt die automatische Steuerung die Fahrt bis zum Einparken am vorgegebenen Platz. Auf der linken Seite – da, wo sich früher ein Skilift befand – ist zwischen den Buschwaldgruppen mit vielen Birken ein breiter Kunstrasenteppich angelegt worden, den Rasenski-Liebhaber rund ums Jahr, natürlich auch nachts bei Flutlicht, benutzen können, und in der Mitte gibt es noch eine Rodelbahn sowie eine in vielen Windungen herunterführende Kunststoff-Rutschbahn. Der frühere kleine Schlepplift ist durch eine Hochgeschwindigkeits-Kabinenbahn ersetzt worden, die ordentlich Gleit- und Rutschfreudige befördern kann und muss, da die Parkplätze um Kaltenbronn inzwischen bis zu 3500 Autos aufnehmen können. Und auf dem Bohlenweg zum Wildsee – obwohl inzwischen in doppelter Breite für getrennten Hin- und Rückweg angelegt – werden maximal nur 1200 Personen pro Doppelstunde für den Weg zum Wildsee zugelassen, was elektronisch kontrolliert wird.

Heute, am Spätnachmittag des letzten Apriltages mit nur mäßig gutem Wetter, ist alles hier recht entspannt. Unser Besucher checkt für „Durchwandern" über Grünhütte bis Bad Wildbad ein, was mit Stirnlampe, die er natürlich dabei hat, auch bei Nacht problemlos möglich wäre. Nach einer knappen Stunde am Wildsee angekommen, den gerade ein paar letzte unverwüstliche Waldbader verlassen, steckt er sein Smartphone in ein Etui aus engmaschigem Metallgitter, durch das fortan ein Akku schwache Stromimpulse sendet. So ist er sicher, dass ihn von nun an auch bei seiner G-7-Ausstattung die Zentrale in Peking nicht mehr orten kann. Und dann, als er sich sicher ist, dass ihn niemand beobachtet, klettert er auf der Südseite auf das Geländer des Bohlenweges, schwingt sich über den Schutzzaun und springt auf den knistertrockenen Boden, der früher Hochmoor gewesen sein soll. In wenigen Schritten ist er im Buschwald verschwunden und wäre vom Steg aus nicht mehr zu sehen.

Wir sind natürlich neugierig – was hat der gute Mann denn vor, jetzt am Spätnachmittag, als es langsam auf den Abend zugeht? Nun – er hat vor ein paar Monaten ein Buch in die Finger bekommen: „Auerhuhn – ein Urvogel verschwindet". Als großer Naturfreund hat es ihn begeistert, und mehr noch: Er hat zunehmend große Lust verspürt, einmal den beiden Schülern nachzuspüren, die 1955 – also vor 115 Jahren – vom Wildsee aus über den Pionierweg ihren Märchenwald entdeckt hatten. Wenn auch wohl wissend, dass es davon nicht einmal mehr nennenswerte Reste geben dürfte, hat ihn brennend interessiert, was er wohl heute im neuartigen Buschwald im Vergleich zu den Jungs von damals empfinden würde. Und natürlich bedauert er es, dass er keine Chance mehr hat, einem Auerhuhn zu begegnen. Aber würde ihm der neue „verarmte" Wald am Wildsee damit eher Schmerzen bereiten oder ihn vielleicht dennoch mit irgendwie beglückendem Waldgefühl aufnehmen – spannende Fragen.

Vom Pionierweg natürlich keine Spur mehr – kein Torfmoos, keine Moorlöcher, keine Schlenken, anstelle dessen fast staubtrockener Boden, aus dem aber zwischen Buschwald, vornehmlich aus Birken, Weiden, Ebereschen, aber auch Erlen und Vogelkirschen sowie vielerlei Gesträuch aus Holunder, Faulbaum und anderen bestehend, zahlreiche Stauden sprießen. Da die heranwachsende Vegetation erst hüfthoch ist und der Buschwald lückig, kommt er gut voran, da ihm sein von G-7 unabhängiges Orientierungsgerät den Verlauf des einstigen Pionierweges gut anzeigt. So erreicht er vor Einbruch der Dunkelheit den Ort, der seinerzeit für die beiden Jungs eine Art Himmelspforte war – der Eingang zum Märchenwald, der einstmals kleine Kolk als dritter Moorsee.

Auch heute noch ist dieser Platz auf einer Länge von etwa 30 Metern frei von größeren Bäumen – das kleine Himmelsauge im Wildseemoor ist also noch dabei, seine Lider zu schließen. An seinen Rändern sprießen sogar noch einige junge, saftig grünschwarze Moorkiefern, und im Augapfel stehen letzte Büschel von blaugrünen Rauschbeeren. Und als unser Waldgänger dann noch zwei wie aus der Urzeit stehengebliebene silbergraue, in der Abendsonne glänzende Skelette von knorrigen Waldkiefern entdeckt – also von Bäumen, auf denen wohl mit Sicherheit noch letzte Auerhühner gesessen haben mögen –, da überkommt ihn neben Wehmut ein wohliges Gefühl: Auch dieser neue Wald hat noch wundersame Strahlkraft, beinahe so, als seien hier erst kürzlich die letzten Rentierjäger abgezogen, und vor allem nimmt er ihn mit dermaßen herzlicher Wärme auf, dass er zutiefst berührt sich einen Schlafplatz sucht. Geeignete Plätze gibt es in Fülle, und von seinem ausgewählten Platz kann er bis auf die Reste des ehemaligen Kolks hinausschauen.

Nach Vesper, einem Bierchen und beim Genuss eines Rotweins macht er eine unglaubliche Beobachtung: Am Waldrand hinter dem offenen Kolkbereich schnürt ein Tier entlang, offenbar nach Nahrung suchend, an einen Dachs erinnernd, aber etwas mehr hochbeinig, ein – Marderhund! Mein Gott, was für eine Begegnung, den hätten die beiden Jungs hier seinerzeit noch nicht treffen können!

Nachdem ihm Mönchsgrasmücke, Zilpzalp und Rotkehlchen Abendlieder gesunden hatten, lässt sich dicht hinter seinem Kopfkissen – wie einst beim Autor des zitierten Buches – eine Singdrossel nieder und schmettert ihre Strophen in einer Schönheit, wie man sie nur ganz nahe am Herzen des Waldes zu hören vermag. Als die Sterne aufkommen und die Drossel verstummt, schläft unser Waldschrat wohlig und zutiefst zufrieden ein.

Als er gegen vier Uhr aufwacht, schlottert er am ganzen Körper. Sein dünnes Schlafsäckchen war wohl trotz der infolge der Klimaerwärmung inzwischen fast drei Grad höheren Jahresdurchschnittstemperatur bei seinem hoch gelegenen Nachtlager etwas dünn gewesen. Aber da er nicht auf Auerhühner achten muss, kann er sich rasch warmklopfen. Und da fällt ihm ein: Er hatte einen merkwürdigen Traum gehabt – von der Eiszeit, vielleicht, weil ihn nächtens schon bald Kälte beschlichen hatte. Aber der Traum war wunderschön gewesen: Erst hatte sich Schnee, dann eine dicke Eisschicht über den ganzen Schwarzwald, das gesamte Land gelegt. Alles – Wald, Parkplätze und Parkhäuser, Kunstrasen –, alles verschwand in einem Meer von Weiß, über dem nichts als Stille herrschte. Und dann, nach langer Zeit, kehrte Leben zurück. Das Eis schmolz dahin, erste Flechten und Gräser kamen wieder auf, bald auch Sträucher, Bäume, wundervolle Hochmoore bildeten sich, ein neuer Märchenwald entstand – und in ihn kehrten zurück: prachtvolle Auerhühner, zurück aus Refugien in der sibirischen Taiga!

Unser Besucher sprang erregt auf, er wusste, was er als nächstes zu lesen hatte – die Geschichte der letzten Eiszeiten, um sich ein Bild davon machen zu können, wie lange es wohl dauern würde, bis gleich hier nebenan wieder Hähne balzen würden! Eine wahnwitzige Vorstellung, aber irgendwie gar nicht so unrealistisch, nicht einmal unwahrscheinlich. Auf alle Fälle: Er war nach dieser Nacht im Walde, nach diesem Traum – hoffnungsfroh! Und um seine Mundwinkel spielte ein Lächeln, das aus tiefstem Herzen kam und das, wie er fühlte, ihn wohl nicht wieder verlassen würde.

Den Rückweg zum Bodensee wählte er über Simmersfeld und Altensteig – so konnte er noch eine Rast am Egenhäuser Kapf einlegen. Da, wo besagter Autor beim Blick gen Freudenstadt von einem langen Band von schwarzem Walde gesprochen hatte, lag jetzt ein schmaler Streifen von Buschwald, Gebüsch und Hochstaudenfluren, der an kurz geschorenen Rasen erinnerte. Warte nur, murmelte unser Rückkehrer, und dachte lächelnd an die kommende Eiszeit. Ob man sich in Bälde wohl bis dahin tiefgefroren konservieren lassen könnte, wie es die Amerikaner schon seit langem probieren, und nachdem die Japaner eine Tinktur entwickelt haben, nach deren Spritzung man bis zu 150 Jahre alt werden soll? All das kam ihm in den Sinn, und dann musste er sogar laut lachen.

Als er anschließend im Waldachtal hinter Unterschwandorf nach dem kleinen „Winterbrückle“ Ausschau hielt, wo der Auerhuhn-Freund früher die hin- und herfliegenden Eisvögel und Wasseramseln, zwischen den Haselbüschen am Ufer die seltene Schuppenwurz und sogar den Natternzungenfarn beobachtet hatte – große Enttäuschung. Inzwischen verunzierte eine breite Betonbrücke den ehemaligen Wildbach, die man zur Abfuhr des „Käferholzes“ errichtet hatte. Vor Iselshausen fuhr er ganz langsam. Hier trennten ihn nur um die 100 Meter von einem Hause, das früher für den Auerhuhn-Liebhaber einmal den Glanz eines Märchenschlosses ausgestrahlt hatte: das Domizil seiner einstigen großen Jugendliebe – damals, als er in Nagold die Schulbank drückte. Er sandte ihr ein herzliches Gedenken zu, bevor er in den Kreisverkehr einfuhr, über den er zum Autobahnzubringer gelangte.

Auf dem Weg dorthin hörte er in den Nachrichten: Nun seien sich Wissenschaftler absolut darin einig, dass der gesamte von Amerika herkommende Golfstrom von den Azoren in Richtung Afrika weiterfließt, und der einstige Zweig Richtung Nordsee ist nun völlig abgedrängt durch die riesigen Schmelzwassermengen aus dem Grönlandeis. Das bedeutet für Mittel- und Nordeuropa: Eiszeit! Und das mag auch erklären, warum in den letzten Wintern im Raum Freudenstadt fast zwei Meter Schnee gefallen waren, wodurch wochenlang der Verkehr lahmgelegt war. Und weiter wird berichtet: Die Kundgebungen und Demonstrationen zum heutigen 1. Mai sind in Leipzig bereits am Vormittag so heftig ausgeartet, dass die Polizei Radikale in Notwehr erschießen musste, und die Auseinandersetzungen seien weiterhin in vollem Gange und drohten vollkommen außer Kontrolle zu geraten. Das kommt mir irgendwie bekannt vor, dachte sich unser Heimfahrer – 1930er-Jahre, letztes Jahrhundert. Nun ja, Geschichte wiederholt sich. Erdgeschichte hoffentlich auch. Dann wohlan: Eiszeit – Nacheiszeit – und dann die Auerhühner zurück – auf alle Fälle ein hoffnungsfroher Traum nach einer Schwarzwaldnacht mit Tiefgang.

Ob der Traum Wirklichkeit werden kann, hängt vor allem auch davon ab, ob die herrlichen Hühner in der russischen Taiga überleben werden oder durch Homo horribilis selbst dort schlussendlich vernichtet werden. Aus dem nagelneuen „Atlas der Brutvögel Russlands“ (Kalyakin & Voltzit 2020, Fiton XXI, Moskau, russisch) erfahren wir Beunruhigendes: Schrumpfen der Gesamtpopulation infolge der Verschiebung der südlichen Verbreitungsgrenze nach Norden (infolge der Klimaerwärmung und zunehmender Entwaldung), zudem durch Holzeinschlag, Brände, Austrocknung von Mooren und Gewinnung von Bodenschätzen auf riesigen Flächen, dazu kommen Jagddruck, Wilderei und vielerorts Beunruhigung. Große Balzplätze mit zig Hähnen konnten sich nur in abgelegenen, dünn besiedelten Gebieten halten. Bleibt abzuwarten, ob das Auftauen der Permafrostböden den Urhühnern noch so rechtzeitig wieder mehr Ruhe bringen wird, wie oben beschrieben, bevor sie womöglich selbst in den unendlichen Weiten der Taiga durch den schrecklichsten der Schrecken (nach Schiller) noch ausgerottet werden.

EPILOG

Das Auerhuhnbuch ist zu Ende – abgeschlossen mit einem etwas literarisch-spekulativen Ausblick bis über die nächste Eiszeit hinaus. Da mögen Auerhuhnfreunde, die derzeit mancherorts noch in den Wäldern unterwegs sind, um mit der Motorsäge Biotope zu pflegen, recht ratlos sein: nun abbrechen und einfach abwarten, bis Eremitus und James Last sich vollends verabschiedet haben, oder doch noch etliche Jahre weiter Pflegemaßnahmen für restliche Auerhühner durchführen? Darauf bedarf es hier noch einer klaren Antwort – dafür dieser Epilog. Und die Antwort lautet: unbedingt weitermachen, wenn möglich sogar mit nochmals verstärkten Anstrengungen!

Wer mich kennt, weiß, dass ist nicht einfach so dahergeredet, etwa gemäß gut gemeinter Redensarten wie „Die Hoffnung stirbt zuletzt" oder dem Luther angedichteten Sprichwort „Wenn ich wüsste, dass morgen die Welt unterginge, würde ich (dennoch) heute noch mein Apfelbäumchen pflanzen". Vielmehr gibt es für ein Weitermachen sehr gute Gründe, die es hier aufzuzeigen gilt.

Nachdem ich im oben zitierten Buch „Unsere Vögel ..." dokumentiert hatte, dass seit 1800 nicht nur unsere Gefiederten etwa 80 Prozent ihrer Individuen verloren haben, sondern durchweg alle Gruppen unserer tierischen wie pflanzlichen Mitlebewesen in ähnlicher Weise in ihren Beständen geschrumpft sind, habe ich mich nicht einfach resignierend in meinen Rentnersessel zurückgelehnt. Im Gegenteil, selbst angesichts dieses katastrophalen Artenschwundes von einstiger reichhaltiger Bio-Diversität zu armseliger Bio-Monotonie war mir alsbald klar, dass es immer noch sinnvoll ist, im Naturschutz tätig zu bleiben – was ich somit auch weiterhin tun werde, solange ich mich regen kann. Und was sind die sinnvollen Gründe dafür?

Wenn wir durch Renaturierung von für die Bewirtschaftung weniger ertragreichen Flächen „Oasen aus Menschenhand" für die Natur schaffen, wie es Mitarbeiter und ich im „Biotopverbund Bodensee" seit Jahrzehnten und inzwischen bundesweit unter dem Motto „Jeder Gemeinde ihr Biotop" praktizieren, zeigt sich: Selbst kleinere Biotope von nur einigen Hektar Fläche (wie etwa der Heinz-Sielmann-Weiher bei Billafingen) werden in wenigen Jahren wieder zur neuen Heimat für Hunderte von Arten, Tieren wie Pflanzen, darunter auch viele seltene, und für Millionen von Individuen – unsere Restnatur ist immer noch sehr regenerationsfähig! Damit können wir zwar nicht die Bio-Monotonie im ganzen Land beheben, aber ein Netz von Arche Noahs einrichten mit kleinen potenziellen Quellpopulationen im Hinblick auf eventuell wieder bessere Zeiten für Artenvielfalt.

Und Besserung könnte kommen, zum einen durch doch noch einsetzendes Umdenken einer beginnenden Homo sapiens-Gesellschaft in Richtung auf mehr Ökologie statt Ökonomie oder zum anderen – eher wahrscheinlich – durch mittlere bis größere Katastrophen (man bedenke, was etwa das rund 10 000 Kilometer entfernte Fukushima bis in Deutschland bewirkt hat!). Dann wäre der Erhalt jeder Blütenpflanze, jeder Wildbiene oder jedes Vogels nicht nur „schön“ oder „erfreulich“, sondern ein wertvoller Beitrag zu unserer einzig möglichen Überlebensversicherung: reichhaltiger Biodiversität.

Zurück zum Auerhuhn. Die Prognose für sein Überleben im Schwarzwald ist schlecht, aber wie schnell es tatsächlich aussterben wird, und ob ihm nicht unter Umständen noch in letzter Minute ein Wunder zum Überleben zumindest in kleinen Restpopulationen verhilft – das kann derzeit niemand von uns sagen, keiner von uns ist Hellseher. Wenn wir sozusagen bis um das letzte im Schwarzwald noch verbleibende Auerhuhn herum weiterhin Biotoppflege betreiben, so kann das, selbst wenn wir damit diese Zielart nicht erhalten können, dennoch nur höchst wünschenswert Gutes bewirken. Jeder Erhalt, jede Wiederherstellung von einigermaßen auerhuhngerechtem Märchenwald sichert das Überleben einer Vielzahl von hochgradig bedrohten Arten von Pilzen und Flechten über Moose, Kräuter und Stauden, Zwergsträucher und Büsche bis hin zu erhaltenswerten Baumgestalten und ihrer vielfältigen Begleitfauna, von Mikroorganismen über Insekten, Spinnen u.a. bis zu speziell angepassten Wirbeltieren. Und auch der klimabedingte Waldumbau vom Märchen-Hochwald zum zunehmend niedrigeren Buschwald braucht uns nicht grundsätzlich zu entmutigen: Auerhühner können auch in Laubmischwäldern ohne Nadelbäume leben, wie uns die Population im Kantabrischen Küstengebirge durch Jahrhunderte hindurch gezeigt hat. Also Fazit: So lange es im Schwarzwald noch Auerhühner gibt – noch sind es über 250 – unbedingt ihnen maßgeschneiderte Biotoppflege fortführen, und sogar verstärkt, denn nun ist jedes Huhn Gold wert, und wenn es irgendwann keine Auerhühner mehr gibt – dennoch angemessen weiterpflegen – zum Erhalt von Resten ihres Märchenwaldes!

Noch letzte Auerhühner im Schwarzwald persönlich zu beobachten, ist leider nicht mehr möglich – die restlichen ihres Stammes leben ausschließlich einzeln oder in kleinen Gruppen isoliert nahezu alle in streng geschützten Gebieten. Sie aufzuspüren, sollte man auch nirgendwo durch Verlassen von Wanderwegen und Loipen versuchen – alle derartigen Aktionen könnten, wie oben gezeigt, für gestresste Individuen tödlich sein. Wer sich dennoch den gefiederten Königen des Schwarzwaldes noch „nähern" möchte, kann das über die im Buch genannten Filme tun, ferner über ein spezielles Theaterstück in „Fräulein Brehms Tierleben (https://brehms-tierleben.com/startseite/) oder über Verbindung mit dem Verein „Auerhuhn im Schwarzwald" (www.auerhuhn-schwarzwald.de). Über diesen Verein kann man unsere letzten Urhühner auch finanziell unterstützen, sowie etwa letzte Vertreter einzelner Arten in Zoos. Und schließlich besteht sogar Hoffnung, in Bälde doch noch sogar lebende Auerhühner in all ihrer Faszination aus nächster Nähe beobachten zu können: in einem recht konkret geplanten Schaugehege im mittleren Schwarzwald!

DANKSAGUNG

Für die Unterstützung unserer Auerhuhn-Forschung in der Vogelwarte Radolfzell danke ich der Otto-Wolff-Stiftung, der Heinz Sielmann Stiftung sowie der MPG, vor allem für Sondermittel.

Für Auskünfte, Daten usw. danke ich besonders: Thomas Asch, Stefan Bächle, Dr. Hans-Günther Bauer, Sindy Bublitz, Karl Ebert, Wolfgang Ebser, Judith Ehrlacher, Walter Finkbeiner*, Hubert Kapp, Dr. Manfred Lieser*, Dr. Gerrit Müller*, Klaus Roth*, Bernhard Scherer, Rolf Schlenker*, Dr. Karl-Eugen Schroth*, Prof. Dr. Gernot Segelbacher*, Karl-Heinz Siebenrock, Dr. Rudi Suchant*, Dr. Juha Tiainen und Helmut Weiß. Die mit * Gekennzeichneten haben zusätzlich das Buchmanuskript kritisch durchgesehen. Für technische Arbeiten gilt mein Dank Monika Krome und fürs Schreiben des Manuskriptes u.a. meiner Frau Gabriele Mohr. Die Zusammenarbeit mit dem Kosmos-Verlag war angenehm und zielführend. Dipl.-Biol. Bärbel Oftring hat in bewährter Weise auch dieses – mein drittes – „Kosmos"-Buch nicht nur in enger Verbindung mit mir redigiert, sondern auch mit Ergänzungen bereichert sowie durch eine Reihe von Ideen verfeinert – dafür mein herzlicher Dank. Schließlich war es ein ganz außergewöhnlicher Glücksfall, dass ich gegen Ende meiner Auerhuhn-Ära noch Walter Finkbeiner kennenlernen konnte – 2011, als Mitarbeiter im Nationalpark. So wurde es möglich, dass ich aufgrund unserer sich freundschaftlich entwickelnden Beziehung aus seinem riesigen Schatz an Auerhuhnbildern aus dem Nordschwarzwald die meisten (bisher nicht veröffentlichten) Bilder bekommen konnte, die dieses Buch illustrieren. Damit zieren – passend zum Text – einzigartige, unwiederbringliche Bilddokumente aus dem behandelten Märchenwald diesen Band, z.T. von Vögeln, die hier im Buch behandelt sind – dafür meinen ganz besonders herzlichen Dank!

QUELLEN UND LITERATUR

Die Ordnungszahlen beziehen sich auf die hochgestellten Hinweiszahlen im Text.

1 Ammann 2002: **Ein Tag im Wald des Auerhuhns** Forstl Versuchs-Forschanstalt Freiburg
2 Andreev 1980: **Anpassung von Vögeln an Winterbedingungen der Subarktis** russ Nauka Moskau
3 Arbeitsgruppe Auerwild 1974: **Die Entwicklung des Auerwilds in Baden-Württemberg** Selbstverl Landesforstverw Stuttgart
4 Aschenbrenner 1981: **Probleme und Methoden der Auerhuhn-Haltung** Voliere
5 Bergmann+ 1988: **Das Auerhuhn** Voliere
6 Bergmann+ 2003: **Auerhühner** Braun Karlsruhe
7 Berthold 2006: Schutzrelevante kooperative Auerhuhnforschung der Vogelwarte Radolfzell → in **20**
8 Berthold 2012: **Vogelzug** Wiss Buchges Darmstadt
9 Berthold 2016: **Mein Leben für die Vögel** Kosmos Stuttgart
10 Berthold+ 2017: **Vögel füttern – aber richtig** Kosmos Stuttgart
11 Boback 1952: **Das Auerhuhn** Neue Brehm-Bücherei Leipzig
12 Braunisch+ 2006: Das LIFE-Kooperationsprojekt „Grouse and Tourism in Natura 2000 areas" → in **20**
13 Brüll+ 1977: **Die Waldhühner** Parey Hamburg
14 Coppes+ 2020: Consistant effects of wind turbines on habitat selection of capercaillie across Europe Biol Conserv
15 Coppes+ 2021: Weather conditions explain reproductive success and advancement of the breeding season in Western Capercaillie Ibis
16 Czernin-Kinsky 1996: **Es ist des Jägers Ehrenschild** Stocker Graz
17 Deutscher Tierschutz e. V. 1972: **Das Auerwild** Selbstverl Baden-Baden
18 Ebert 2014: **Auerwild adé – den Prozess gemacht** Pirsch
19 Fladenhofer 2015: **Auerwild** Österr Jagd- & Fischerei Verl Wien
20 Forstwiss Fak Univ Freiburg & Forstl Versuchs-Forschanstalt Baden-Württ 2006: **Menschen für Raufußhühner** Ber Freib Forstl Forsch 21
21 Fuschlberger 1956: **Das Hahnenbuch** Mayer München
22 Glutz 1973: **Auerhuhn** Handbuch der Vögel Mitteleuropas Aula Wiesbaden
23 Gremmels 1986: Das Verdauungssystem der Rauhfußhühner Z Jagdwiss
24 Handschuh 2004: Zur Eignung von Jungwäldern als Lebensraum für das Haselhuhn Orn Jahresh Bad-Württ
25 Hennigs 2020: Von Schweden in die Lausitz Naturschutz heute
26 Himmer 1977: Ferne Schutzgebiete nah gesehen: Sutjeska, Jugoslawien Nationalpark
27 Hölzinger+ 1990: **Auerhuhn** Die Vögel Baden-Württembergs Ulmer Stuttgart
28 Hofmann+ 2004: Eine bemerkenswerte Begegnung: Rackelhahn im Oberallgäu Falke
29 Jahren+ 2016: Declining reproductive output in capercaillie and black grouse – 16 countries and 80 years Animal Biol
30 Klaus 2021: Verrückter Haselhahn Magazin Vogelbeob
31 Klaus+ 2020: **Auerhühner & Co** Aula Wiebelsheim
32 Kowalczyk 2020: Characteristics of capercaillie semen Reprod domestic animals
33 Kulzer 2002: Das Nahrungsspektrum von Auerwild im Winter im Schwarzwald Dipl Arb Univ Freiburg
34 Lachenmaier 2006: Hahnen und Hege → in **20**
35 LG-Stiftung Natur und Umwelt 1988: Das Auerwild im Schwarzwald Der heimliche Tod des Urhahns Schriftenr Natsch im Kleinen
36 Lieser 1996: Zur Nahrungswahl des Auerhuhns im Schwarzwald Orn Beob
37 Lieser 2000: Irrwege der Hege: das Auerhuhn im Schwarzwald ÖKOJAGD
38 Lieser 2008: Vogelhochzeit abgeblasen Um das Auerhuhn im Schwarzwald steht es schlecht Schönes Schwaben
39 Lieser 2015: Wo gibt es noch Haselhühner in Deutschland Vogelwarte
40 Lieser+ 2006: Energetische Beurteilung von Koniferennadeln als Winternahrung von Auerhühnern Ökol Vögel
41 Lindén 2002: Metsäkanalintukannat (Waldhühner finnisch) Kirjapaino Saarijärvi
42 Lindner 1977: Das Auerhuhn → in **13**
43 Luick+ 2007: Waldweide und forstliche Aspekte Ber Inst Landsch Pflanzenökol Univ Hohenheim
44 Mahler 2006: Raufusshühner im Netz von NATURA 2000 → in **20**
45 Moss+ 1979: Infrasonic components in the song of the capercaillie Ibis
46 Müller F 1974: Die wichtigsten Ergebnisse 10jähriger Auerwild- Forschung im hessischen Bergland Allg Forst Z
47 Müller G 2002: Auerwild im Baarschwarzwald – wie lange noch? Schr Ver Geschichte Naturgeschichte Baar
48 Müller G 2006: Bestandsmonitoring im Schwarzwald durch die Jägerschaft → in **20**
49 Müller K 1924: **Das Wildseemoor bei Kaltenbronn** Braun Karlsruhe
50 Nickel 2001: Das Schutzgebiet „Kaltenbronn" – ein „Nationalpärkle" für Baden-Württemberg" carolinea
51 Pintaric 1978: Urwald Perucica als natürliches Forschungslaboratorium Allg Forstz
52 Regierungspräsidium Freiburg Landesamt für Geologie 2021: Bodenkarte von Baden-Württemberg 1:50000 Geola
53 Rödl+ 2012: Auerhuhn Atlas der Brutvögel in Bayern Ulmer Stuttgart
54 Roth 1974: Die frühere und heutige Verbreitung des Auerwilds in Baden-Württemberg Allg Forst Z
55 Roth 2006: Bestandsmonitoring im Schwarzwald durch die Jägerschaft → in **20**
56 Roth+ 1990: Bestandsentwicklung des Auerwildes in Baden-Württemberg → in **77**
57 Schmid+ 1998: Spirken-Moorwälder im Schwarzwald Mitt bad Landesver Naturkunde Natursch
58 Schroth+ 1988: Verhaltensbeobachtungen an zwei führenden Auerhennen in einem Auswilderungsgebiet im Schwarzwald Z Jagdwiss
59 Schroth 1994: Zum Lebensraum des Auerhuhns im Nordschwarzwald Eine Analyse der Kaltenbronner Auerhuhnhabitate Diss Univ München
60 Schroth 1995: Lebensräume des Auerhuhns im Nordschwarzwald Naturschutzrep
61 Segelbacher+ 2004: Capercaillie research in the Black Forest Grouse News
62 Sengbusch von 2002: Untersuchungen zur Ökologie von Pinus rotundata im Südschwarzwald Diss Univ Freiburg
63 Sondinger 1882: **Ursachen des Rückganges des Auerwildes und Maßregeln, die solches verhindern sollen** Hofbuchdruckerei v Hagen Baden
64 Stader 2011: Aktionsräume, Verhaltensmuster und Nahrungswahl des Auerhuhns Bachelorarbeit Fachhochsch Rottenburg
65 Stelzer 1984: Hahnenbalz in Sibirien Wild Hund
66 Storch 1995: Auerhuhn-Schutz: Aber wie? Media Oberammergau
67 Storch 2006: Raufußhuhn-Schutz in Mitteleuropa – eine Bestandsaufnahme → in **20**
68 Stephani 1938: Geschichte der Jagd in den schwäbischen Gebieten der fürstenbergischen Standesherrschaft Mory Donaueschingen
69 Suchant 2003: Das Auerhuhn im Schwarzwald → in **6**
70 Suchant 2006 a: Ziele und Inhalte der Tagung → in **20**
71 Suchant 2006 b: Von der Theorie zur Praxis: Überblick über Umsetzungsprojekte im Schwarzwald → in **20**
72 Suchant 2006 c: Résumé → in **20**
73 Thiel+ 2007: Selection of night roosts in winter by capercaillie Wildl Biol
74 Thiel+ 2008: Ski tourism affects habitat use and evokes a physiological stress response in capercaillie J Appl Ecol
75 Wegge+ 2005: Capercaillie broods in pristine boreal forest in northwestern Russia Can J Zool
76 Weiß 2002: Über den Umgang mit Rotwild – 40 Jahre Erfahrung im Rotwildgebiet Nordschwarzwald AG Rotwild Deutschland Situationsber
77 Weiß+ 1990: **Auerwild in Baden-Württemberg Rettung oder Untergang?** Selbstverl Landesforstverw
78 Weller 2006: Raufußhuhn-spezifischer Biotopschutz – AGR zwischen Anspruch und Wirklichkeit → in **20**
79 Wienemann+ 2011: The bacterial microbiota in the caeca of Capercaillie Syst Appl Microbiol
80 Wurm 1885: **Das Auerwild** Gerold's Wien
81 Zeiler 2001: **Auerwild** Österr Jagd- & Fischerei-Verl Wien

IMPRESSUM UND BILDNACHWEIS

Mit 55 Farbfotos, 3 Schwarzweißfotos, 14 Schwarzweißzeichnungen, 1 Farbgrafik und 3 Grafiken.

Alle Farbfotos stammen von Walter Finkbeiner, außer Erik Kieling (Fototafel 22 ore und u), Jorma Lutha / Nature Picture Library (Fototafel 6 u, Fototafel 9 oli), Jorma Lutha / Photo Agency Leuku Oy (Fototafel 4 oli), Erich Marek / PIRSCH (Fototafel 24 uli), Tomi Muukkonen / Birdphoto.fin (Fototafel 21 u), Jari Peltomäki / Birdphoto.fin (Fototafel 9 u, Fototafel 24 o), Rudi Reiner / Adobe Stock (Fototafel 13 u), Dr. Karl-Eugen Schroth (Fototafel 4 ore, Fototafel 6 oli), Markus Varesvuo / Birdphoto.fin (Fototafel 15 ure) und vom Autor (Fototafel 7 uli, Fototafel 22 oli, Fototafel 23 alle).
1 Farbgrafik von Verein Auerhuhn im Schwarzwald e.V. (Fototafel 24 ure).
3 Schwarzweißfotos aus Müller, Das Wildseemoor bei Kaltenbronn, Braun, Karlsruhe 1924, Fotograf unbekannt, Archiv Peter Berthold (S. 20).
Alle Schwarzweißzeichnungen stammen vom Autor, außer S. 39 von Seppo Polameri sowie S. 225 und 230 von Paschalis Dougalis.
Die Grafik auf S. 228 stammt von Peter Berthold, die Grafiken auf S. 225 und 230 von Michael Grätzbach.

Umschlaggestaltung von Mathis Weymann/Populärgrafik unter Verwendung eines Fotos von Arto Juvonen/ Birdphoto.fi

Der Inhalt dieses Buches ist sorgfältig recherchiert und erarbeitet worden. Dennoch können weder Autor noch Verlag für alle Angaben im Buch eine Haftung übernehmen.

Unser gesamtes Programm finden Sie unter **kosmos.de**.
Über Neuigkeiten informieren Sie regelmäßig unsere Newsletter, einfach anmelden unter **kosmos.de/newsletter**.

MIX
Papier aus verantwortungsvollen Quellen
FSC® C014889
www.fsc.org

Gedruckt auf chlorfrei gebleichtem Papier

ISBN: 978-3-440-17266-7
Projektleitung: Heiko Fischer
Lektorat: Bärbel Oftring
Gestaltung und Satz: Text & Bild, Michael Grätzbach, Kernen
Produktion: Markus Schärtlein
Druck und Bindung: Friedrich Pustet GmbH & Co KG, Regensburg
Printed in Germany / Imprimé en Allemagne